W0394091

Die Natur im Jahreslauf

Das Beobachtungsbuch
für die ganze Familie
mit über 500 Farbfotos

Text: Dr. Michael Lohmann
Konzeption: Wilhelm Eisenreich

BLV

BLV Verlagsgesellschaft mbH
München Wien Zürich
8000 München 40

Layout: Anton Walter, Gundelfingen
Satz: Appl, Wemding
Druck und Bindung: May & Co., Darmstadt
Printed in Germany
ISBN 3-405-14285-7

Sonderausgabe von
›Das farbige Hausbuch der Natur‹

© 1985 BLV Verlagsgesellschaft mbH
München, 1991

Das Werk einschließlich aller seiner Teile ist urheberrechtlich geschützt. Jede Verwertung außerhalb der engen Grenzen des Urheberrechtsgesetzes ist ohne Zustimmung des Verlags unzulässig und strafbar. Das gilt insbesondere für Vervielfältigungen, Übersetzungen, Mikroverfilmungen und die Einspeicherung und Verarbeitung in elektronischen Systemen.

Die Deutsche Bibliothek –
CIP-Einheitsaufnahme

Die Natur im Jahreslauf:
das Beobachtungsbuch für die ganze Familie/Text: Michael Lohmann.
Konzeption: Wilhelm Eisenreich. –
Sonderausg. – München; Wien;
Zürich: BLV, 1991
ISBN 3-405-14285-7
NE: Lohmann, Michael

Inhaltsverzeichnis

Januar – Februar

März – April

Mai – Juni

Juli – August

September – Oktober

November – Dezember

Einführung

Auf ihrem Weg um die Sonne neigt die Erde einmal mehr ihre nördliche, einmal mehr ihre südliche Hemisphäre dem licht- und wärmespendenden Zentralgestirn zu. Das ist, wie wir wissen, die Ursache für die wechselnden Jahreszeiten. Dadurch ändern sich Tageslänge und Einfallswinkel der Sonnenstrahlung und verbunden damit die Temperaturen. Diese sich ständig wiederholenden, durch Einflüsse des Wetters aber immer wieder anders sich ausprägenden großen Rhythmen unseres Klimabereiches wirken sich tiefgreifend auf die Lebensprozesse der Natur, auf das gesamte Erscheinungsbild unserer Landschaften aus.

Auch hierfür gibt es einen Wissenschaftszweig, der freilich ein wenig in Vergessenheit geraten ist; dabei ist die Phänologie auch für den Laien ein reizvolles Betätigungsfeld. Was dort sehr exakt für einzelne Orte und Regionen bestimmt wird, nämlich das langjährige Durchschnittsdatum für das Auftreten bestimmter Entwicklungsphänomene der Natur, das kann in einem Buch wie diesem selbstverständlich nur sehr unzulänglich getan werden. Denn der Flieder blüht nun einmal an der Bergstraße durchschnittlich 2–3 Wochen früher als im bayerischen Alpenvorland, und das gleiche gilt für vieles andere.

Aber nicht nur die klimatischen Unterschiede im deutschsprachigen Raum (dem Verbreitungsgebiet dieses Buches) erschweren eine scharfe Abgrenzung der Jahreszeiten und eine exakte Zuordnung der Naturerscheinungen: In der Phänologie verwendet man vor allem solche Beobachtungen, die sich zeitlich eng begrenzen lassen, etwa den Beginn der Blüte einer Art, das Sichtbarwerden der ersten Blattflächen von Laubgehölzen, das Aufreißen der Knospenhüllen bei Nadelhölzern, die Reife der ersten Früchte. Im folgenden werden meist viel komplexere Zusammenhänge dargestellt, Lebensgemeinschaften, Biotope, Tiergruppen und ihr Verhalten und vieles andere mehr beschrieben, das nur deshalb einer bestimmten Jahreszeit zugeordnet wurde, weil man es in dieser Zeit am leichtesten beobachten kann oder weil es um diese Zeit besonders auffällig ist. Da kann man vieles auch anders machen, und die Verfasser sind sich der Subjektivität der Auswahl und Zuordnung bewußt. Dennoch hoffen sie, daß Texte und Bilder dazu anregen, in den verschiedenen Jahreszeiten besonders auf einige der dargestellten Erscheinungen draußen in der Natur zu achten, und damit zu einem besseren Naturverstehen und -erleben beitragen.

Für viele Menschen sind die Jahreszeiten zu einer Frage der Garderobe oder des Reiseziels verkommen. Sie haben sich von ihren eigenen Wurzeln getrennt. Wenn wir Natur als unsere Lebensgrundlage erhalten wollen, müssen wir sie kennen. Wer sie aber nicht im Jahreslauf kennt, weiß nichts von ihren grundlegenden Gesetzen des Werdens und Vergehens.

Januar – Februar

Was unser Kalender als Beginn eines Jahres ausweist, ist in der Natur der nördlichen Halbkugel eher eine Zeit des tiefen Schlafes. Unter einer geschlossenen Schneedecke und bei niedrigsten Jahrestemperaturen, bei kurzen Tagen und einer schwachen, sich kaum vom Horizont erhebenden Sonne hat sich das Leben in die schützende Wärme des Bodens zurückgezogen, ins Holz der Bäume, auf den Grund der Teiche und Seen. Nur wenige Kleinvogelarten und einige Säugetiere sind in den winterlichen Landschaften zu sehen, kaum ein Laut zu hören. Auf den eisfreien Seen haben sich überwinternde Schwimmvögel aus nördlicheren Teilen Europas eingefunden. Immerhin werden die Tage des neuen Jahres zuerst unmerklich, dann deutlich länger. An einem sonnigen Februartag können wir schon das Frühlingsläuten einer Kohlmeise hören – und von den Dächern tropft der Schnee.

Auch unter der Schneedecke geht das Leben weiter

Volksmund und Poeten vergleichen die Schneedecke gern mit einem Leichentuch. Nichts könnte unzutreffender sein. Denn unter diesem Tuch liegt kein Leichnam, sondern das nicht einmal sehr tief schlafende Leben selbst.

Lockerer Schnee ist eine sehr luftige Sache und deswegen ein hervorragendes Isoliermaterial, das den Boden und die auf und in ihm lebenden Pflanzen und Kleintiere vor zu starker Auskühlung schützt. Die Wärmeleitfähigkeit von Neuschnee beträgt nur etwa ein Zehntel der Leitfähigkeit des nassen Bodens. Darum sinkt die Temperatur an der Bodenoberfläche unter einer Schneedecke nur wenig unter Null, selbst wenn darüber klirrender Frost von –20 bis –30 °C herrscht.

Jeder Gartenliebhaber kennt die für die Gartenpraxis recht sinnvolle Einteilung der Pflanzen in Holzgewächse, Stauden und Einjährige. Die Stauden oder mehrjährig-krautigen Pflanzen, die einen großen Teil unserer Wildblumen, Gräser und Kräuter ausmachen, wären ohne Schnee der Winterkälte oft am wehrlosesten ausgeliefert, da ihr Gewebe weder durch Verholzung (wie bei den Gehölzen) noch durch minimalen Wassergehalt (wie bei den überwinternden Samen der Einjährigen) vor Frost geschützt ist. Viele Stauden ziehen im Winter ihre »Lebensgeister« ganz unter die Erde zurück; sie treiben im Frühjahr dann aus Wurzelstöcken, Rhizomen, Knollen oder Zwiebeln wieder aus. Andere aber, wie der Löwenzahn und viele weitere Wie-

▽ **Eine Schneelandschaft** wirkt oft wie tot. Trotzdem ist die Schneedecke durchaus kein »Leichentuch«. Im Gegenteil: sie schützt Pflanzen, Tiere und Boden vor Frost und Austrocknung. Denn unterm Schnee herrschen auch dann vergleichsweise milde Temperaturen, wenn es überm Schnee Stein und Bein friert. Gleichzeitig ist die Luft im Schnee immer wasserdampfgesättigt, so daß der Vegetation Trockenschäden erspart bleiben. Schließlich dringt durch nicht zu dicke Schneeschichten soviel Licht, daß die Pflanzen sogar assimilieren können. Frühblüher, wie etwa die Küchenschelle (s. S. 35) bilden im Schutz des Schnees ihre Blütenknospen soweit heran, daß sie sofort blühen können, wenn die Sonne warm genug und der Schnee genügend geschmolzen ist. Auch viele Tiere machen sich den Schutz der Schneedecke zunutze.

△ **Hasenspuren** im Schnee gehören zu den am leichtesten erkennbaren Fährten. Allerdings irren sich viele Menschen über die Richtung, in der der Hase gelaufen ist. Da er beim Hoppeln und stärker noch beim schnellen Laufen die Hinterläufe vor die Vorderläufe setzt, weisen die großen Eindrücke in die Laufrichtung.

▷ **Verschneites Feld** am Auwaldrand.

▽ **Rehspuren** ziehen sich oft als lange, gleichmäßige Fährten durch den Schnee. Wer ihnen folgt, kann viel über die Lebensweise des Rehwilds erfahren.

senpflanzen, überdauern auch mit ihren mehr oder weniger eng dem Boden anliegenden Sproßorganen, mit Blättern, Stengeln und oberirdischen Knospen. Das können viele aber nur im Schutz des Schnees.

Der Schutz der Schneedecke ist übrigens ein doppelter: Er bewahrt Vegetation, Boden und Kleintiere nicht nur vor der gewebesprengenden Wirkung des Frosts, sondern auch vor zu starker Verdunstung. Viele Frostschäden sind nämlich eigentlich Dürreschäden, die durch Verdunstung bei blockiertem Wassernachschub entstehen. Die Bauern fürchten das vor allem beim Wintergetreide. Der Boden friert bei schneefreiem Frost auf, und die dadurch vom Bodenwasser getrennte junge Saat verdorrt regelrecht. Unterm Schnee dagegen ist die Luft stets wasserdampfgesättigt, und entsprechende Schäden werden vermieden.

Im Gebirge findet man frostempfindlichere Arten, wie die Heidelbeere, nur an Stellen mit ausreichendem Schneeschutz, während die frosthärtere Besenheide auch dort vorkommt, wo der Schnee vom Wind weggefegt wird. Bei dichtem Naßschnee allerdings kann es auch zu Atmungsschäden der Vegetation unterm Schnee kommen – nicht zuletzt darum, weil es aufgrund eines Gewächshauseffektes dann sogar zu warm werden kann unter dem Schnee.

Auch für viele Tiere ist der Schnee eine entscheidende Voraussetzung für ihr Überleben im Winter. Feldmäuse finden unter der Schneedecke nicht nur Schutz vor Kälte, sondern auch vor Feinden, und sie können da fast ungestört ihrer Nahrungssuche nachgehen. Nach schneefreien Wintern hingegen sind Feldmäuse oft ausgesprochen rar. Im Gebirge gibt es mehrere Mäusearten, die einen großen Teil des Jahres unterm Schnee leben, dort ihre Gänge und ihre Weiden haben. Vom Alpenschneehuhn und vom Schneehasen ist bekannt, daß sie sich oft tagelang einschneien lassen. Sogar größere Säugetiere, wie Gemsen, Rehe und Hirsche machen gelegentlich von der schützenden Wirkung der Schneedecke Gebrauch, indem sie sich vorübergehend einschneien lassen.

Der Schnee ist also kein Leichentuch, sondern eher eine wärmende, lebenserhaltende Decke, unter der sich – dem Auge verborgen – so manche Blüte und so manches Insekt entwickeln, die uns nach der Schneeschmelze wie plötzlich hervorgezaubert erscheinen. Die Winterruhe unterm Schnee ist jedenfalls weitaus lebendiger, als die Trockenzeitruhe in vielen Tropengebieten.

Spuren und Fährten

Zu Zeiten, als Jagen und Fallenstellen noch zum menschlichen Broterwerb gehörten, war die Kunst des Fährtenlesens in hohem Ansehen. Heute darf sich schon zu den fortgeschrittenen Naturkennern zählen, wer mit Sicherheit das Trittsiegel eines Rehs von dem eines Wildschweins zu unterscheiden vermag.

Es ist reizvoll, sich mit Fährten und Spuren zu beschäftigen. Der Winter ist dazu die rechte Zeit. Wer immer wieder einmal beim Spazierengehen oder beim Skilanglauf auf die Zeichen im Schnee achtet, dem wird es bald nicht mehr allzu schwerfallen, eine Spur nicht nur an den (im Schnee oft schlecht erkennbaren) Trittsiegeln zu identifizieren, sondern an ihrem Verlauf. Die Hoppelspur von Hase und Kaninchen – zwei kurz, zwei lang (wobei die langen Hinterläufe vor die kurzen vorderen gesetzt werden) – ist ohnehin meist schon von weitem erkennbar. Aber auch die oft einander recht ähnlichen Schnürspuren von Fuchs und Reh kann man mit etwas Erfahrung unterscheiden lernen, ohne die Abdrücke der Läufe zu untersuchen. Schwieriger wird es schon mit den Fährten von Hermelin, Marder, Iltis und Hauskatze, mit den zierlichen Perlenketten der Mäuse und den recht »flatterhaften« Spuren der Vögel im Schnee.
Es lohnt sich fast immer, eine Spur zu verfolgen. Man kann da sehr viel über das Leben der Tiere lernen. Man erfährt, wo der Fuchs haltgemacht hat, um zu schnuppern, um zu urinieren, um seine Nase nach einer Maus in den Schnee zu stecken, um eine Hasenspur zu begutachten. Man sieht, wo ein Reh nach Gras gescharrt, wo es am Gezweig eines Busches geknabbert und vielleicht auch, wo es sich niedergelassen und den Tag verbracht hat. Wer sie verstehen lernt, dem erzählen die Wildspuren im Schnee ausführliche Geschichten von dem, was sich in den Winternächten draußen tut – und das sind manchmal recht dramatische Geschichten, in denen es oft um Leben und Tod geht.

▽ **Fuchsspur.** Auf seinen oft ausgedehnten nächtlichen Streifzügen hinterläßt der Fuchs eine Fährte, die sich wie eine ebenmäßige Perlenschnur dahinzieht. Das hat wohl zu der Bezeichnung des »Schnürens« geführt.

Wildfütterung

Wildfütterungen dienen der Überbrückung von Notzeiten. Das klingt einfach und banal, und trotzdem gibt es einigen Streit um das Thema – wie ja neuerdings auch die Winterfütterung der Vögel (s. nächstes Kapitel) kritischer betrachtet wird.
Zunächst muß man sich fragen, wie es denn überhaupt dazu kam, daß Wildtiere von der Unterstützung durch den Menschen abhängig wurden – schließlich haben sie Jahrtausende ohne diese Hilfe überlebt und das in Zeiten, da ihnen Wolf und Luchs und so manch andere heute ausgerottete oder rar gewordene Raubtierart das winterliche Leben gewiß nicht leichter gemacht haben. Die veränderte Situation heute ist im wesentlichen gekennzeichnet durch die höheren Wilddichten einerseits und durch die veränderten Umweltbedingungen andererseits.
Die höhere Wilddichte wird manchen erstaunen, da doch allgemein über den Rückgang der Wildtiere geklagt wird. Dabei muß man aber unterscheiden zwischen den jagdlich besonders geschätzten und gehegten Arten, zu denen vor allem Hirsch, Reh und Fasan gehören, und den vielen anderen Wildtierarten, die sich eher am Rande der waidmännischen Gunst erfreuen: von den unscheinbaren Kleintieren bis zu dem ungeliebten »Raubzeug«.

◁ **Fuchs** *(Vulpes vulpes)* **im Schnee.** Trotz starker Verfolgung durch den Menschen hat sich der Fuchs, als unser größtes, überlebendes Raubtier, erstaunlich gut gehalten. Seine außerordentliche Anpassungs- und Lernfähigkeit – man kann es auch Schlauheit nennen – und die Fähigkeit, unter günstigen Bedingungen sich rasch zu vermehren, haben ihm dabei entscheidend geholfen. Seine Vorliebe für bäuerliches Geflügel ändert nichts an der Tatsache, daß er sich überwiegend von Mäusen ernährt und dadurch so manchen Schaden wieder wettmacht.

▷ **Rotwildfütterung.** Hirsche *(Cervus elaphus)* sind in Mitteleuropa die größten noch in Freiheit lebenden Wildtiere – nachdem Auerochs, Wisent, Elch und Bär ausgerottet wurden. Als hochbegehrter Trophäenträger erfreut sich der Hirsch seit altersher größter Beliebtheit bei denen, die das Privileg genießen, ihn jagen zu dürfen. Leider hat das in manchen Revieren zu einer Überhege geführt – zu der die Winterfütterung entscheidend beigetragen hat. Das bringt dem Wald erhebliche ökologische Schäden und der Forstwirtschaft große Verluste. Heute wird von vielen Fachleuten eine Reduzierung der Bestandsdichten gefordert.

▽ **Reh** *(Capreolus capreolus),* **Bock im Winter.** Im Herbst werfen Rehböcke ihre Geweihe ab; in der ersten Winterhälfte sind darum Böcke und Geißen nicht leicht zu unterscheiden. Während des Winters schieben die Böcke unter einer leicht behaarten Haut, die man als Bast bezeichnet, neue Geweihe. Im Frühjahr müssen die Böcke die vertrockenende Haut loswerden, wozu sie ihren Kopfschmuck an biegsamen Stämmchen wetzen. Bei diesem »Fegen« gehen viele Jungbäume kaputt.
In ihrem 1. Lebensjahr bilden Bockkitze nur kleine Knopfgeweihe aus, die sie im Vorfrühling des 2. Jahres abwerfen. Es bildet sich dann das nächste Geweih mit 2 unverzweigten, spießartigen Stangen (»Spießer«). Im 3. Jahr werden 2endige Stangen geschoben (»Gabler«); vom 4. Jahr an tragen Rehböcke 3endige Geweihe (»Sechser«). Abweichungen von dieser Regel sind aber nicht selten.
Dieser Bock (Foto) trägt noch das graubraune Winterfell, das sich im Laufe des Mai in das rotbraune Sommerfell (s. S. 68) umfärbt.

Bei Rot- und Rehwild schätzen Waldbiologen, daß ihre Zahl pro Flächeneinheit heute um das Drei- bis Sechsfache über den natürlichen Bestandsdichten liegt. Freilich sind solche Vergleiche problematisch, da sich die Lebensbedingungen von damals mit den heutigen kaum vergleichen lassen. So haben sich für das Rehwild die Nahrungsbedingungen teilweise verbessert, während sie sich für das Rotwild im allgemeinen verschlechtert haben. Daß trotz schlechterer Lebensverhältnisse die Bestände erhöht werden konnten, ist nicht zuletzt auf die Wildfütterung zurückzuführen, durch die auch solchen Tieren das Überleben ermöglicht wird, die ohne solche Hilfe niemals den Winter überstehen würden.
Die Winterfütterung von Hirschen, Rehen und anderem Schalenwild umfaßt die Darbietung von Rauh- und Kraftfutter. Als Rauhfutter wird in der Regel Heu, ausnahmsweise auch Stroh verwendet, das in überdachten Raufen angeboten wird. Als Kraftfutter verwendet man seit langem Rüben, Kartoffeln, Möhren, Eicheln, Kastanien, auch Markstammkohl (häufig auf Wildäckern) sowie Getreide und neuerdings vielfach industriell erzeugtes Kraftfutter meist in Form von Preßlingen (Pellets). Hinzu kommen meist Salzlecken. Da die Gefahr von Krankheitsübertragungen bei so unnatürlichen Ansammlungen von Wildtieren verständlicherweise groß ist, muß auf größtmögliche Sauberkeit geachtet werden und vor allem darauf, daß das Futter mit dem Kot der Tiere möglichst nicht in Berührung kommt.
In den meisten unserer Rotwildreverie hätten Hirsche ohne Winterfütterung nur sehr geringe Überlebenschancen, da die meisten Wälder durch die moderne Forstwirtschaft wesentlich äsungsärmer sind als früher (fehlendes Unterholz, geschlossene Bestände ohne Lichtungen, Monokulturen ohne Altersstufung), und andererseits den Hirschen die traditionellen Winterwanderungen zu den weichholzreichen Auenwäldern in den milderen Flußniederungen abgeschnitten wurden – sofern nicht die Auenwälder ohnehin verschwunden sind. Die Winterfütterung ist hier also eine absolute Notwendigkeit, wenn auch die teilweise enorm hohen Waldschäden vor allem in Rotwildrevieren der Alpen eine Reduzierung der Rotwilddichte einerseits und eine Beschränkung der winterlichen Schälschäden im Umkreis der Fütterungen (etwa durch Wintergatter) dringend erforderlich machen. (In Vorarlberg wurden Anfang 1984 die Rot- und Rehwilddichte auf die Hälfte festgesetzt: 3 Hirsche, bzw. 9 Rehe oder Gemsen je 100 Hektar wildtauglicher Fläche. Ein guter und notwendiger Schritt zum Schutz des ohnehin gefährdeten Waldes.)
Beim Rehwild hingegen wird nach Ansicht von Wildbiologen in vielen Revieren des Guten zuviel getan. Beträchtliche Verluste gerade auch durch winterliche Futtermangel-Situationen dienen bei Wildtieren der natürlichen Auslese, die in dieser Vollkommenheit der nur nach äußeren Merkmalen urteilende Jäger gar nicht leisten kann. Entfällt diese Auslese kränklicher oder erbgeschädigter Individuen, so entwickelt sich die gesamte Population in einer auch vom Jäger unerwünschten Richtung, das heißt, es leidet schließlich auch die Qualität der Trophäen.

Vögel am Futterhaus

Es gehört zu den liebenswerteren Eigenschaften der Menschen – auch solchen, die sonst nicht immer das rechte Verständnis für unsere Mitgeschöpfe erkennen lassen – den Vögeln im Winter ein Futterhäuschen aufzustellen oder aufzuhängen und ihnen darin Sonnenblumenkerne und andere Sämereien anzubieten. Fast jeder hat seine Freude daran, die sonst soviel scheueren und oft schwer zu beobachtenden Vögel des Gartens nun dicht vor dem Fenster zu haben. Ihre hübschen Farben erfreuen uns ebenso, wie ihr flinkes Turnen und Flattern, ihr Drohen und Streiten. Das ist eine gute Gelegenheit, besonders für Kinder und Jugendliche, wenigstens einige unserer häufigeren Vogelarten nach Aussehen und Verhalten kennenzulernen: Kohlmeise und Blaumeise, oft auch die einfachere, graue Sumpfmeise mit der schwarzen Kappe, dann die Finken: Grünfink, Buchfink, Gimpel und gelegentlich der nordische Bergfink, mit ihnen zusammen oft Goldammern, die fast alle lieber das Futter vom Boden auflesen. Haus- und Feldsperling sind natürlich auch dabei, ebenso der kopfab kletternde Kleiber und die allgegenwärtige Amsel, die aber als Weichfutterfresser, ebenso wie Rotkehlchen und Zaunkönig, mit harten Samen wenig anfangen kann.

Wer sich nicht auf Sonnenblumenkerne und Meisenknödel in Fensterhöhe beschränkt, sondern auch einmal verschiedene Sämereien und gequetschte Nüsse

△ **Blaumeise** *(Parus caeruleus)* **am Meisenknödel.** Nach der Kohlmeise zumindest in der Umgebung des Menschen die häufigste Meisenart. Blaumeisen lieben Laub- und Mischwälder, Parks und Gärten, nicht aber dunkle Nadelwälder. Die sehr schmucken Vögel sind das ganze Jahr anzutreffen, im Winter häufig in größeren Schwärmen zusammen mit Kohlmeisen und dann als regelmäßiger Gast an Futterstellen, wo sie oft durch aggressiveres Verhalten (Drohen) die größeren Kohlmeisen in die Flucht schlagen.
Das Nest wird gerne in Mauerhöhlen mit engen Eingängen (27–28 mm), in Baumhöhlen oder Nistkästen gebaut. 7–13 Eier ab Mitte April. Das Weibchen brütet 12–16 Tage und wird dabei vom Männchen gefüttert. Nestlingszeit der Jungen 15–20 Tage (s. S. 76 f.).

◁ **Winterliche Vogelfütterung.** Es ist eine alte und erfreuliche Tradition, Vögel im Winter zu füttern. Bei kaum einer anderen Gelegenheit bekommt man viele Arten so nah zu sehen. Durch Beobachtungen am Futterhaus kann man viel über Vögel lernen, kann die verschiedenen Arten kennen und unterscheiden lernen, erhält Einblicke in ihr Sozialverhalten, in ihre Nahrungsgewohnheiten und ihre verschiedene Art der Nahrungsaufnahme. So mancher junge Mensch mag am Futterhaus naturkundliche Interessen entdeckt haben, die für seine weitere Entwicklung bedeutsam waren. Schon aus diesem Grund sollte man die winterliche Fütterung fördern. Daß damit bedrohten Vogelarten nicht geholfen werden kann, ist eine andere Sache. Und natürlich sollte man Fehler vermeiden: keine gesalzenen Speisereste verfüttern und im Frühjahr aufhören, wenn der Schnee geschmolzen ist.
Auf dem Foto: Fünf Kohlmeisen, eine Blaumeise, eine weibliche und zwei männliche Amseln.

▷ **Kohlmeisen** *(Parus major)* **an Rindertalg.** Die Kohlmeise ist unsere größte und häufigste Meisenart, zudem ungewöhnlich anpassungsfähig und vielseitig mit einem hohen Lernvermögen etwa, wenn es darum geht, neue Nahrungsquellen zu erschließen. So hat sich in England in manchen Gegenden eine regelrechte Tradition unter Kohlmeisen entwickelt, die Stanioldeckel der Milchflaschen vor der Haustür zu öffnen. Auch in ihrem Verhalten bei der Nahrungssuche unter natürlichen Bedingungen sind sie sehr vielseitig: Im Geäst und an Baumrinde sind sie ebenso flink und erfolgreich, wie am Boden, wo sie nach Drosselart das Laub umwenden, oder nach Finkenart Sämereien auflesen.
Ganz erstaunlich ist, was für abwechslungsreiche Gesänge die Vögel im Frühjahr mit nur zwei Tönen zustandebringen, indem sie (wie beim Morsealphabet) den hohen und den tiefen Ton in verschiedener Reihenfolge, Betonung und Häufigkeit setzen, etwa: tütiti oder tütititi oder tititüh oder tütitüti. Dieses helle Geläut gehört zum Vorfrühling wie die Märzensonne und das Schneeglöckchen.
Kohlmeisen brüten in natürlichen und künstlichen Höhlen (Einflugloch 32–34 mm) ab März-April auf 6–12 Eiern; das brütende Weibchen wird vom Männchen gefüttert; beide Eltern füttern die Jungen 15–20 Tage im Nest und anschließend noch 1-2 Wochen im Freien.

am Boden oder in Bodennähe sowie getrocknete Beeren, Hackfleisch und gekochte Kartoffeln anbietet, der kann viel über die unterschiedlichen Nahrungsbedürfnisse der verschiedenen Vogelarten erfahren und lernen, wo sie bevorzugt der Nahrungsaufnahme nachgehen. Außerdem wird man dadurch neue Vogelarten anlocken, die ans übliche Vogelhäuschen gar nicht oder nur selten kommen.
Vor lauter Begeisterung über die bunten Scharen, die man im Winter vors Fenster locken, beobachten und fotografieren kann, sollte man aber nicht den Rahmen des Vernünftigen sprengen. Und man sollte sich keine allzu großen Illusionen über die vogelschützerischen Auswirkungen der Winterfütterung machen. Vogelarten, die bei uns den Winter verbringen, sind an die Bedingungen des Winters angepaßt. Einigen Arten geht es ohnehin in der Nähe des Menschen besser als in der freien Landschaft: sie finden zu jeder Jahreszeit Futter und haben kaum noch natürliche Feinde zu fürchten; zu diesen Nutznießern gehören Spatzen und Amseln. Meisen andererseits sind so gewandt und vielseitig, daß wir uns um sie auch kaum Sorgen zu machen brauchen. Den Arten, die Hilfe am nötigsten hätten, können wir durch Winterfütterung am allerwenigsten helfen, entweder weil es sich dabei um Zugvögel handelt, oder weil sie von unseren Futterhäuschen am Fenster keinen Gebrauch machen.
Viel wichtiger für die Erhaltung bedrohter Arten ist der Schutz ihrer natürlichen Lebensräume, die Erhaltung ihrer artgemäßen Lebensbedingungen. Wer etwa in

▷ **Grünfink, Grünling** *(Carduelis chloris).* Grünlinge leben bevorzugt in offenen, parkartigen Lebensräumen, an Waldrändern, in Feldgehölzen, Hecken, Gärten und auch in Dörfern und Städten, wo sie neben der Amsel oft zu den häufigsten Vogelarten gehören. Im Winter tun sie sich gerne mit anderen Finkenvögeln, Ammern und Feldsperlingen zu gemischten Schwärmen zusammen, die auf der Suche nach Bodensämereien die Gegend durchstreifen. Besonders gern besuchen Grünlinge Futterstellen, wo sie durch ihr aggressives Verhalten andere Arten oft in die Flucht schlagen.
Das Nest wird bevorzugt in Kletterpflanzen, wie Efeu, Wilden Wein, Clematis, Knöterich, oft unmittelbar an Häusern oder Veranden gebaut. Im April wird meist mit der ersten Brut begonnen; 1–2 weitere können folgen. Das Gelege besteht aus 4–6 weißlichen Eiern mit dunklen Flecken. Das Weibchen brütet allein, während beide Eltern füttern. Eltern und Kinder halten mit vielerlei Rufen Kontakt.

◁ **Streitende Grünfinken.** Im allgemeinen geht es an winterlichen Futterstellen einigermaßen friedlich zu. Selbst streitbare Arten, wie die Meisen, vertragen sich im Winter recht gut, bilden kleine Schwärme und schlafen oft sogar dicht gedrängt. Am Futter wird zwar manchmal gedroht, aber selten gerauft. So ein »Kampf«, wie er hier zwischen zwei Grünlingen stattfindet, ist meist ein Zeichen bester körperlicher Verfassung, wenn nicht gar schon frühlingshafter Gefühle. Gerade auch bei Finken ist der Umschlag von der winterlichen Verträglichkeit (gemischte Schwärme!) zum unduldsamen Territorialverhalten der Brutzeit sehr deutlich. Fast nie aber kommt es bei Auseinandersetzungen zu Verletzungen, sofern der Unterlegene fliehen kann. In Gefangenschaft dagegen können sich Artgenossen sogar umbringen.

seinem Garten samentragende Stauden über den Winter stehenläßt, wer beerentragende und schutzbietende Hecken pflanzt, wer insgesamt draußen ein wenig lebendige »Unordnung« zuläßt, der trägt zum Schutz bedrohter Vogelarten weit mehr bei, als durch die Winterfütterung.
Nichts gegen das Vogelhäuschen im Winter, wohlgemerkt, aber es sollte nicht zum Alibi und Ersatz für wirksamere Vogelschutzmaßnahmen werden. Darüber hinaus sollte man darauf achten, daß die Futterstelle nicht zum Ort von Krankheit und Infektion wird. Deswegen ist auf trockenes und frisches Futter und auf Sauberkeit zu achten. Grundsätzlich sollte nur bei dichter Schneedecke oder starker Kälte gefüttert werden – dann aber konsequent. Im Frühjahr also sollte man rechtzeitig mit dem Füttern aufhören.
Das Sozialverhalten am winterlichen Futterhaus unterscheidet sich zum Teil erheblich von dem zur Brutzeit. Viele Vogelarten tun sich im Winter zu kleinen Trupps bis zu großen Schwärmen zusammen, während sie sonst gar nicht unbedingt gesellig sind. Kohl- und Blaumeisen etwa bilden winters gemeinsame Trupps von zehn bis dreißig Individuen, die unstet, wenn auch meist in begrenztem Gebiet, herumstreifen, bald im Gezweig der Bäume nach Samen und versteckten Insekten suchen, bald am Boden zu finden sind und dann alle zur gleichen Zeit das Futterhäuschen überfallen, so daß es hier stoßweise sehr lebhaft zugeht, während es zwischendurch auch recht ruhig werden kann. Bei dem Gedränge drohen sich die Meisen zwar oft mit abgespreizten Flügeln und gefächertem Schwanz an, zu Tätlichkeiten kommt es aber selten. (Nachts geht die Duldsamkeit der Meisen sogar soweit, daß mehrere zusammen in einem Nistkasten Unterschlupf suchen und sich auf diese Weise gegenseitig warmhalten.) Welch ein Unterschied zu der Streitbarkeit, die man an Meisen zur Brutzeit beobachten kann!
Interessant ist auch die Zusammensetzung der Schwärme. Die großen, in ungeordnetem Wellenflug über die winterlichen Felder hinstreichenden Kleinvogelschwärme bestehen meist ausschließlich aus Finken, Ammern und Sperlingen – Arten also, die in offener Landschaft am Boden nach Nahrung suchen (im Gegensatz etwa zu den aufs Gezweig spezialisierten Meisen). Wiederum eigene Trupps bilden jene Arten, die bevorzugt an Hochstauden nach Samen suchen, also Distelfinken, Zeisige und Hänflinge. Ebenfalls eigene Gesellschaften bilden die Drosseln. Der Großteil eines solchen Schwarms besteht meist aus Wacholderdrosseln und Amseln; je nach Gegend und Jahreszeit kann man aber auch nordische Rot- und Ringdrosseln, Sing- und Misteldrosseln darunter finden. Im Frühwinter machen sich diese Schwärme besonders gern über angefrorene Falläpfel in alten Obstgärten her. Auch die Großen tun sich im Winter gern zu gemischten Schwärmen zusammen: Krähen, Dohlen, Elstern und Eichelhäher. Die auch während der Brutzeit sehr gesellig lebende Saatkrähe hingegen bildet meist gesonderte Schwärme (s. S. 182). Eine Besonderheit ist ein Schwarm der prächtigen Seidenschwänze.

▽ **Gimpel, Dompfaff** *(Pyrrhula pyrrhula).* Nirgends häufig, aber doch weit verbreitet in Wäldern, Parks, Gärten, Friedhöfen und Obstanlagen, trifft man Gimpel das ganze Jahr über hauptsächlich paarweise an. Dabei erkennt man den großen Unterschied zwischen Männchen und Weibchen (Geschlechtsdimorphismus). Während Kehle, Brust und Bauch beim Männchen leuchtendrot und die Rückenfedern taubengrau sind, trägt das Weibchen an diesen Körperpartieen ein bescheideneres Bräunlich. Auf seinen winterlichen Streifzügen kommt der Gimpel auch ans Futterhaus.
Zur Brutzeit werden die Paare sehr heimlich und nisten versteckt in dichten Nadelbäumen und Schnitthecken. Die 4–6 Eier sind auf hellblauem Grund dunkel gesprenkelt. (Zur Jungenaufzucht s. S. 57.) Die Nahrung besteht aus Sämereien und Knospen. Gimpel verteidigen kein Revier und besitzen entsprechend auch keinen lauttönenden Reviergesang, sondern nur ein leises Vorsichhinschwatzen; häufiger zu hören ist ein weicher, melancholischer Pfiff, der dem Zusammenhalt des Paares dient.

▽ **Siebenschläfer** *(Glis glis)* **im Winterschlaf.** Von den heimischen 4 Bilcharten, zu denen noch die Haselmaus sowie Baum- und Gartenschläfer gehören, ist der Siebenschläfer der größte und von den Schläfern auch der häufigste. Die moderne Forstwirtschaft mit ihren monotonen Fichtenwäldern sagt ihm allerdings ebensowenig zu, wie die moderne Bauweise und Vorratshaltung. Früher lebten diese munteren Nachttiere in den höhlen- und nahrungsreichen Buchen-Eichen-Hainbuchen-Mischwäldern und auf den verwinkelten Dachböden mit ihren Vorräten wesentlich besser.
Im Winter ziehen sich die Tiere in Baumhöhlen und Nistkästen zurück, wo sie sich ein wärmendes Nest aus Pflanzenmaterial zusammentragen. Während des Winterschlafes sinkt die Körpertemperatur von 35 auf 3 °C und die Herzfrequenz wird von 450 Schlägen auf 35 Schläge pro Minute gesenkt, die Atmung setzt oft mehrere Minuten aus. Dadurch wird der Verbrauch von Energie (in Form von Körperfett gespeichert) stark reduziert.

Winterschlaf – Winterruhe – Winterstarre

Der Winter stellt die Tiere nicht nur vor Nahrungsprobleme, sondern viel mehr noch vor Temperaturprobleme. Bekanntlich können die Stoffwechselvorgänge nur in einem recht engen Temperaturbereich ordentlich funktionieren, grob und allgemein gesagt, etwa zwischen 10 und 40 °C. Nur die Vögel und die Säugetiere besitzen aber die Fähigkeit, ihre Körpertemperatur in diesem Bereich zu halten, auch wenn die Umgebungstemperatur wesentlich darunter sinkt. Dazu bedarf es allerdings sehr lebhafter Stoffwechselprozesse, die auf Dauer nur möglich sind, wenn dem Organismus genügend »Brennstoff« in Form von Nahrung zugeführt wird.
Längst nicht alle Vögel und Säugetiere unserer Breiten finden im Winter die Art und Menge von Nahrung, die es ihnen gestatten würde, durch eigene Wärmeproduktion mit den niedrigen Umgebungstemperaturen fertigzuwerden. Deswegen ziehen ja so viele Vogelarten, die ganz auf Insektennahrung angewiesen sind, im Herbst in wärmere oder, besser noch, nahrhaftere Gebiete. Viele von ihnen könnten unseren Wintertemperaturen durchaus widerstehen, wenn sie nur genügend geeignete Nahrung fänden.
Auch für verschiedene Säugetierarten ist der Winter vor allem ein Ernährungsproblem. Dazu gehören begreiflicherweise vor allem Insektenfresser, wie etwa der Igel oder die Fledermäuse. Es gehören dazu aber auch Vegetarier, wie das in steppen-

◁ **Zitronenfalter** *(Gonopteryx rhamni)* **in Winterstarre.** Zu den ersten Frühlingsboten gehört der allgemein bekannte Zitronenfalter. Die Flügel vor allem der Männchen sind intensiv gelb, nach der Überwinterung allerdings etwas blasser. Die Falter schlüpfen im Juli aus der Puppe, fliegen einige Tage, verfallen dann in eine kurze Sommerruhe, fliegen wieder kurze Zeit und gehen schon ab August ohne besonderes Versteck am Boden in Winterruhe. Sobald die Frühlingssonne ihre Lebensgeister wieder weckt, machen sie sich auf die Suche nach erstem Nektar. Nach einem Balzflug, der sie bis in 200 m Höhe führen kann, begattet das Männchen das Weibchen am Boden. Wenige Tage danach werden die Eier einzeln an Knospen und Blätter vor allem von *Rhamnus*-Arten (Faulbaum, Kreuzdorn) abgelegt. Die grünlichen Raupen wenden den Rücken immer dem Licht zu und sind durch doppelte Gegenschattierung gut getarnt.

artigen Gebieten lebende Ziesel und der Hamster. Aber auch Allesfresser, wie die Bilche (Sieben-, Baum- und Gartenschläfer) gehören zu den Säugern, die im Winter nicht genügend Nahrung finden, um ihre hohe Körpertemperatur aufrechterhalten zu können. Da es diesen Arten nicht gegeben ist, sich den Jahreszeiten durch Ortswechsel zu entziehen, mußten sie den Winterschlaf »erfinden«.

Der Winterschlaf der Säugetiere ist ein ziemlich komplexes Geschehen, das sich von normalem Schlaf erheblich unterscheidet. Es gehört dazu unter anderem eine längere, hormonal gesteuerte Vorbereitungsphase, in der die Tiere Reservestoffe in Form von Fett speichern, in der z. T. auch Nahrungsvorräte angelegt werden (Hamster) und möglichst kältegeschütze Höhlen oder Nester gebaut oder aufgesucht werden. Der eigentliche Schlafzustand wird meist durch Unterschreiten einer artspezifischen Grenze der Umgebungstemperatur ausgelöst; sie beträgt beim Hamster 9-10°, bei der Haselmaus 15-16°, beim Igel 17° und beim Siebenschläfer 18–20 °C. Bei diesen Temperaturen nimmt die bioelektrische Aktivität des Gehirns ab, die Körpertemperatur sinkt und die Frequenz von Atmung und Herzschlag geht gewaltig zurück. Bei manchen Arten sinkt der Puls von 200–300 auf 3–4 Schläge pro Minute. All dies geschieht jedoch nicht passiv, wie bei einem abkühlenden Ofen, sondern durchaus gesteuert. Wenn nämlich die Körpertemperatur einen unteren Grenzwert erreicht (beim Ziesel 5 °C), setzen wieder Erwärmungsvorgänge ein, insbesondere das Kältezittern, die verhindern, daß das Lebensflämmchen ganz erlischt.

Von dieser außerordentlich energiesparenden Form des Winterschlafs unterscheidet man die Winterruhe. Sie entspricht einem gewöhnlichen, nur über längere Perioden (Tage oder Wochen) ausgedehnten Schlaf. Körpertemperatur, Atem- und Herzfrequenz bleiben dabei weitgehend normal; die Energieeinsparung liegt hier allein in der reduzierten Bewegungsaktivität. Zu den winterruhenden Säugetieren gehört das Eichhörnchen, das sich mit seinen Schlaf- und Aktivitätsperioden im Winter ganz nach der Witterung richtet. Auch der Bär gehört, trotz seines oft sehr ausgedehnten und tiefen Schlafes, zu den winterruhenden Tieren, da seine Körpertemperatur nicht wesentlich absinkt.

Die wechselwarmen Tiere, die ja mit Amphibien, Reptilien, Fischen und den riesigen Heeren der Insekten und der niederen Tiere den weitaus größten Teil der Fauna ausmachen, müssen wie die Pflanzen die kalte Jahreszeit irgendwie so überstehen, daß sie nicht erfrieren. Ihnen bleibt meistens nur das Verkriechen in möglichst frostgeschützte Verstecke: in den Boden, in Baumhöhlen und morsche Strünke, unter Stein-, Laub- und Reisighaufen, in dichtes Gestrüpp und auch in Holzschuppen, Scheunen und auf Dachböden. Hier findet man im Winter oft ganze Ansammlungen: Molche unter Steinhaufen, Schlangen, Blindschleichen und Eidechsen in Moderholz im Boden, Florfliegen und Pfauenaugen im Gebälk von Dachstühlen. Erdkröten hat man bis zu drei Meter tief in selbstgegrabenen Höhlen gefunden.

△ **Florfliege** *(Chrysopa perla).* Auf Dachböden, in Holzschuppen und Bienenhäusern findet man sie oft in großer Zahl in engen Spalten überwinternd. Trotz ihrer zarten Gestalt sind sie im Frühling schon bald wieder unterwegs. Man nennt sie auch Goldaugen, Stinkfliegen und Blattlauslöwen. Ihre Flügel weisen sie als Angehörige der Familie der Netzflügler aus. Die nacht- und dämmerungsaktiven Tiere leben wie ihre Larven räuberisch von kleinen Insekten, vor allem von Blattläusen. Die Eier werden an der Spitze eines langen steifen Fadens meist in der Nähe von Blattlauskolonien einzeln abgelegt. Florfliegenlarven sind neben den Larven von Marienkäfern und gewissen Schwebfliegen die eifrigsten Vertilger von Blattläusen.

△ **Kiebitz** *(Vanellus vanellus).* Aus der artenreichen Gruppe der Regenpfeifer, Schnepfen, Brachvögel, Uferschnepfen, Wasser- und Strandläufer, die man zusammen als Limikolen bezeichnet, ist der Kiebitz die bei weitem häufigste Brutvogelart in Mitteleuropa. Der Grund dafür ist seine größere »ökologische Valenz«, d.h. seine Lebensraumansprüche sind nicht so eng auf bestimmte Feuchtbiotope beschränkt, wie die der meisten anderen Limikolen. Kiebitze brüten nicht nur in natürlichen Sümpfen, Mooren u.a. Feuchtgebieten mit kurzer Vegetation, sondern auch auf feuchten Wiesen, Weiden, Rieselfeldern und Äckern.
Der knapp taubengroße Vogel fällt schon von fern durch seine markante Schwarz-weiß-Zeichnung und im Frühjahr durch seinen torkelnden Balzflug mit runden Schwingen auf. Die Art kehrt früh aus den Winterquartieren zurück und beginnt schon im März Reviere zu besetzen; auf geeigneten Flächen bilden sich auch Kolonien. Das Gelege in einer Bodenmulde besteht aus 4 Eiern. Die Jungen sind typische Nestflüchter (s. S. 77 f.).

▷ **Feldlerche** *(Alauda arvensis).* Als acker- und wiesenbrütender Kulturfolger ist die Feldlerche immer noch häufig und gewiß nicht gefährdet. Die modernen, ziemlich schonungslosen Methoden der heutigen Landwirtschaft machen ihr aber zweifellos das Leben schwer. Kreiselmäher und Unkrautspritze haben zum Teil direkte Auswirkungen auf Jungvögel, zum Teil indirekte durch die Vernichtung der Kleintierfauna als wichtiger Nahrungsquelle gerade für die Jungenaufzucht. So erstaunt es nicht, daß aus vielen Gegenden ein Rückgang der Lerchen gemeldet wird.
Wie viele Bodenbrüter offener Landschaften, tragen Feldlerchenmännchen ihren Gesang im Flug vor, sie klettern dabei 50–100 m hoch, singen durchschnittlich 4, maximal 15 Minuten. Zwischen Mitte April und Juni erfolgen meist 2 Bruten mit je 3–5 Jungen. Das Weibchen brütet allein, beide Eltern füttern; die Geschlechter sind kaum zu unterscheiden.

Frühheimkehrer

Im Februar mehren sich die Anzeichen dafür, daß der Winter langsam seinem Ende zugeht. Zweieinhalb Stunden länger als zu Beginn des Jahres sind Ende Februar die Tage. Und die Sonne scheint nicht nur länger, sondern auch kräftiger, da ihre tägliche Bahn immer höher wird, und damit die Strahlung steiler einfällt. Die zunehmende Tageslänge ist für viele Tier- und Pflanzenarten ein wichtiger Zeitgeber, mit dessen Hilfe sie das für die jeweilige Jahreszeit Richtige tun. Die zunehmende Wärme aber ist für die ganze Pflanzenwelt und die große Schar der wechselwarmen Tiere gewissermaßen der Zauberstab, der sie zu neuem Leben erweckt. Und mit den allmählich wieder sprossenden Pflanzen und den aus ihrer Kältestarre erwachenden Insekten und Würmern finden auch all jene Tierarten wieder Nahrung, die nicht mit der trockenen Kost der Samen und Knospen zurechtkommen und es daher vorzogen, in den Winterschlaf oder in die Fremde zu gehen.
Als erste Boten des Frühlings kehren einige Vogelarten zurück, die als sogenannte Kurzzieher eine Zwischenstellung zwischen Stand- und Strichvögeln einerseits und den meist bis Afrika ziehenden Langstreckenziehern einnehmen. Sie verbringen mehr oder weniger regelmäßig wenigstens die kältesten und schneereichsten Wochen in den milderen Regionen West- und Südeuropas.
Zu diesen ersten Heimkehrern gehören Singdrossel und Misteldrossel, Feldlerche, Kiebitz und Star. Sie alle sind häufig schon im Februar in Deutschland zu sehen und zu hören. Kurze Schneeschauer und Temperaturrückgänge machen ihnen nichts aus, solange der Boden wenigstens stellenweise offenbleibt. Bildet sich aber wieder eine geschlossene Schneedecke, so kommen diese von Bodenorganismen und den frischen grünen Spitzen der Bodenvegetation lebenden Vogelarten in große Bedrängnis und sie müssen dann manchmal sogar wieder den Rückzug in schneefreie Gebiete antreten.
Das gleiche gilt auch noch für die im März zurückkehrenden Arten. Zu ihnen gehören Hausrotschwanz und Zilzalp (die am Bodensee im langjährigen Mittel am gleichen Tag ankommen, nämlich am 7. März) sowie Bachstelze und Ringeltaube. Auch sie werden gelegentlich noch von Schnee und Kälte überrascht, wenn es auch erstaunlich ist, wie gut im allgemeinen diese Frühheimkehrer die Wetterlage beurteilen können. Es kommt selten vor, daß sie noch einmal größere Strecken zurückfliegen müssen. Häufiger wird ein Stau beobachtet, wenn Wetter und Nahrungsbedingungen auf der vorgesehenen Route ungünstig sind. Dann sammeln sich an manchen Orten große Mengen von Vögeln. So wurden am 22. Februar 1975 am Bodensee Ansammlungen von etwa 5000 Feldlerchen beobachtet, und am 21. Februar 1979 zogen Hunderte von Feldlerchen unter hohen Verlusten nach einwöchigem Schneefall wieder nach Westen. Ähnliche Beobachtungen wurden an heimziehenden Kiebitzen gemacht. Im März 1982 führten Schneefälle zu einem großen Stau von Kiebitzen im Bodenseegebiet. An der Rheinmündung wurden al-

◁ **Singender Star** *(Sturnus vulgaris)* **am Kobel.** Kaum eine andere Vogelart hat sich in den letzten Jahrzehnten so ausgebreitet und vermehrt, wie der Star. Die Gründe dafür sind eher unklar. Tatsache ist, daß er sich in England und Skandinavien erst in diesem Jahrhundert zu einem Allerweltsvogel entwickelt hat. Im Herbst streifen in Europa viele Millionen Stare in Schwärmen von 10000 Stück und Übernachtungsgesellschaften von bis zu 100000 herum. In Obstanlagen können sie böse Schäden anrichten. Solche Entwicklungen sind typisch für immer einheitlichere Lebensbedingungen: in der modernen Agrar- und Siedlungslandschaft gibt es nur noch wenige Arten in großer Individuenzahl. Nicht etwa durch Vernichtung der »Schädlinge«, sondern nur durch reicher strukturierte Lebensräume ist dagegen etwas auszurichten – und durch Verzicht auf mehr als einen Starenkobel.
Brut ab Mitte April; 4–6 Eier. Die bräunlichen Jungen schließen sich nach dem Ausfliegen zu herumstreifenden Schwärmen zusammen.

lein über 7000 Kiebitze gezählt; im ganzen Bodenseegebiet waren schätzungsweise 20000 Kiebitze versammelt – das entspricht fast der gesamten Brutpopulation Bayerns.
In der Regel ist der Heimzug aber viel weniger auffällig als der Wegzug. Star, Ringeltaube und Kiebitz bilden im Herbst meist große bis riesige Schwärme, die beim Star bis zu zehntausend Individuen umfassen können. Aber auch Taubenschwärme können im Herbst einige tausend Stück zählen und Kiebitzschwärme immerhin noch einige hundert. Bei den Drosseln ist es dagegen eher umgekehrt. Sie ziehen im Herbst ziemlich unauffällig, oft einzeln und nochdazu nachts fort. Auch auf dem Heimzug wandern die Drosseln überwiegend nachts, aber tagsüber trifft man oft auf große gemischte Schwärme, in denen neben Wacholderdrosseln und Singdrosseln fast immer auch Rotdrosseln mitziehen, Brutvögel aus Nordeuropa und Sibirien. Man erkennt sie an ihrem leise schwätzenden Gesang, der gelgentlich in eine abfallende Reihe rauhflötender Töne ausbricht.
Auch die Stare kehren in kleinen Trupps heim, die sich bald auflösen. Jeder sucht jetzt eine geeignete Nisthöhle. Da gibt es nicht nur Konkurrenz untereinander, sondern auch mit Feldsperlingen und Kohlmeisen, die auch schon so früh im Jahr nach einer Behausung schauen. Wirkliche Prügeleien sind aber erstaunlich selten. Man gewinnt den Eindruck, daß schließlich derjenige Besitzer wird, der am ausdauerndsten aus- und einschlüpft, am längsten davorsitzt und singt. Im Notfall einigen sich Stare sogar auf eine Ehe zu dritt.
Die Brutreviere von Feldlerche und Kiebitz – beide brüten ja meist mitten auf dem Acker – sind noch recht kahl um diese Zeit. Trotzdem werden sie schon mit himmelsteigendem Gesang und Flugkunststücken »verteidigt«, oder besser gesagt: gekennzeichnet. Denn gekämpft wird auch hier nur ganz selten; bestehende Besitzverhältnisse werden fast immer anerkannt.

Hasenhochzeit

Das ganze Jahr über sieht man nicht so viele Hasen, wie im ausgehenden Winter. Das liegt nicht nur daran, daß jetzt eine besonders deckungsarme Zeit ist. Denn der Feldhase ist noch im flachsten Ackerland ein wahrer Versteckungskünstler. Es ist die Liebe, die ihn oft schon im Februar und März so unvorsichtig macht, daß man am hellichten Tag immer wieder Hasen sieht, die entweder einzeln oder zu zweit hintereinanderher hoppeln. Manchmal trifft man aber auch ganze Gesellschaften. Und wer aufmerksam über die Felder geht, der entdeckt immer wieder Flocken von Hasenwolle – bei der Hasenbalz geht es ziemlich rauh zu.
Feldhasen sind – im Gegensatz zum koloniebildenden Kaninchen – eher Einzelgänger. Das ausgeprägte und langdauernde Liebeswerben dient offenbar, wie

△ **Misteldrossel** *(Turdus viscivorus)*. Diese größte der heimischen Drosseln ist ein ausgesprochener Waldvogel, der vor allem Nadelwälder bevorzugt. In manchen Gegenden hat sich die Art auch zum Brutvogel offener Parklandschaften entwickelt. Auf dem Zug trifft man die Vögel auch außerhalb der Wälder mit anderen Drosseln zusammen, etwa an altem Fallobst. Von der kleineren Singdrossel (s. S. 43) kann man die Art am besten im Abfliegen unterscheiden, wobei sie ein hartes Schnärren hören läßt.
Der Gesang der Misteldrossel ist ebenfalls flötend, wie der von Singdrossel und Amsel, aber härter, weniger melodiös. Schon im März/April werden 4–6 Eier gelegt. Die Jungen sind etwa 4 Wochen nach Brutbeginn flügge, werden aber noch eine Weile von den Alten gefüttert. Die Nahrung besteht im Sommer mehr aus Kleintieren, im Herbst und Winter vor allem aus Beeren; die Früchte der Mistel (s. S. 180) werden auch, aber nicht vorzugsweise gefressen.

auch bei Vögeln und anderen Tieren, dem Abbau der normalerweise auf Abstand bedachten Aggression und Berührungsscheu.
Stundenlang, oft tagelang hoppelt der Rammler hinter der Häsin her, anfangs noch in gebührender Entfernung, allmählich aber immer dichter. Kommt er ihr dabei zu nahe, so wirft sich die Verfolgte herum und schlägt ihm mit den Vorderpfoten auf den Kopf. Der Rammler schlägt zurück, und es entsteht ein »Brunftkampf«. Bei diesen Berührungen werden Duftstoffe zwischen den Partnern übertragen, die weiter Scheu und Aggression abbauen und die Bindung festigen. Schließlich kann die Hasenhochzeit vollzogen werden.
Die Tragzeit dauert 42 Tage, und es werden dann 1–4 Junghasen gesetzt, die – im Gegensatz zu den nackten und blinden Jungkaninchen – voll behaart und vom ersten Tag an sehend sind. Die Jungen sitzen zunächst den ganzen Tag eng irgendwo ins Gras gedrückt und werden nur einmal am Tag kurz von der Häsin besucht und gesäugt.
Als Bewohner steppenartig offener Landschaften, ist der Feldhase in Europa eindeutig als Kulturfolger zu bezeichnen. In reinen Waldlandschaften ist er nicht zuhause. Mit der sich ausbreitenden Landwirtschaft in Mitteleuropa konnte auch der Feldhase sein ursprünglich wohl osteuropäisches Verbreitungsgebiet ausweiten. Inzwischen aber sind die Entwicklungen in der modernen Landwirtschaft nicht mehr des Hasen Freund, sondern sein Feind.

Hasenhochzeit. Feldhasen *(Lepus europaeus)* sind normalerweise eher Einzelgänger. Zur Brunftzeit geraten zwei gegensätzliche Antriebe miteinander in Konflikt: Aggression und Paarungsdrang. Die lange und ziemlich »handgreifliche« Balz der Hasen dient dem Abbau der Aggression. Der Rammler verfolgt die Häsin oft stundenlang, wird von ihr geschlagen, wenn er ihr zu nahe kommt, sucht aber immer wieder den Körperkontakt – auch den schmerzhaften. Dabei werden zwischen den Geschlechtern körpereigene Duftstoffe ausgetauscht, was die Häsin allmählich willfähriger macht. 42 Tage nach der Begattung werden 1–4 voll entwickelte Junghasen in einem Versteck aus dichter Vegetation zur Welt gebracht. In guten Jahren können 2–3 weitere Würfe folgen. Trotz seiner Fruchtbarkeit ist aber der Feldhase durch die Art der modernen Landbewirtschaftung und die allgemeine Umweltverseuchung vielerorts in seiner Existenz bedroht.

Überall gehen in den letzten Jahren die Jagdstrecken (als sicheres Anzeichen der Bestandsdichte) zurück, mancherorts erschreckend schnell. Schuld daran sind mehrere Faktoren: der Rückgang der Kulturenvielfalt, mit immer größeren Flächen, auf denen nur Mais, nur Raps, nur Rüben oder nur Getreide steht; dazu kommt die chemische Unkrautvernichtung, die dem Hasen jede Abwechslung in der Ernährung, jede Ausweichmöglichkeit nach der Ernte und jeden Schutz nimmt. Auch die Maßnahmen der Flurbereinigung, die Vergrößerung der Schläge, die Beseitigung von Gräben, Rainen, Böschungen, Hecken und Feldgehölzen, haben den Lebensraum unserer Feldhasen zu einer Wüste gemacht.
Untersuchungen haben gezeigt, daß der Hase mitten im Sommer unter Hunger und Mangelerscheinungen leidet. Er findet in den ausgeräumten und vergifteten Landschaften einfach nicht mehr die Vielfalt an Kräutern und Gräsern, an Blättern und Zweigen, die er zu seinem gesunden Gedeihen braucht. Und er findet keinen Schutz mehr, insbesondere für seine Jungen, die vollständig wehrlos jedem streundenden Hund, jeder Katze, jedem Bussard, dem Wetter und vielen anderen Feinden in der deckungslosen Landschaft ausgesetzt sind. Es geht dem Feldhasen heute so, wie es Wachtel und Rebhuhn schon vor ihm ging: Die sinnlose Überproduktion der Landwirtschaft läßt keinen Platz mehr für sie. Und leider haben die Jäger auch nicht immer zur Rettung des heimischen „Niederwilds" beigetragen.

Blüten im Schnee

Die ersten Blüten im Jahr, die oft durch die letzte Schneedecke ans Licht drängen, oder von einem späten Schneefall noch einmal winterlich eingehüllt werden, erwecken unsere besondere Zuneigung und Freude. Sind sie doch wie ein Symbol der ständigen Erneuerung der Natur, ein liebliches Zeichen für das Wiedererwachen nach einer langen Zeit der Ruhe. Vielleicht beschlich uns an manchen grauen Wintertagen sogar die Furcht – geschürt durch vielerlei Zeichen und Nachrichten von immer weiteren Naturzerstörungen durch die menschliche Technik – es könnte für immer so still bleiben, es könnte nie wieder grün und lebendig werden an all den schwarz verspritzten und versalzenen Straßenrändern, zwischen all den Betonkästen und Wohnfabriken, auf den leergeräumten Feldern, in den düsteren Stangenforsten unserer siechenden Wälder. Um so beglückender sind dann die ersten Zeichen einer Wiedergeburt – und mancher mag darüber vielleicht sogar ein bißchen beschämt sein.

Als Inbegriff des mutigen Erwachens gilt das Schneeglöckchen *(Galanthus nivalis)*. Jeder meint es zu kennen, und doch wird es oft mit der Frühlingsknotenblume *(Leucojum vernum)*, auch Märzenbecher genannt, verwechselt. Auf die Unterscheidungsmerkmale ist in den Bildlegenden hingewiesen. Wo beide Arten gemeinsam vorkommen, dürfte die Unterscheidung nicht schwerfallen.

Merkwürdig ist, daß viele der so winterhart erscheinenden, besonders früh blühenden Arten eigentlich mehr das Mittelmeerklima bevorzugen. Besonders beim Schneeglöckchen (ähnliches gilt für den Krokus), das durch seine Beliebtheit im Garten heute an vielen Stellen verwildert vorkommt, ist kaum noch recht festzustellen, wo es nördlich der Alpen wirklich ursprünglich heimisch ist. Aus seinem Hauptverbreitungsgebiet, das von Nordostspanien über Frankreich und Italien bis zum Balkan und nach Südwestrußland reicht, ist es wohl über den Schweizer Jura und den Südschwarzwald (Albtal) vorgedrungen bis ins Rheinland und die Pfalz, bis in den schwäbisch-bayerischen Jura, Bayerwald, nach Schlesien und bis ins Alpenvorland. In Nord- und Nordwestdeutschland kommen Schneeglöckchen ursprünglich ebensowenig vor, wie Märzenbecher.

Wie so viele Frühblüher (s. S. 34), besitzen Schneeglöckchen und Märzenbecher tief im Boden liegende Speicherorgane: Zwiebeln oder Zwiebelknollen. Sie ermöglichen ein so frühes Austreiben und Blühen erst. Dies haben sie gemeinsam mit den recht nah verwandten Krokussen. (Narzissen- und Liliengewächse haben den gleichen Blütenaufbau, nur ist der Fruchtknoten im ersten Fall unterständig, im zweiten oberständig.) Krokusse besitzen dazu noch eine interessante Einrichtung: An ihren Zwiebeln sitzen Zugwurzeln, die durch eigenes Verkürzen die Zwiebel bis zu 1 cm pro Jahr in die rechte (frostgeschützte) Tiefe ziehen können. Auffallend ist, daß alle drei, Schneeglöckchen, Märzenbecher und Krokus, an ihren Standorten

◁ **Schneeglöckchen** *(Galanthus nivalis)*, Narzissengewächse (Amarillidaceae), 8–20 cm, II–IV. Im Gegensatz zum Märzenbecher sind die Blütenblätter rein weiß und die 3 äußeren doppelt so lang wie die 3 inneren; nur die inneren haben einen grünen Fleck. Die Blüte ist geruchlos. Nur 2 blaugrüne, bereifte Laubblätter. Zerstreut in Mittel- und Süddeutschland, oft verwildert. Feuchte Laubwälder. Halbschatten. Geschützt.

▽ **Seidelbast** *(Daphne mezereum)*, Seidelbastgewächse (Thymelaeaceae) 50–125 cm, II–IV. Kleinstrauch mit wenigen, rutenförmigen, nur an den Spitzen belaubten Zweigen. Die vierblättrigen, unten eine Röhre bildenden, rosa (selten weißen) Blüten sitzen dicht am vorjährigen Holz. Die erbsengroßen Früchte sind rot (s. S. 149). Mittel- und Süddeutschland (Alpen bis 1900 m). Laubmischwälder mit frischen bis feuchten, meist kalkhaltigen Böden. Giftig. Geschützt.

◁ **Märzenbecher** *(Leucojum vernum)*, Narzissengewächse (Amaryllidaceae), 10–30 cm, II–IV. Die 6 Blütenhüllblätter sind alle gleich lang, gelblichweiß mit grüner Spitze; Blüte wohlriechend. Mehrere, glänzendgrüne Laubblätter. Selten, aber gesellig in Mittel- und Süddeutschland (Alpen bis 1300 m), nördlich Hannover nur verwildert. Feuchte Laubwälder und Wiesen. Bienen- und Tagfalterpflanze, auch selbstbefruchtend. Giftig. Geschützt.

▽ **Krokus, Safran** *(Crocus albiflorus)*, Schwertliliengewächse (Iridaceae) 8–15 cm, II–IV. Zu verwechseln nur mit anderen Krokusarten und der hellrosa und im Herbst blühenden Herbstzeitlosen. (Krokusse haben 3, Zeitlosen 6 Staubgefäße.) Die 6 Blütenhüllblätter sind meist weiß, auch violett. Schlund mit kurzen Haaren besetzt. Pyrenäen bis Tschechei und Ungarn. Bergfettwiesen der Alpen (bis 1900 m), Südschwarzwald (Menzenschwand), Schwäbische Alb und Vogesen. Aus den Blütennarben wird Safran gewonnen.

fast immer in Gruppen, Rudeln und oft auf großen Flächen in großer Zahl vorkommen. Das hängt damit zusammen, daß all diese Arten sich nicht nur durch Samen vermehren, sondern vor allem auch durch Nebenzwiebeln.
Auch bei den Krokussen ist die Herkunft oft fragwürdig. Ursprünglich heimisch ist nördlich der Alpen nur der Weiße oder Frühlings-Krokus *(C. albiflorus)*, der zerstreut im Südschwarzwald, im Alpenvorland und in den Alpen (bis 1900 m) vorkommt. Trotz seines Namens (*albiflorus* = weißblühend) bildet er in jährlich oft wechselnder Zahl auch violette Blüten aus. Der recht ähnliche Violette Krokus oder Safran *(C. neapolitanus)* ist nur in Österreich, Jugoslawien und Italien heimisch, kommt nördlich der Alpen aber stellenweise verwildert vor. Ursprünglich auf Schlesien, die Tschechei und den Balkan beschränkt ist der ebenfalls meist violett blühende Heuffels Safran *(C. heuffelianus)*; auch er wurde durch Kultur verbreitet. Alle anderen Arten, insbesondere gelbblühende, stammen aus Südeuropa oder Vorderasien, wo es 70–80 Krokusarten gibt.
Zu den frühblühenden Holzgewächsen gehört der in Laub- und Mischwäldern lebende Seidelbast *(Daphne mezereum)*, der seinen volkstümlichen Namen »Kellerhals« offenbar von den kahlen Stielen hat; die Blattbüschel beschränken sich nämlich weitgehend auf die neuen Triebe. Die stark süßlich duftenden rosaroten bis rotvioletten Blüten bestehen bemerkenswerterweise aus gefärbten Kelchblättern; echte Kronblätter fehlen. Die ganze Pflanze ist äußerst giftig.

März – April

Im alten römischen Kalender war der März der erste Monat des Jahres. Tatsächlich beginnt mit ihm das Naturjahr, sofern es da überhaupt Anfang und Ende gibt. Der klassische Frühlingsmonat läßt alle Anzeichen des Erwachens erkennen. Überall schwellen und bersten die Knospen. Haseln, Weiden und Erlen blühen und am Boden können Märzenbecher, Krokus und Huflattich kaum das Schwinden des letzten Schnees abwarten. Immer mehr Vogelstimmen begrüßen die täglich früher aufgehende Sonne. Die erste warme Regennacht setzt den Wanderzug der Erdkröten in Bewegung. Das Wetter dieser Zeit zwischen Spätwinter und Vollfrühling weiß nicht, was es will. Späte Schneeschauer können noch einmal das schon satte Grün der Wiesen bleichen. Aber der erste Kuckucksruf läßt sich davon nicht beirren.

Der Baum als Großbetrieb

Überall mehren sich im März die Anzeichen dafür, daß die Zeit der kahlen Zweige nun bald vorüber ist. Sie haben freilich auch ihren besonderen Reiz, die laublos nackten Bäume und Sträucher. Wo sie frei stehen, kommt die Schönheit ihrer Gestalt, die Kraft ihrer Stämme und das Filigran ihres Gezweigs besonders zur Geltung. Auch zarte Farben werden erkennbar, wie das schöne Violettrosa der Erlen, das edle Silbergrau der Eschen und Buchen und das duftige Gelbgrün der Weiden. Allenthalben beginnen Bäume und Sträucher jetzt zu treiben – freilich ganz unterschiedlich von Art zu Art, manche früher, manche später, manche mit den Blüten beginnend, manche mit dem Laub. Zu den ganz frühen Blühern gehören Hasel, Weide und Erle, deren Pollen oft die einzige Nahrung der Bienen für ihre Brut ist in dieser Zeit. Kaum später und ebenfalls vor dem Laubaustrieb blühen Kornelkirsche und Schlehe. Früh dran mit schwellenden Knospen und ersten grünen, zum Kälteschutz oft behaarten Blättchen sind Eberesche (Vogelbeerbaum), Kastanie, Birke und Lärche, Holunder (besonders der Traubenholunder), Weißdorn, Pfaffenhütchen, Traubenkirsche und Berberitze. Oft um Wochen später dagegen sind die Lindenarten, die recht unterschiedlich austreibenden Rotbuchen, die Eichen und Eschen. Und als letzte begrünt sich zaghaft die mit unserem Klima immer noch nicht so recht vertraute Robinie.

△ **Kahle Äste.** Wie tot wirken die Äste und Zweige der Laubbäume im Winter. Daß sie voll schlafendem Leben sind, wird offenbar, wenn man einen solchen Zweig ins Warme bringt und mit Wasser versorgt. Dann werden die im Holz gespeicherten Reservestoffe aktiviert, und die Knospen beginnen sich zu öffnen. Bei den meisten Gehölzarten reicht die Kraft des Zweiges nicht aus, die Blätter voll zu entfalten und damit instand zu setzen, die weitere Ernährung durch Assimilation zu übernehmen; in diesen Fällen fehlt der Nachschub organischer Reservestoffe aus Stamm und Wurzeln. Manche Arten aber sind in der Lage, aus einem Reis eine neue Pflanze entstehen zu lassen, sie bewurzeln sich und bilden Blätter aus. Diese Fähigkeit wird in der Stecklingsvermehrung genutzt.

◁ **Winterliche Weidenbäume.** Laubwerfende Bäume erscheinen im Winter in völlig anderem Habitus als im Sommer. Da werden plötzlich Formen sichtbar, die vorher verborgen waren, Strukturen, die uns von überall bekannt sind, wo zwei Medien sich durchdringen und ein intensiver Austausch stattfindet: vom Geäder des Blutsystems, von den Verästelungen der Bronchien und Lungen, vom Tracheensystem der Insekten, vom Wurzelgeflecht der Pflanzen und sogar vom Mündungssystem eines Flusses. Durch die vielfache Verzweigung des Sprosses vergrößert ein Baum seine Oberfläche erheblich, was eine Voraussetzung für eine möglichst große aktive Blattoberfläche ist. Von der Blattoberfläche hängt das Ausmaß des Gasaustausches und der Lichtausbeute und damit die Menge der Assimilate, der gebildeten organischen Stoffe, ab. Verglichen mit der überdeckten Bodenfläche, beträgt die Blattoberfläche das Zehn- bis Zwanzigfache, kann also bei einem großen Baum über 1000 m^2 betragen.

△ **Knospen des Bergahorns** *(Acer pseudoplatanus)*. Die Knospen unserer Gehölze sind in der Regel so charakteristisch, daß man an ihrer Größe, Form und Farbe auch im Winter die meisten Arten gut bestimmen kann. Sobald sie im Frühjahr zu treiben beginnen, verändern sie allerdings rasch ihr Aussehen und sind nicht mehr so leicht zu erkennen. Auch diese Ahornknospen sind schon durch den Frühjahrstrieb verändert.
Alle Holzgewächse schließen ihre zarten Laubknospen im Winter in schützende Gehäuse ein, die aus fest zusammenschließenden Niederblättern, den Knospenschuppen, gebildet werden. Diese zurückgebildeten Blätter sind derb, ledrig-zäh, meist braun oder schwarz und oft sehr harzig. Sie sind ein wirksamer Schutz gegen Austrocknung und rasche Temperaturänderungen. Beim Öffnen der Knospen fallen die Knospenschuppen meist ab.

▽ **Knospen des Traubenholunders** *(Sambucus racemosa)*. Sehr früh austreibende Gehölzarten besitzen oft besonders dicke Knospen.

Die Holzgewächse – die übrigens den unterschiedlichsten Pflanzenfamilien angehören – verbringen als einzige die kalte Jahreszeit weitgehend ungeschützt (s. S. 175). Sie müssen jeden Frost aushalten, in manchen Gegenden –25 ° und kälter. Das erfordert große Umstellungen im gesamten Stoffhaushalt im Herbst und Frühling, was schon daraus hervorgeht, daß ähnlich tiefe Temperaturen zu einer Zeit, in der die Gehölze voll »im Saft« stehen, schwere Schäden verursachen würden. Im wesentlichen geht es bei dieser Art von Frostschutz um eine Art Entwässerung oder Eindicken der Zellsäfte.
Wenn es im Frühjahr wärmer wird, nehmen die Bäume wieder mehr Wasser auf und mobilisieren gleichzeitig Reservestoffe, die vor allem in den Wurzeln, aber auch im Stamm gespeichert wurden. Aus diesen Stoffen werden im Frühling die Blätter gebildet und auch die vor dem Laubaustrieb erscheinenden Blüten. Das Austreiben abgeschlagener Stämme (besonders von Weiden) und das Treiben von Blüten und Blättern an Schnittzweigen in der Vase veranschaulichen das. Erst wenn die grünen Blätter selber aus dem Kohlenstoff der Luft wieder Zucker, Stärke, Eiweiße und ähnliche Verbindungen herstellen, braucht nicht mehr auf Gespeichertes zurückgegriffen werden.
Das Holz der Holzgewächse dient – wie so vieles in der Natur – mehreren Zwekken. Zum einen hat es eine Stützfunktion für die oft mächtig und tonnenschwer in den Luftraum sich erhebende Baumkrone und die enormen Kräfte, die durch den Wind einwirken. Eine weitere wichtige Aufgabe des Holzes ist die Wasserleitung. Schließlich dient es, wie schon angedeutet, auch noch der Speicherung von Assimilaten während der Vegetationsruhe.
Die Wasserleitung, bzw. der Stofftransport überhaupt, findet in langgestreckten Zellen oder Zellreihen mit aufgelösten Zwischenwänden statt. Diese Leitungsbahnen liegen zwischen den ebenfalls längs verlaufenden Holzfasern. Grundsätzlich unterscheidet man sogenannte Siebzellen-Bahnen, die dem Transport organischer Stoffe von den Blättern in die Wurzeln dienen, von sogenannten Tracheen-Bahnen, in denen normalerweise das Bodenwasser mit seinen Mineralstoffen von den Wurzeln in die Blätter befördert wird; jetzt beim Laubaustrieb allerdings enthält auch dieser Strom viele organische Stoffe aus den Wurzelspeichern.
Die wasserleitenden Tracheen haben einen faszinierenden Bau und vollbringen unwahrscheinliche Leistungen. Ihnen fällt ja die Aufgabe zu, bei großen, reichbelaubten Bäumen an sonnigen Tagen mehrere Eimer Wasser pro Stunde oft mehrere Stockwerke hoch transportieren zu müssen. Dabei werden Fließgeschwindigkeiten von über 40 Meter pro Stunde erreicht. Obwohl das Geheimnis dieser Leistung noch nicht bis ins letzte geklärt ist, kann angenommen werden, daß dabei vor allem ein durch die Verdunstung bewirkter Sog mit einem von der Wurzel ausgehenden Druck zusammenwirkt. In jedem Fall wirken auf die Zellwände der Leitungsbahnen starke Kräfte ein, so daß sich Strukturen bilden mußten, die vor allem ein Zusammenfallen der Tracheen durch den erzeugten Unterdruck verhindern. Mit einem gleichmäßig dicken und dichten Schlauch wäre dem Baum nicht gedient, da Flüssigkeit auch unterwegs abgegeben und aufgenommen werden muß. So entstanden ring-, schrauben und netzförmige Versteifungen, zwischen denen sich zahlreiche, mit Schließhäuten ausgestattete Öffnungen (sogenannte Tüpfel) befinden. Das Ganze wirkt unterm Mikroskop wie vollendete Architektur, äußerst funktionell und schön zugleich.
Der Wassertransport in Bäumen ist eine besonders aufsehenerregende Leistung. Sie steht, wie wir schon sahen, in engem Zusammenhang mit der Verdunstung und Atmung. Durch winzige Öffnungen an der Blattunterseite nehmen die Bäume (wie alle Pflanzen) Luft auf; gleichzeitig dienen die Spaltöffnungen der Verdunstung. Im Gegensatz zu Mensch und Tier, entnimmt die Pflanze der Luft aber nicht Sauerstoff, sonder überwiegend Kohlenstoff. Aus dem Kohlenstoff der Luft, aus Wasser und anderen Ausgangsstoffen werden mit Hilfe des Sonnenlichtes in den Blättern organische Verbindungen hergestellt, aus denen die Pflanze alle Baustoffe synthetisiert, die sie zum Wachsen, zur Bildung von Früchten, Holz und anderem benötigt. Diese Synthese ist nicht nur »chemotechnisch« eine bewundernswerte und von der menschlichen Technik bisher nicht erreichte Leistung, sie ist es auch mengenmäßig: Ein Quadratmeter Blattfläche produziert stündlich etwa 1 Gramm Zukker; eine große Buche pro Sommer etwa 1,5 Tonnen. Dabei wird auch Sauerstoff produziert, allerdings nur solange genügend Licht und Wärme vorhanden sind.

△ **Die männlichen Blüten der Hasel** sind zu einem langen, hängenden Blütenstand vereinigt, wobei unter jeder Deckschuppe 8 Staubblätter stehen. Blütenhüllblätter sind keine mehr vorhanden. Der gelbe Pollenstaub wird durch den Wind auf die weiblichen Blüten übertragen.

◁ **Blühender Haselstrauch** *(Corylus avellana).* Die Hasel wird bis 7 m hoch und ist weit verbreitet, in den Alpen bis etwa 1800 m. Sie liebt milde Winter und reichliche Niederschläge, ist sehr lichtbedürftig, verträgt aber leichten Schatten. Auf armen Sandböden und sumpfigen Standorten gedeiht sie nicht.

▽ **Die weiblichen Blüten der Hasel** bilden knospenförmige Blütenstände, aus denen nur die fadenförmigen und zweigespaltenen, purpurroten Narben herausragen. Innerhalb der Hüllschuppen sitzen die weiblichen Blüten paarweise zusammen; jede Blüte besteht aus Fruchtblatt und stark reduzierter Blütenhülle.

Ungleiche Nachbarn

Zu den allerersten, freilich recht unscheinbaren Blüten des Jahres gehören die der Hasel und der Sal- oder Palmweide. Trotz mancher Ähnlichkeiten, vor allem im Aufbau der als Kätzchen bezeichneten Blütenstände (oder genauer: Blütenstandsähren), unterscheiden sich Hasel und Weide in einem wichtigen Punkt. Während die Hasel – man merkt es gleich an den gelben »Staubwolken« – zu den Windblütlern gehört, wie die meisten anderen Kätzchenblütler auch (s. S. 52f.), wird der Pollen der Weiden durch Insekten auf die weibliche Narbe übertragen. Das ist aus mancherlei Gründen ziemlich überraschend.

So fehlen der Weidenblüte schon auf den ersten Blick all jene auffallenden und oft höchst raffinierten Einrichtungen, die bei typischen Insektenblüten angeblich vor allem der Anlockung fliegender Pollenüberträger dienen. Die Einzelblüte der Salweide ist tatsächlich auf das Allernotwendigste reduziert und noch dazu getrenntgeschlechtig – und nicht nur das, sondern auch noch zweihäusig! Das bedeutet, daß alle Kätzchen eines Baumes entweder nur männliche oder nur weibliche Blüten enthalten. Die Biene muß also nicht nur von Blüte zu Blüte, sondern von Weide zu Weide fliegen, wenn es mit der Bestäubung klappen soll. Und was sind das für »Blüten«! Hinter einem behaarten Deckblatt sitzen im männlichen Fall nur noch

▽ **Blühende Salweide** *(Salix caprea).* Die Sal- oder Palmweide ist ein bis 9 m hoher Strauch oder Baum, der in der Jugend raschwüchsig und mit 20–25 Jahren ausgewachsen ist. Diese breitblättrige Weidenart ist unsere häufigste und genügsamste Waldweide. Sie kommt sowohl auf trockenen als auch auf vernäßten Böden vor allem an Waldrändern und auf Lichtungen vor. Auf humusarmen Rohböden ist sie ein bodenverbesserndes Pioniergehölz. Die dichtbehaarten Blütenstände (Kätzchen) werden schon im Winter sichtbar und kommen an den ersten warmen Tagen, oft schon Ende Februar, zur Blüte. Weiden sind zweihäusig, d. h. männliche und weibliche Blüten sind auf verschiedene Pflanzen verteilt.
Auf dem Foto: männliche Kätzchen mit den voll entwickelten gelben Staubgefäßen.

▷ **Kleiner Fuchs** *(Aglais urticae)* **auf männlichen Salweidenblüten.** Im Gegensatz zu allen anderen Kätzchenblütlern (s. S. 52 f.) werden die Weidenarten nicht vom Wind, sondern von Insekten bestäubt. Dies ist um so erstaunlicher, als die Blüten höchst unauffällig und noch dazu zweihäusig sind. Allerdings sondern die weiblichen Blüten Nektar ab, der mit dem Pollen der männlichen Blüten eine wichtige Nahrungsquelle für die ersten Insekten des Vorfrühlings ist, für Bienen, Hummeln und überwinternde Tagfalter, wie Kleiner Fuchs, Tagpfauenauge und Zitronenfalter.

2 Staubblätter, im weiblichen Fall nur noch 1 Fruchtknoten mit 2 Narben. Keine farbigen Kronblätter, keine Kelchblätter, nichts, was an eine typische Insektenblüte erinnert.

Betrachten wir noch einmal die Hasel, so finden wir da etwas, was einen noch mehr daran zweifeln lassen könnte, ob und wie das mit der Insektenblütigkeit der Weiden funktioniert. Auch die Hasel hat getrenntgeschlechtige Blüten, immerhin aber noch auf demselben Zweig, sie ist also einhäusig. Auch hier sind die Blüten bis auf einige Staubfäden und Fruchtblätter hinter Deckschuppen reduziert. Erstaunlicherweise werden die lang herunterhängenden, vom Pollenstaub gelben männlichen Kätzchen des Haselstrauchs ebenfalls sehr eifrig von Bienen beflogen. Pollen ist in dieser nahrungsarmen Zeit knapp. Trotzdem findet eine Bestäubung der aus kleinen, grünen »Knospen« herausragenden, leuchtendroten Narben höchstens zufällig einmal durch Insekten statt, da die weiblichen Blütenstände der Hasel nicht beflogen werden.

Worin liegt also der Unterschied bei den Weiden? Reicht es aus, daß deren weibliche Blütenstände etwas auffälliger sind, als die der Hasel? Gewiß nicht. Man kommt der Sache mit der Nase eher als mit den Augen auf die Spur: Die weiblichen Weidenkätzchen strömen einen feinen, süßlichen Duft aus. Das ist kein leeres Versprechen. Tatsächlich besitzen die Weidenblüten, bei all ihrer Bescheidenheit, Nektardrüsen, deren süßes Sekret für Insekten unwiderstehlich ist. Trotz allem: Es bleibt erstaunlich, ein wie geringes Maß von Anpassung an ihre tierischen Bestäuber die Weiden aufweisen. Wahrscheinlich können sie sich das wegen ihres frühen Blühtermins leisten, da es ja zu dieser Jahreszeit fast keine Konkurrenz gibt. Außerdem leben Weiden immer in dichten Beständen, so daß auch die Zweihäusigkeit kein unüberbrückbares Problem darstellt.

Möglicherweise sind die Weiden auf dem Weg zur Windblütigkeit. Die Botaniker kamen nämlich durch vergleichende Untersuchungen zu dem Schluß, daß die Windblütigkeit nur bei den ursprünglicheren Nacktsamern, zu denen die Nadelbäume gehören, von Anfang an vorhanden war, während bei den Bedecktsamern oder höheren Blütenpflanzen die Windblütigkeit meist erst sekundär erworben wurde. Als Entwicklungsschritte nimmt man an: insektenbestäubte Zwitterblüten – windbestäubte Zwitterblüten – getrenntgeschlechtig-einhäusige Windblüten – zweihäusige Windblüten. Den ersten Schritt in dieser Reihe hätten demnach die Gräser getan, die meist windbestäubte Zwitterblüten haben. Auch Esche und Ulme gehören in diese zweite Gruppe, da beide zwittrige Windblüten besitzen, während die meisten anderen Laubholzarten schon den weiteren Schritt zur Stufe drei (Einhäusigkeit) getan haben. Die vierte Stufe hätte etwa die zweihäusig-windblütige Brennessel erreicht.

Insgesamt sind rund 20 Prozent aller mitteleuropäischen Pflanzenarten windbestäubt. In windigen Gebieten ist der Anteil höher. So sind es in Schleswig-Holstein 27 Prozent, auf den Nordseeinseln 36 Prozent und auf den Halligen 47 Prozent.

Die Apotheke auf der Schutthalde

Wir sind so gewohnt, uns nur von Kulturpflanzen zu ernähren, daß wir uns kaum noch vorstellen können, daß die Menschen Jahrzehntausende von Wildpflanzen (und Wildtieren) gelebt haben und eine entsprechend intime Kenntnis vor allem auch ihrer gesundheitlichen Wirkungen hatten. Pflanzen waren immer schon Nahrungs- und Heilmittel zugleich.
Welche Eigenschaften der Pflanzen machen ihre Heilwirkung aus? Es ist eine geradezu unvorstellbare Vielfalt an Wirkstoffen, die in kleinsten Konzentrationen bereits Wirkungen auf pflanzliche und tierische Organismen haben.
Die Pflanzenwirkstoffe lassen sich in Gruppen einteilen. Da sind einmal die meist stark wirkenden Alkaloide – Giftstoffe, die nur in vorsichtigen Dosen heilend wirken. Pflanzen, deren Hauptwirkstoffe Alkaloide sind, eignen sich daher nicht zu Bereitung von Tees, sie müssen pharmazeutisch verarbeitet werden. Hierher gehören das Atropin der Tollkirsche und das Colchizin der Herbstzeitlosen. Andere Heilpflanzen enthalten Alkaloide bereits in homöopathischen Dosen; sie unterstützen dann die Heilwirkung der anderen Stoffe.
Zu den Bitterstoffen gehören drei Gruppen: die reinen Bittermittel, wie sie in der Enzianwurzel und im Tausendgüldenkraut enthalten sind; die aromatischen Bitterstoffe, bei denen ätherische Öle mitwirken (Wermut, Engelwurz, Benediktenkraut, Kalmus); und schließlich die scharfschmeckenden Bittermittel insbesondere tropischer Pflanzen, wie Pfeffer und Ingwer. Reine Bittermittel regen die Magensaftsekretion an und wirken allgemein kräftigend (tonisch). Ähnliche Wirkungen zeigen aromatische Bittermittel, deren Heilspektrum aber um die Wirkung der ätherischen Öle erweitert ist; sie regen auch Darm, Galle und Leber an. Die scharfen Bitterstoffe fördern den Kreislauf durch Verbesserung der Verdauung.
Ätherische Öle sind leichtflüchtige, duftende Stoffe, die in verschiedener Zusammensetzung und Konzentration in fast allen Pflanzen enthalten sind. Besonders reich an solchen Stoffen sind Vertreter der Lippenblütler (Lamiaceae – z. B. die Rote Taubnessel) und der Doldengewächse (Apiaceae – z. B. Kümmel). Ätherische Öle wirken Hautentzündungen entgegen, hustenlockernd, harntreibend und stärkend auf die Verdauungsorgane.
Zu den Flavonen gehören zahlreiche Stoffe ähnlicher chemischer Grundstruktur. Ihre Wirkung hängt stark von der Zusammensetzung ab. Zu den bedeutenden Heilfunktionen der Flavone gehören Besserungen bei brüchigen Blutgefäßen, Heilung bei bestimmten Herz- und Kreislaufstörungen sowie krampflösende Wirkungen im Verdauungsbereich. Flavone finden sich (als mehlartige Überzüge) bei verschiedenen Primelarten und in Form von Flavonoiden in Pappelknospen, im Färberwau, in Faulbaum-Beeren, in Hopfen, Teestrauch, Eichen und vielen anderen Pflanzen.

◁ **Rote Taubnessel** *(Lamium purpureum),* Lippenblütler (Lamiaceae), 10–30 cm, III–X. Typisch für diese Taubnessel-Art sind die rötlich überlaufenen oberen Blätter und der schwache, unangenehme Geruch. Die niedrige, einjährige Pflanze kommt vor allem als Unkraut auf Kartoffel- und Rübenfeldern, seltener auf Getreideäckern, sowie an Schuttplätzen und Wegen vor. Als Heilpflanze häufiger verwendet wird die Weiße Taubnessel.

▽ **Hirtentäschelkraut** *(Capsella bursa-pastoris),* Kreuzblütler (Brassicaceae), 20–40 cm, II–IX. Die kleinen weißen Blüten bilden eine endständige Trugdolde. Charakteristisch sind die herz- oder taschenförmigen Fruchtknoten. Im Gegensatz zu den stark gefiederten Blättern der grundständigen Blattrosette, sind die oberen Blätter ganzrandig und stengelumfassend. Die anspruchslose Pflanze blüht fast das ganze Jahr über als Unkraut an Wegen, in Gärten, auf Äckern und Schuttplätzen. Die ganze Pflanze wird zur Bereitung kreislaufregulierender Tees verwendet.

◁ **Huflattich** *(Tussilago farfara),* Korbblütler (Asteraceae), 5–25 cm, II–IV. Oft schon im Februar erscheinen an Schutt- und Rohbodenstellen die gelben Sterne des Huflattichs. Die Blütenstengel tragen nur Schuppenblätter, die großen, grundständigen, unterseits filzigen Blätter erscheinen erst nach dem Verblühen. Pflanzenschleime und Bitterstoffe der jungen Sonnenblätter bilden die Grundlage für die Heilwirkung von Huflattich-Tee bei Lungen- und Bronchialleiden.

▷ **Gänseblümchen** *(Bellis perennis),* Korbblütler (Asteraceae), 2–15 cm, III–XI. Die weißen äußeren Zungenblüten sind bisweilen auch rötlich, die inneren Röhrenblüten gelb. Die auf Rasen sehr häufige Pflanze blüht fast das ganze Jahr; als Heilkraut sollte man sie etwa um Johanni (24.6.) sammeln. Der Tee aus getrockneten Blüten und Blättern wirkt vielfach: wundheilend, appetitanregend, als Galle- und Lebermittel und zur »Blutreinigung«, auch bei Husten und Hautleiden soll er lindernd wirken.

△ **Große Brennessel** *(Urtica dioica),* Brennesselgewächse (Urticaceae), 30–150 cm, VI–X. Jeder kennt die unangenehmen (brennenden) Eigenschaften der Brennessel, nicht jeder aber ihre vielen positiven Seiten. Zunächst: es gibt zwei Arten, die beide häufig und ähnlich in ihren guten Eigenschaften sind. Die Große Brennessel (das Foto zeigt junge Triebe) besitzt hängende, männliche und weibliche Blütenstände auf getrennten Pflanzen (s. S. 104). Die stets niedrig bleibende Kleine Brennessel *(U. urens)* dagegen ist normal einhäusig. Mit ihrem dichten Wurzelgeflecht lockern Brennnesseln den Boden. Kalt vergorene Brennesseljauche ist ein wertvolles Mittel zur Kräftigung und Düngung von Gartenpflanzen.
Für Heilzwecke sammelt man die Blätter vor oder während der Blüte, streift sie vom Stengel ab und trocknet sie. Der daraus bereitete Tee regt den gesamten Körperstoffwechsel an und wird vor allem zur Frühjahrs- und Herbstkur empfohlen.

Glykoside sind weit verbreitete Pflanzenwirkstoffe mit vielfältigen Wirkungen. Hierher gehören die herzwirksamen Stoffe des Fingerhuts (Digitalisglykoside), das Solanin aus Nachtschattengewächsen und verschiedene Saponine (s. u.). Auch die schleimlösende Wirkung der Primelwurzel, die Abführwirkung der Faulbaumrinde und die schweißtreibende Wirkung der Lindenblüten beruhen auf Glykosiden.
Die Saponine sind Stoffe, die mit Wasser einen seifenartigen Schaum bilden. Ihre Oberflächenaktivität hat schleimlösende Wirkung bei Husten, reinigt die Bronchien und regt die Magenschleimhaut an. Vor allem aber verbessern Saponine die Wirksamkeit anderer Wirkstoffe.
Pauschal seien noch die Gruppen der Gerbstoffe, der Schleimdrogen, der Kieselsäuren und schließlich der Vitamine und mineralischen Spurenelemente erwähnt. Die Gerbstoffe, etwa der Eichenrinde oder der Heidelbeere, wirken antibiotisch, bzw. bakterizid und hautfestigend bei Hautverletzungen, Hämorrhoiden, Frostbeulen und Entzündungen sowie bei Durchfall. Reichlich Schleimstoffe enthalten Isländisch Moos (eine Flechte), Lein und Eibisch. Sie wirken allgemein reizmildernd und steuern bei vielen Heilpflanzen die Heilwirkung. Kieselsäuren, wie sie im Schachtelhalm, in Boretschgewächsen und Gräsern enthalten sind, haben festigende Wirkung für Bindegewebe, Haut, Haare und Nägel.
Die meisten Pflanzenwirkstoffe sind milde Heilmittel, die erst nach Anwendungszeiten von 6–8 Wochen wirksam werden. Die Trocknung von Heilpflanzen zur Bereitung von Tees sollte stets im warmen, luftigen Schatten erfolgen.
Zu den frühesten Heilkräutern im Jahr gehören typische »Ruderalpflanzen«, die gerne an Wegrändern, auf Schutt und stickstoffreichen Böden wachsen. Vor allem ist da die Brennessel zu erwähnen, deren junge Blätter einen schmackhaften, vitamin .und mineralstoffreichen Spinat und Salat abgeben. Zum Trocknen für Tees sammelt man die Blätter zur Blütezeit im Juni und Juli (s. S. 104); sie regen den gesamten Körperstoffwechsel an.
Gänseblümchen blühen fast das ganze Jahr. Ihr Blüten und Blätter enthalten Saponine, Bitterstoffe, Gerbstoffe und Flavone. Sie haben keine spezifische Heilwirkung, sondern dienen der Anregung des Gesamtstoffwechsels.
Fast genauso häufig und verbreitet wie die anderen hier genannten Arten ist das Hirtentäschelkraut. Neben Acetylcholin enthält die zierliche Pflanze zahlreiche andere Wirkstoffe. Man sammelt die Blätter zu Beginn der Blüte. Der Tee hat ausgleichende Wirkung bei schwachem Herz und abweichendem Blutdruck.
An sonnigen Schuttplätzen gehören die gelben Strahlensterne des Huflattichs zu den ersten Blüten. Als Heilmittel dienen aber mehr noch die sich erst später entfaltenden Blätter, von denen man im Mai/Juni die erst handtellergroßen sammelt, kleinschneidet und trocknet. Ihre Schleim- und Bitterstoffe ergänzen sich besonders gut bei der Behandlung von Lungen- und Bronchialleiden. Huflattichtee mit Honig ist sehr hilfreich bei Reizhusten und festsitzendem Schleim.

◁ **Leberblümchen** *(Hepatica nobilis),* Hahnenfußgewächse (Ranunculaceae), 5–15 cm, III–IV. Die 6–9 Blütenhüllblätter sind blauviolett, in seltenen Fällen auch rot oder weiß, und sitzen auf behaarten Stengeln. Die langstieligen Blätter sind 3lappig, die Lappen ganzrandig. Kalkreiche Buchen-, Eichen- und Nadelmischwälder. Im westlichen Deutschland nur vereinzelt (Alpen bis 1500 m). Die Samen werden von Ameisen verbreitet. In der Volksmedizin wurde die Pflanze bei Leberleiden verordnet.

▽ **Buschwindröschen** *(Anemone nemorosa),* Hahnenfußgewächse (Ranunculaceae), 5–20 (–30) cm, III–IV. Die weißen Blüten mit gelben Staubblättern wachsen einzeln aus dem Grund der 3 handförmig geteilten Hochblätter. Grundblätter gesägt bis geteilt. – Recht häufig in Laub- und Nadelwäldern, Gebüsch und Bergwiesen. Die Früchtchen enthalten einen Nährstoff, der Ameisen anlockt, die wiederum zur Verbreitung der Samen beitragen. Wie das Scharbockskraut enthält die Pflanze Protoanemonin, das für den Menschen giftig ist.

Die klassischen Frühblüher

Die letzten Schneereste sind kaum weggetaut, da erblühen – wie durch ein Wunder – schon die ersten Blumen in unseren Laubwäldern. Ganze Teppiche bilden sie oft, die Buschwindröschen und Leberblümchen, Lerchensporn, Schlüsselblume (s. S. 41) und das Lungenkraut. Es ist und bleibt ein Wunder, dieses jährliche Wiedererwachen der Natur, diese erneuernde Kraft des Lebendigen, auch wenn wir das eine oder andere der dabei mitspielenden Vorgänge verstehen gelernt haben. Wissen und Bewundern schließen sich nicht aus – ganz im Gegenteil.
Es ist kein Zufall, daß gerade in den Laubwäldern, vor allem in den artenreichen, feuchten Auenwäldern und in Buchenwäldern, die frühesten Blumen blühen. Sie nutzen die kurze Zeit, in der es einerseits gerade eben nicht mehr zu kalt und andererseits gerade noch nicht zu dunkel an ihrem Standort ist. Mit anderen Worten, sie müssen einen möglichst großen Teil ihrer Entwicklung vollenden, bevor sich das Laubdach über ihnen wieder schließt, und damit das Licht am Waldboden nicht mehr ausreicht zur Bildung von Früchten, Knollen, Zwiebeln und anderen der Fortdauer und Vermehrung dienenden, reservestoffreichen Organen. Freilich ist das nur eine Möglichkeit, mit den lichtarmen Bedingungen des Waldes fertigzuwerden, denn es gibt ja auch sommerblühende Blumen (s. S. 142 f.) im Wald mit anderen Anpassungen, die wiederum bestimmte Waldtypen charakterisieren.

◁ **Scharbockskraut** *(Ranunculus ficaria),* Hahnenfußgewächse (Ranunculaceae), 5–15 cm, III–V. Die Blüten fallen durch die 8–12 glänzend sattgelben Honigblätter auf. Sie sitzen einzeln auf den langen Stengeln, die liegend oder aufsteigend und innen hohl sind. Die Blätter haben einen fettigen Glanz und sind herz- bis nierenförmig. Recht häufig in krautreichen Laubmischwäldern und Auenwäldern, in Parkanlagen, Hecken und Obstgärten. Die Blüten werden durch Bienen und Fliegen bestäubt. Für die Verbreitung der Samen sorgen Ameisen. Daneben gibt es bei der Pflanze auch eine ungeschlechtliche Art der Fortpflanzung: Kleine kugelige Gebilde, Brutknöllchen, wachsen in den Achseln der Blätter, fallen ab, bilden Wurzeln und werden zu neuen Pflanzen.
Heilpflanze. Sie wurde früher zur Behandlung der Vitamin-C-Mangelkrankheit Skorbut verwendet. Jedoch ist ihr Genuß nur vor der Blüte der Pflanze unbedenklich. Während und nach der Blütezeit entsteht in allen Pflanzenteilen ein brennendes Gift.

△ **Lungenkraut** *(Pulmonaria officinalis),* Boretschgewächse (Boraginaceae), 15–30 cm, III–IV. Die Blüten dieses im Schutz von Gebüschen und lichten Laubmischwäldern wachsenden Krautes sind zunächst rötlich und werden dann zunehmend blau. Dies zeigt einen Wechsel des Säuregrades an: der Zellsaft junger Blüten ist leicht sauer und wird später neutral bis alkalisch; der Farbstoff der Blüten (Anthocyane) reagiert wie Lackmus. Im übrigen ähneln die Blüten denen der Schlüsselblume und bilden wie sie eine Trugdolde. Der aufrechte Stengel und die Blütenstiele sind mit weichen Borsten und Drüsenhaaren besetzt. Die Grundblätter sind gestielt, die oberen dagegen stengelumfassend.
Trotz seines deutschen und wissenschaftlichen Namens wurde das Kraut in der Volksmedizin offenbar kaum verwendet. Sein Gehalt an Schleimstoffen, Saponinen, Gerbstoffen und Kieselsäure läßt einen günstigen Einfluß bei festsitzendem Husten, zur Bindegewebsstärkung und bei entzündeten Schleimhäuten erwarten.

▷ **Echte Küchenschelle** *(Pulsatilla vulgaris),* Hahnenfußgewächse (Ranunculaceae), 5–30 (–40) cm, III–IV. Blau- bis rotviolette, glockenartige Blüte mit leuchtend gelben Staubblättern. Sie ist umgeben von seidig behaarten Hochblättern. Grundblätter 2–3fach gefiedert und erst nach der Blüte erscheinend. Zur Fruchtzeit wird der Stengel verlängert und die Griffel wachsen zu zottigen Grannen aus. Auf steinigen, trockenen Magerrasen oder seltener in Kiefernwäldern; Südhänge und kalkhaltige Böden bevorzugend. Über große Strecken im Nordwesten Europas fehlend. Es kann zur Verwechselung kommen, da weitere ähnliche Arten in Mitteleuropa heimisch sind.
Alte Heilpflanze, die aber wegen ihrer Giftigkeit – sie enthält antibiotische Substanzen – in der Volksmedizin nicht mehr angewendet wird. In der modernen Homöopathie dagegen wird sie bei vielen Beschwerden wie Depressionszuständen, inneren Leiden, Hauterkrankungen, Erkältungen oder auch Rheuma und Gicht eingesetzt. In Deutschland geschützte Art.

Es sind Eigenschaften, die in den Pflanzen selbst liegen, und physikalische Besonderheiten des Laubwaldbodens, die zusammen beitragen zu dieser besonderen Leistung. So ist klar, daß nur mehrjährige Pflanzen zu den Frühblühern gehören können, da eine Entwicklung aus dem Samen viel zu lang dauern würde. Die meisten Frühlingsgeophyten bilden Zwiebeln oder nährstoffreiche Knollen und Wurzelstöcke (Rhizome), aus denen der Sproß rasch die zur Blütenbildung nötigen Reservestoffe beziehen kann – häufig noch bevor die Laubblätter soweit ausgebildet sind, daß sie die Nährstoffe liefern können. Das ebenfalls frühblühende Scharbockskraut – das seinen deutschen Namen von der skorbutheilenden Wirkung seiner vitamin-C-reichen Blätter hat – bildet nicht nur feigenförmige *(= ficaria),* Wurzelknöllchen, sondern auch Brutknöllchen in den Blattwinkeln aus, die sich besonders rasch entwickeln.

Die schon recht selten gewordene Echte Küchenschelle entwickelt ihre Blüten im Schutz einer vierfachen, dazu noch wollig behaarten Hülle mitten im Winter tief unterm Schnee. Dieser Kälteschutz (zu dem auch der Schnee selber beiträgt) ist so wirksam, daß die Atmungswärme im Innern der Knospe bis 10 °C über der Außentemperatur liegen kann.

Im Laubwald sind die Bedingungen für ein frühes Erwachen besonders günstig, da zu dieser Zeit die Sonne noch mit bis zu 50% der Außenintensität (später sind es nur noch einige wenige Prozent) den Waldboden erreicht und dessen braune, luftig-lockere Laubdecke rasch erwärmt. Bei Außentemperaturen, die tagsüber noch kaum über 10 °C ansteigen, kann man innerhalb der Laubschicht 25–30 °C messen, vereinzelt sogar bis zu 40 °C. Es entsteht also am Waldboden eine Art Treibhausatmosphäre, die für das rasche Keimen und Sprießen zumindest mitverantwortlich ist.

Eine weitere Anpassung der Frühblüher an die oft noch sehr frostige Jahreszeit ist die Eigenschaft, die Blüten entsprechend dem Temperaturwechsel zu öffnen und zu schließen. Dies geschieht dadurch, daß bei wärmeren Temperaturen die Zellen der Innenseite der Blütenblätter stärker wachsen, während die Zellen der Außenseite ihr Wachstumsoptimum bei tieferen Temperaturen haben.

Für die verschiedenen Laubwälder sind jeweils ganz bestimmte Frühblüher charakteristisch. Auf den nährstoffreichen, feuchten Böden der Auwälder findet man (s. S. 40 ff.) Schneeglöckchen, Märzenbecher (Frühlingsknotenblume) und Scharbockskraut. Auch Lungenkraut und Schlüsselblume kommen häufig gemeinsam in sickerfeuchten Laubwaldpartien vor. Lerchensporn und Leberblümchen teilen ihre Vorliebe für kalkhaltige Böden mit der Buche und sind deshalb häufig in Buchenwäldern zu finden, wobei das blaue Leberblümchen etwas mehr zu trocken-warmen, der Lerchensporn (der trübpupurn, blau, lila oder weiß blüht) zu etwas feuchteren Standorten neigt. Buschwindröschen und Schlüsselblume kommen oft gemeinsam vor und merkwürdigerweise an recht unterschiedlichen Standorten, im feuchten Halbschatten von Waldrändern ebenso wie auf mageren Bergwiesen.

Die ersten Krabbeltiere

Die Tierwelt, die in der Laubstreu des Waldes und in den Übergangsschichten des Bodens Nahrung und Schutz findet, ist erstaunlich artenreich. Man macht sich davon kaum eine rechte Vorstellung, da die meisten Arten ein recht lichtscheues Leben führen und daher schwer zu beobachten sind. Viele Arten sind auch sehr klein, wie Hornmilben (Oribatiden) und Springschwänze (Collembolen), die mit bloßem Auge kaum zu sehen sind.
Zu den größeren Tieren in der Streuschicht gehören Tausendfüßer (Myriapoden) und Asseln (Isopoden). Der Name Tausendfüßer ist eine Übertreibung: Je nach Art kann man 10 bis maximal 250 Beinpaare zählen. Zwei Tausendfüßerarten sind bei uns besonders häufig und oft auch im Garten anzutreffen, der braunglänzende, räuberische Steinkriecher *(Lithobius forficatus)* mit 18 gleichartigen Körpersegmenten, von denen 15 je 1 Beinpaar tragen, und der drehrunde, von Moderstoffen lebende Schnurfüßer *(Iulus terrestris),* der je Körpersegment 2 sehr zarte Beinpaare besitzt, insgesamt rund 80. Bei Gefahr rollt sich der Schnurfüßer wie ein Gartenschlauch zusammen.
Die einzigen landlebenden Krebse sind verschiedene Asselarten. Doch auch sie lieben eine feuchte Umgebung. Man findet sie unter Steinen und in feuchten Gemäuern (z. B. die Keller- oder die Mauerassel, *Oniscus asellus*), oder in der feuchten Laubstreu von Auenwäldern. Wichtig ist für sie genügend Kalk, den sie zum Aufbau ihres Panzers brauchen. Zusammen mit den doppelfüßigen Tausendfüßern (Diplopoden) gehören die Asseln zu den wichtigsten Zerkleinerern (Primärzersetzern) der Laubstreu; zusammen verzehren sie bis 35% des frischen Fallaubs.
Zwischen den beiden nicht näher verwandten Tiergruppen bestehen bei einigen Arten erstaunliche äußere Ähnlichkeiten. Sowohl bei den Diplopoden, als auch bei den Asseln gibt es Formen, die sich zu einer kompletten Kugel zusammenrollen können. Die entsprechende Tausendfüßerfamilie nennt man Saftkugler (Glomeriden), die Asselfamilie Kugelasseln (Armadillidien). Beide leben als Zersetzer.
Als räuberische Arten haben die einfachbeinigen Tausendfüßer (Chilopoden) ganz andere ökologische Funktionen. Alle Räuber, von der winzigsten Raubmilbe, über den so harmlos und friedlich erscheinenden Marienkäfer (s. Foto) bis zu den Großraubtieren der Säugetierklasse (Löwen, Wölfe, Robben), haben in der Natur die Aufgabe, die Populationen ihrer Beutetiere gewissermaßen in Form zu halten, Überbevölkerung zu verhindern, Seuchen, Nahrungsmangel und genetische Fehlentwicklungen. Raubtiere sind, wie kaum ein anderer Faktor, die personifizierte Selektion. Der von jedermann geliebte, kleine Marienkäfer – von dem es zahlreiche, in Größe, Farbe und Punktezahl unterschiedene Arten gibt – gehört auch zu diesen Gesundheitswächtern; seine Spezialität sind Blattläuse.

△ **Kugelasseln** *(Armadillidium sp.)* sind – wie Kellerasseln – landlebende Krebstiere, die in und von der Streuschicht humusreicher Böden leben. Bei Gefahr können sie sich vollständig einkugeln, wobei sie ihre Antennen verbergen.

◁ **Schnurfüßer** *(Schizophyllum sabulosum).* Eine recht häufige, streu- und erdbewohnende Art ist dieser Tausendfüßer mit je einem Paar Doppelbeinchen an jedem der mehr als 30 Segmente. Seine Nahrung sind modernde Pflanzenstoffe. Bei Gefahr rollt er sich zusammen. Die im Text erwähnte Art *(Iulus terrestris)* sieht ähnlich aus.

▽ **Marienkäfer** *(Coccinella septempunctata).* Diese häufigste der rund 70 heimischen Marienkäfer-Arten überwintert manchmal zu mehreren, wie auf unserem Foto. Marienkäfer und ihre Larven sind große Blattlausräuber, eine Larve verzehrt bis zu 600 Blattläuse.

▽ **Teichmolch** *(Triturus vulgaris).* Männchen (rechts) mit Schwanz bis 11 cm lang, Weibchen (links) etwas kleiner. Weibchen und landlebende Männchen sind gelbbraun bis oliv mit kleinen dunklen Flecken. Bauch mit orangeroter Mitte und deutlichen, dunklen Flecken bis zur Kehle. Als Wassertracht tragen die Männchen über Rücken und Schwanz einen durchgehenden, gewellten Hautkamm. Ähnliche Arten: Bergmolch (s. S. 38), Kammolch (insgesamt viel dunkler, fast schwarz, und Kamm in Rücken- und Schwanzkamm geteilt). In der Schweiz, in West- und Norddeutschland sind Verwechslungen mit dem Fadenmolch möglich, der aber keine Kehlflecken hat.
Teichmolche leben oft fernab von Gewässern, auch in Kulturland, wo es nur etwas feuchte Unterschlüpfe gibt; dort verstecken sie sich tagsüber: in Laub, unter Steinen, in Erdlöchern. Fortpflanzung in stehenden, pflanzenreichen, oft seichten Tümpeln, Gräben usw. In fast ganz Europa verbreitet, außer Südfrankreich, Spanien und Süditalien.

Hochzeit im kalten Wasser

Alle Lurche (oder Amphibien) haben heute in Mitteleuropa kein leichtes Leben mehr. Manche Arten sind in vielen Gegenden schon völlig verschwunden, andere so selten geworden, daß ständig mit ihrer Ausrottung gerechnet werden muß. Die meisten der 19 bei uns heimischen Amphibienarten stehen auf der Roten Liste. Hier erweist sich wieder einmal, daß kaum eine Methode der direkten Verfolgung eine Art so schnell und gründlich ausrotten kann, wie die Zerstörung ihrer Lebensräume. So hatte die Jagd auf Froschschenkel längst nicht so verheerende Folgen wie die systematische Vernichtung der vielen kleinen Tümpel und Feuchtgebiete.
Alle Amphibien – zu denen Salamander, Molche, Unken, Kröten, Laubfrösche und Echte Frösche gehören – sind zumindest zur Fortpflanzung ans Wasser gebunden, auch wenn ihr sonstiges Leben sich möglicherweise fernab vom Wasser und oft in recht trockener Umgebung abspielt. Besonders hohe Ansprüche stellen die Amphibien an ihr Laichgewässer jedoch nicht. Unken laichen sogar in den kleinen Wasserpfützen, die in alten Wagenspuren stehen; aber auch die werden seltener. Kleine, halb zugewachsene Tümpel sind den meisten Arten lieber, als das, was der Mensch für ordentlich und wirtschaftlich hält: sauber abgesteckte, pflanzenlose Teiche mit möglichst senkrechten Wänden und hohem Fischbesatz; in diesen haben die Eier und Larven von Molchen, Kröten und Fröschen kaum eine Chance.

Es fehlt an der Vielfalt ebenso, wie an der Vielzahl kleiner Gewässer – und es werden immer weniger. Denn wenn sie auch keine großartigen Seen zum Laichen und für ihre Jungen brauchen, so haben doch die meisten Lurcharten ganz bestimmte Vorlieben. So mag der Teichmolch lieber warme, seichte, stark verkrautete Tümpel, während der Bergmolch lieber in klare, schattige und kalte Gewässer geht – was freilich nicht sagt, daß man nicht beide Arten auch im gleichen Weiher finden kann. Die Vielfalt an Gewässern muß früher in Mitteleuropa sehr groß gewesen sein – und die Vielzahl ebenso. Gerade die amphibische Lebensweise – teils auf dem Land, teils im Wasser – macht es für diese Tiergruppe so wichtig, daß möglichst viele Tümpel und Lachen über die Landschaft verstreut sind, so daß immer ein Laichgewässer in erreichbarer Nähe ist. Denn das ist klar: Sowohl den Wanderungsentfernungen als auch den Bestandsdichten im Umkreis eines Gewässers sind enge Grenzen gesetzt.
Die Wanderungen zwischen dem Lebensraum der Alttiere und dem Laichgewässer bergen zusätzliche Gefahren. Besonders trifft dies für die hier betrachteten, frühlaichenden Arten, für Teichmolch, Erdkröte und Grasfrosch zu, die alle erhebliche Strecken zurücklegen – Erdkröten bis zu 2 Kilometer. Wenn in den ersten Märztagen die Abendtemperaturen nicht mehr unter 5–6 °C absinken und möglichst noch ein feiner Nieselregen niedergeht, dann machen sich die Kröten aus ihren selbstgegrabenen Erdhöhlen (oft im Wald) auf die Wanderschaft. Je näher sie ih-

△ **Bergmolch** *(Triturus alpestris)*, Weibchen
▽ (Foto unten) mit Schwanz bis 12 cm, Männchen (Foto oben) kleiner. Zur Laichzeit sind die Männchen an den wunderbaren Blau- und Orangetönen der Seiten sofort erkennbar. Sie besitzen keinen Kamm, sondern nur eine gefleckte, glattrandige Hautleiste. Der orangefarbene Bauch ist fast immer ungefleckt, auf der Kehle finden sich nur ausnahmsweise kleine Flecken. Außerhalb der Laichzeit sind die Männchen oberseits dunkelgrau, die Weibchen bräunlich. Kammolche im Schlichtkleid sind dunkler und haben kräftige Flecken auf dem Bauch. Auch Teichmolche (s. S. 37) haben eine gefleckte Unterseite. Der blaue Seitenstreifen beim Teichmolch-Männchen ist aber schwächer, der Kamm höher und gewellt.
Bergmolche sind sehr viel mehr ans Wasser gebunden als Teichmolche, sie lieben kalte, auch pflanzenlose, stehende oder schwach fließende Gewässer, schattige Tümpel und Radfurchen. Von Nordfrankreich und Dänemark bis zum Balkan verbreitet.

▷ ▽ **Grasfrosch** *(Rana temporaria).* Bis höchstens 10 cm lang. Man zählt den Grasfrosch mit den viel selteneren Spring- und Moorfröschen zu den Braunfröschen. (Die anderen Braunfrösche haben längere Hinterbeine, bei ihnen reicht die Ferse, wenn man das Bein nach vorne legt, bis vor die Schnauze.) Die Grundfarbe Braun schwankt weit von Grau bis Rötlich, Oliv und Gelb. Dazu kommen dunkle Flecken auf dem Rücken, ein großer dunkler Ohrfleck und dunkle Querbänder auf den Hinterbeinen. Unterseite hell mit dunkler Marmorierung, manchmal gesprenkelt. Stimme ein tiefes, dumpfes Knurren. Der Laich (Foto unten) wird in großen Klumpen abgelegt (s. auch S. 139).
Grasfrösche sind in ganz Europa, außer Südeuropa, verbreitet. Sie leben meist nur kurze Zeit zum Laichen im Wasser, sonst oft fernab; man kann sie auch tagsüber antreffen. In vielen Gegenden die häufigste Froschart.

rem angestammten Laichgewässer kommen, desto dichter werden die Wanderscharen. Dabei begegnen sich die Geschlechter. Die deutlich kleineren Männchen reiten oft schon unterwegs auf, klammern sich fest und lassen sich vom Weibchen das letzte Stück tragen. Das Ablegen der langen Laichschnüre mit der Doppelreihe schwarzer Eier dauert nur wenige Tage. Dann kehren die Kröten bis auf einige wartende Männchen an ihre Wohnorte zurück. Beim Überqueren von Straßen werden auf diesen Wanderungen oft hunderte von Kröten, Fröschen und Molchen getötet.
Auch der Grasfrosch wickelt sein Laichgeschäft relativ rasch und ohne großes Aufhebens ab. Im Gegensatz zu den laut quakenden und Monate im und am Wasser verweilenden Laub- und Grünfröschen (s. S. 138), läßt der Grasfrosch nur ein tiefes Knurren hören und verläßt bald, nachdem seine großen Laichklumpen im Wasser schwimmen, seinen Hochzeitsplatz. Auch er lebt, wie die Erdkröte, den größten Teil seiner Zeit fernab vom Wasser.
Molche sind sowohl als Larven (sie tragen dann Kiemenbüschel zu beiden Seiten des Kopfes), als auch im ausgewachsenen Zustand räuberisch lebende Tiere. Neben allerlei Kleinkrebsen, Insektenlarven und anderen Wassertieren, fressen sie gerne auch den Laich und die Kaulquappen von Kröten und Grasfröschen. Die frühlaichenden Amphibien haben sich daran angepaßt, indem sie deutlich mehr Laich produzieren, als die später laichenden, durch Molche nicht mehr so gefährdeten Amphibienarten.

▷ **Erdkröte** *(Bufo bufo),* **Paar beim Laichgeschäft.** Weibchen bis 15 cm lang, Männchen kleiner. Sehr warzige Haut von meist bräunlicher, oft sandiger, dunkelgrauer, oliver oder rötlicher Färbung, ohne Zeichnung. Unterseite hell mit dunkler Marmorierung. Rotgoldene Iris und waagrechte Pupille. Von den Männchen hört man zur Laichzeit ein gedämpftes, rauhes önk-önk-önk 2–3mal pro Sekunde. Die langen Laichschnüre mit einer Doppelreihe schwarzer Eier werden meist um Wasserpflanzen geschlungen. Ähnliche Arten: Braunfrösche (s. o.) haben längere Beine, keine warzige Haut, dunkel gefärbte Ohrflecken u. a. Zeichnungen, rufen anders und machen größere Sprünge. Kreuzkröte mit hellem Rückenstrich und hellerer Iris, Wechselkröte grünfleckig und ebenfalls mit hellerer Iris.
Die Erdkröte ist in ganz Europa verbreitet. Sie lebt oft weit vom Wasser entfernt, gern auch in Wäldern. Sie ist unsere häufigste und verbreitetste Lurchart, durch den Verlust an Laichgewässern aber vielerorts gefährdet.

Blumen im Auwald und am Wiesenbach

Die Uferbereiche von Flüssen und Bächen gehören zu den nährstoffreichsten natürlichen Standorten. Die von Niederschlägen unabhängige, ständig hohe Bodenfeuchtigkeit zusammen mit eingeschwemmten organischen und anorganischen Nährstoffen haben eine wuchernde Vegetation zur Folge. Auwälder allerdings brauchen zu ihrer vollen Entfaltung die natürlichen, jährlichen Überschwemmungen, die immer wieder neue Nährstoffe ablagern.
Leider sind nach den rigorosen Korsettierungen durch ganze Generationen von Wasserbauingenieuren solch natürliche Verhältnisse nur noch an ganz wenigen Stellen unserer größeren Flüsse zu finden. Die meisten Auwälder wurden durch Dämme von den Überflutungen abgeschnitten, und häufig sorgen Abzugsgräben hinter den Dämmen auch noch dafür, daß möglichst kein Druck- und Sickerwasser den Auwald mehr speisen kann. Unsere artenreichste Waldform wird überall ausgehungert und ausgetrocknet und oft durch standortfremde Fichten-Monokulturen ersetzt. Oft aber siechen sie einfach nur dahin. Heute weiß man auch im Wasserbau, daß es schon aus Gründen der Wasserführung (von ökologischen Zusammenhängen weiß man nach wie vor nicht viel) gescheiter ist, größere Überschwemmungszonen in die Hochwasserdämme mit einzubeziehen, statt den Fluß einzuzwängen und ihn zu zwingen, das geringste Niedrigwasser und das höchste Hochwasser im gleichen Kanalquerschnitt zu bewältigen.
Aber sehen wir uns die Flora jener Auwälder und Bachufer an, die noch einen schwachen Glanz von dem vermitteln, was einmal war und was heute noch an wenigen Stellen etwa der Donau, des Lechs, des Oberrheins (Taubergießen) und einiger anderer Flüsse erhalten ist.
Das frühe Frühjahr, die Zeit vor dem Laubaustrieb, ist die bunteste Zeit am Auwaldboden und am Wiesenbach. Jetzt gelangt noch genügend Sonnenlicht bis zur Krautschicht, während später alles im Schatten einer enormen Blätterfülle versinkt. Am Bach findet man im April vor allem Blüten in den verschiedensten Gelbtönen: Die grünlichgelben Tuffs des Milzkrauts, die dichten, glänzendgrünen Blatteppiche mit den gelbglänzenden Sternen des Scharbockskrauts (s. S. 34), Gelbe Windröschen *(Anemone ranunculoides)*, Schlüsselblumen und an den feuchtesten Stellen dicht am Wasser die üppigen Sumpfdotterblumen. Andere Farben sind hier eher die Ausnahme: Das weiß blühende Buschwindröschen (s. S. 34), das Lungenkraut mit seinen roten und blauen Röhrenblüten (s. S. 35), die merkwürdige, blaßrosa Schuppenwurz und einige andere.
Wie bleiche Greise stehen die fleischfarbenen Blütenstände der Schuppenwurz gebückt in kleinen Rudeln beisammen. Vergeblich wird man bei ihnen nach grünen Blättern suchen. Die kommen auch später nicht, wie etwa bei der anfangs recht ähnlichen Pestwurz. Die Schuppenwurz ist nämlich eine Schmarotzerpflanze, die

◁ **Sumpfdotterblume** *(Caltha palustris)*, Hahnenfußgewächse (Ranunculaceae), 15–30 cm, III–VI. Gelbe, fettig glänzende Blüte. Blätter nierenförmig. Die Samen können auf Wasser schwimmen und so verbreitet werden. Die Pflanze enthält Protoanemonin, daher etwas giftig.

△ **Schuppenwurz** *(Lathraea squamaria)*, Braunwurzgewächse (Scrophulariaceae), 5–20 cm, III–V. Rosarote Pflanze ohne Blattgrün. Dichte, einseitswendige Blütentraube. Schlucht- und Auenwälder. Schmarotzerpflanze. Die Wurzeln der Wirtspflanze werden von Saugwurzeln angezapft. Erreicht erst nach etwa 10 Jahren die Blühreife. Selten.

▽ **Wechselblättriges Milzkraut** *(Chrysosplenium alternifolium)*, Steinbrechgewächse (Saxifragaceae), 8–15 cm, III–VI. Blüten gelb, eine Trugdolde bildend. Hochblätter gelblich. Laub- und Schluchtenwälder, auch Bachränder. Liebt Feuchtigkeit. Häufig. Alte Heilpflanze.

△ **Rote Pestwurz** *(Petasites hybridus)*, Korbblütler (Asteraceae), 20–100 cm, III–V. Der kräftige, senkrechte Wurzelstock treibt Ausläufer nach allen Richtungen, dadurch wird die Pflanze zu einem schwemmlandbefestigenden Pionier. Die großen lattichartigen Blätter erscheinen erst nach der Blüte. Die Pestwurz ist eine Charakterpflanze der Bach- und Flußuferstaudengesellschaft, ein Bewohner von Auwäldern ebenso wie von Wiesen. Sie ist in ganz Mitteleuropa verbreitet und fast überall häufig; in den Alpen geht sie bis über 1400 m, wird hier aber oft durch die Weiße Pestwurz *(P. albus)* ersetzt.

▽ **Schlüsselblume** *(Primula elatior)*, Primelgewächse (Primulaceae), 10–30 cm, III–V. Die gelben Blüten bilden langgestielte Dolden. Blätter am Boden rosettenförmig angeordnet. Laub- und Mischwälder, Auenwälder und feuchte Wiesen (Alpen bis 2200 m). Häufig. Alte Heilpflanze, die bei Erkältungskrankheiten angewendet wird. Außerhalb Deutschlands geschützte Art.

von ihrem starken Wurzelstock aus Saugwurzeln in die Leitungsbahnen von Erlen-, Hasel-, Pappel- oder Weidenwurzeln schickt und sich hier mit allen nötigen organischen Stoffen eindeckt, die sie eigentlich selber in grünen Blättern herstellen sollte. Die im April und Mai erscheinenden Blütenstände sind nur die »Spitze des Eisberges« bei dieser Pflanze, eine kleine und vergängliche oberirdische Erscheinung eines hauptsächlich unterirdischen Pflanzenkörpers. Darin gleicht diese Blütenpflanze auf merkwürdige Weise den ja auch häufig mit Baumwurzeln vergesellschaften Pilzen. Der Wurzelstock der Schuppenwurz kann bis zu 5 Kilogramm schwer werden und er muß mindestens 10 Jahre unterirdisch heranwachsen, bevor die Pflanze zum erstenmal blüht. Und selbst dann durchbricht sie nicht immer ihr dunkles Erdreich: sie blüht oft unter der Erde und begnügt sich mit Selbstbefruchtung innerhalb der sich kaum öffnenden Blüten. Die Samen werden ganz entsprechend nicht vom Wind, sondern meist von Ameisen verbreitet.

Die Blüten im Auwald sind zum Teil die gleichen, wie die am Wiesenbach. Es gibt aber dennoch einige Arten, die charakteristisch für den noch geschützteren Biotop des Waldes sind, in dem nicht nur die Feuchtigkeit der stehenden Luft viel höher ist, sondern wo auch die Bodenverhältnisse mehr als am Bach durch Ablagerungen nach Überschwemmungen gekennzeichnet sind. Hier finden wir im Frühjahr manche Arten in ungeheuren Massen. Der Waldboden ist oft auf großen Flächen von nur einer einzigen Art besiedelt. In manchen Auwäldern – etwa an Flüssen des Alpen- und Voralpengebietes – bedecken ganze Teppiche von Märzenbechern (s. S. 24) den Boden, manchmal durchsetzt von Schneeglöckchen und Blausternen *(Scilla bifolia)* und manchmal auch von Gelbsternen *(Gagea lutea)*. Wenn die frühen Märzenbecher verblüht sind, bedeckt sich der Auwaldboden stellenweise auf großen Flächen mit den saftiggrünen Blättern des Bärlauchs *(Allium ursinum)*, einer Charakterpflanze vieler feuchter Wälder. Seine weißen, sternförmigen, zu einer kugeligen Scheindolde vereinigten Blüten erscheinen erst später, meist im Mai. Der Knoblauchgeruch der Blätter ist so stark, daß an einem schwülen Tag der ganze Wald danach riecht. Man kann die Blätter übrigens wie Schnittlauch verwenden, in Salaten, in Quark und auf Butterbrot. Auch als Heilmittel findet der Bärlauch in der Volksmedizin Verwendung. Seine schwefelhaltigen und antibiotischen Wirkstoffe haben ähnliche Wirkungen wie Knoblauchöl, schaffen also Abhilfe bei Blähungen, wirken gefäßerweiternd und fördern dadurch die Durchblutung.

Den Bärlauchblättern recht ähnlich sind die eines anderen weißblühenden Liliengewächses im Auwald, die des Maiglöckchens. Vor Verwechslungen muß man sich allerdings sehr hüten, denn das süß duftende Maiglöckchen enthält in Blatt, Blüte und Beeren Digitalisglykoside, die ein schweres Herzgift sind, das zwar in der Heilkunde geschätzt wird (es ist das Gift des Fingerhuts), unmittelbar genossen aber schwere Vergiftungen verursacht. Auch das Maiglöckchen kommt meist gesellig vor, ist aber weniger als der Bärlauch an feuchte Waldböden gebunden, kommt also auch in Eichen- und Buchenwäldern auf mäßig trockenen bis frischen, eher ba-

◁ **Aronstab** *(Arum maculatum)*, Aronstabgewächse (Araceae), 15–50 cm, IV–V. Der keulenförmige Blütenstand wird von einem großen Hochblatt, der Spatha, eingehüllt. Die Spatha ist tütenförmig eingerollt und bildet unten einen bauchigen Kessel. Am Grund dieses Kessels befinden sich die Blüten: die weiblichen ganz unten, die männlichen etwas darüber. Der Blütenstand wirkt als Insektenfalle. Der Kolben lockt durch Aasgeruch Insekten an, die an den glatten Wänden der Spatha ins Innere des Kessels rutschen. Dort sind sie durch Borstenhaare eingeschlossen, finden aber Nahrung vor. Sind die weiblichen Blüten durch den von den Insekten mitgebrachten Pollen bestäubt worden, beginnen die männlichen Blüten zu blühen. Das Insekt wird mit deren Pollen eingestäubt, die Borstenhaare verwelken, und das Insekt gelangt wieder ins Freie und kann weitere Aronstabblüten bestäuben. Die roten Beeren des Aronstabs (s. S. 150) enthalten wie die ganze Pflanze Aroin und sind giftig.

senreichen, tiefgründig lockeren Lehm-, Sand- und Steinböden vor allem in sommerwarmen Klimalagen vor. An den Blüten sind die beiden Arten ohne weiteres zu unterscheiden, und bei den Blättern genügt die Geruchsprobe: Bärlauch ist unverwechselbar. Deshalb ist es auch kaum verständlich, daß sich ein Bärlauchfreund durch Verwechslung mit den nur oberflächlich ähnlichen Blättern der Herbstzeitlosen umgebracht haben soll.
Gleichermaßen an gehölzbestandenen Bachläufen wie im Auwald kommt stellenweise massenhaft die Rote Pestwurz vor. Die rötlichbraunen Blütenstände erinnern anfangs an die Sporenähren mancher Schachtelhalme und – wie gesagt – an die Blütenstände der Schuppenwurz. Wie diese sind auch die Pestwurz-Blütenstände blattlos, wenn sie im März/April aus der noch braunen Decke abgestorbener Vegetation hervorbrechen. Nur kleine, rötliche Schuppenblätter sitzen am Stiel der Blütenstände. Die sich zu gewaltigen Tellern ausbreitenden, huflattichähnlichen Blätter erscheinen erst später und erreichen ihre volle Größe erst, wenn sich die rötlichen Blütenstände zu hohen, weißen Fruchtständen (weißlich ist der Sammenpappus) ausgewachsen haben. Mit ihren kriechenden Wurzelstöcken breitet sich die Pestwurz auch vegetativ rasch aus und ist ein typischer Pionier, der Schwemmland befestigt. Der Name Pestwurz deutet auf ihre Rolle als Heilpflanze hin, sie galt als Mittel gegen die Pest. Im Bergland findet man an ähnlichen Standorten die Weiße Pestwurz mit ganz bleichen, rundlicheren Blütenständen.

△ **Hainveilchen** *(Viola riviniana)*, Veilchengewächse (Violaceae), 10–20 cm, IV–VI. Die Blüten dieser Veilchenart sind hellblau, der Sporn meist gelblich-weiß. Hainveilchen lieben mäßig trockene, kalkarme, sandige Lehmböden, kommen in Auwäldern daher nur auf den trockeneren Standorten vor, sind in lichten Eichen-Hainbuchen-Wäldern, Magerrasen und Heiden häufig. In den Alpen bis über 1700 m.

◁ **Hohler Lerchensporn** *(Corydalis cava)*, Mohngewächse (Papaveraceae), 15–30 cm, III–V. Die 10–20 Blüten bilden aufrechte Blütentrauben. Die Blütenfarbe ist sehr variabel und reicht von Trübpurpur über Blau und Lila bis Weiß. Die Wurzelknolle ist hohl (Namen!). Der Mittlere Lerchensporn *(C. intermedia)* ist ähnlich, hat aber weniger Blüten. Zerstreut, aber gesellig in Laub- besonders Buchenwäldern, auch in Auenwäldern sowie Obst- und Weingärten auf frischen, nährstoff- und basenreichen Böden. Im Nordwesten weithin fehlend, in den Alpen bis 1400 m.

Vogelgesänge und ihre Funktion

Es gibt lange Auseinandersetzungen über die Frage, ob die Gesänge der Vögel etwas mit Musik zu tun haben, vor allem, ob in ihnen auch jenes Element des zweckfrei Spielerischen, Künstlerischen enthalten sei, das für den Begriff menschlicher Musik so zentral ist. Es gibt eine ganze Reihe recht stichhaltiger Gründe für die Annahme, daß viele Vogelgesänge zumindest teilweise durchaus in diesem Sinn als musikalisch zu bezeichnen sind. Um solche Unterschiede ausmachen zu können, müssen wir zunächst nach den biologischen Funktionen dieses ebenso erstaunlichen wie erfreulichen Phänomens fragen.

Wenn wir uns hier auf den eigentlichen Vogelgesang beschränken – und alle Rufe und sogenannten Instrumentallaute einmal beiseite lassen – dann kann man ziemlich pauschal sagen: Vogelgesänge stehen im Zusammenhang mit der Fortpflanzung. Im einzelnen dienen sie dem Anlocken des Partners (meist des Weibchens), später dann dem Zusammenhalt der Partner und schließlich – was manchen erstaunen mag – der Markierung und »Verteidigung« eines Reviers.

Ein Revier ist im Grunde nichts anderes, als was uns der abgezäunte Garten ist. Viele Tiere beanspruchen für sich allein (wie der ganzjährig territoriale Hamster) oder häufiger noch für die Familie ein bestimmtes Gebiet, in dem Artgenossen ungern gesehen sind. Das reicht vom Stichling, der Rivalen aus der Nähe seiner

△ **Singdrossel** *(Turdus philomelos).* Mit ihrem kräftig flötenden Gesang gehören die Drosseln zu unseren besten Sängern. Von der Amsel unterscheidet sich das Lied der Singdrossel durch kürzere Strophen, die fast regelmäßig 2–3mal wiederholt werden. In diesen Wiederholungen liegt auch der Unterschied zum Gesang der Misteldrossel (s. S. 22).

▷ **Amsel** *(Turdus merula).* Die Amsel ist in den Gärten recht häufig geworden, und viele Menschen sind schlecht auf sie zu sprechen, weil sie sich oft an den ersten Frühlingsblüten und später an Kirschen und Beeren vergreift. Ihr melodiöser und seelenvoller Gesang – in der Abenddämmerung von erhöhter Warte aus – gehört aber zweifellos zum Schönsten unserer naturarmen Umwelt (s. auch S. 78).

▽ **Rotkehlchen** *(Erithacus rubecula).* Die reinen, perlenden Töne und Triller seines fast ganzjährig zu hörenden Liedes passen so recht zu diesem zierlichen, jedermann unmittelbar ansprechenden Vögelchen (s. auch S. 76).

Laichgrube vertreibt, bis zum Fuchs, der seinen Jagdbezirk durch Duftmarken absteckt. Der Vorteil eines Reviers ist mehrfacher Art. Vor allem sichert es ausreichende Nahrung in erreichbarer Nähe und es verhindert gleichzeitig eine Übernutzung des Lebensraumes durch zuviele Individuen mit gleichen Nahrungsansprüchen – eine ökologisch besonders wichtige Tatsache.

Diese und andere Vorzüge eines »eigenen Gartens« wären freilich teuer erkauft, wenn sein Inhaber ständig an den Grenzen patrouillieren und mit Eindringlingen kämpfen müßte. Reviere sind, wie Gärten, nur dann eine nützliche Sache, wenn Nachbarn und Landstreicher auch noch den niedrigsten »Zaun« als Grenze zwischen Mein und Dein respektieren. Der Gesang territorialer Vögel ist solch ein symbolisches Grenzzeichen, das so allgemein respektiert wird, daß es zu energiezehrenden, zeitvergeudenden oder gar lebensgefährlichen Kämpfen zwischen Rivalen erstaunlich selten, bei vielen Arten so gut wie nie kommt.

Der englische Ornithologe David Lack beschreibt dies im Fall eines Rotkehlchens: »Am 27. Mai 1937 begann ein unberingter Zuzügler, der offenbar noch kein Revier besaß, in der Ecke eines schon lange ansässigen Männchens zu singen. Dieses antwortete sogleich aus der Ferne. Der Neuling, der unmöglich wissen konnte, daß er fremde Eigentumsrechte verletzt hatte, sang nochmals. Der Eigner antwortete, diesmal schon aus größerer Nähe. Dies Wechselsingen wiederholte sich dreimal, jedesmal war der Besitzer näher und lauter als zuvor. Zuletzt sang er aus voller Kehle aus etwa 12 m Abstand, immer noch in dichtem Gebüsch unsichtbar. Da floh der Neuankömmling, vor einem Gegner, den er nie sah, und kam nie wieder.«

Die biologische Bedeutung des Vogelgesangs läßt sich auch experimentell prüfen. Tonbandaufnahmen können ebenso Weibchen anlocken und Rivalen vertreiben, wie der echte Gesang. Obwohl also an der Funktionalität dessen, was so oft unser Gemüt zu bewegen vermag, kein Zweifel besteht, darf man doch mit gutem Recht fragen, ob sich denn so subtile und differenzierte, so durchaus künstlerisch anmutende Ausdrucksformen, wie etwa das elegische Flötenkonzert einer Amsel, das unerschöpflich einfallsreiche Lied eines Sumpfrohrsängers oder Blaukehlchens, ganz zu schweigen von den dramatischen Arien der vielzitierten Nachtigall – ob all dies denn ausschließlich zweckgebunden verstanden werden muß.

Dagegen sprechen nun, wie schon angedeutet, verschiedene Beobachtungen. So lassen manche Vogelarten auch außerhalb der Brutzeit Gesang hören. Das kann entweder der gleiche Gesang wie zur Brutzeit sein, oder eine leisere, aber oft besonders phantasiereiche Variation desselben. Solche Herbst- oder Wintergesänge sind von der Amsel, vom Rotkehlchen, vom Zaunkönig, vom Star und von manch anderer Art bekannt. Bezeichnenderweise kann man sie auch dort hören, wo mit Sicherheit weder ein Revier noch ein Partner vorhanden ist, nämlich auf dem Zug oder beim winterlichen Herumstreifen.

Der amerikanische Vogelstimmenforscher Thorpe schreibt dazu: »Es sind viele Beispiele von Gesängen bekannt, die über das hinauszugehen scheinen, was als biologische Notwendigkeit zu erklären ist, und die den Gedanken nahlegen, daß der Vogel dabei aktiv nach neuen Hör- und Stimmerfahrungen sucht – mit Tönen spielt, sozusagen – und daß dies als Anfang echter künstlerischer Aktivität verstanden werden kann.« – Wer hätte nicht schon nach einem Gewitter, wenn die Sonne wieder durchbricht und das nasse Laub dampft, den hingebungsvollen Gesang der Vögel als den Ausdruck reiner Freude empfunden – und solche Eindrükke sind manchmal zutreffender, als die scharfsinnigsten Erwägungen.

Das Kennenlernen der arteigenen Gesänge unserer Vögel gehört zu den schönsten Beschäftigungen in freier Natur. Den gewaltigsten Eindruck vermittelt das große Vogelorchester, das einem im Mai um Sonnenaufgang ein artenreicher Mischwald bietet. Um die einzelnen Stimmen kennzulernen, tut man aber gut, unter bescheideneren Bedingungen anzufangen. Der März ist eine gute Zeit dafür. Es sind nicht gerade unsere besten Sänger, die jetzt schon ihre Stimme hören lassen, aber um so leichter kann man sie heraushören aus dem noch mäßigen Stimmengewirr, und die einfachen Gesänge sind für den Anfang besonders einprägsam: Das mit bloß zwei Tönen vielfach variierte Lied der Kohlmeise, der blanke, helle Finkenschlag, das schmetternde Lied des Zaunkönigs und die schon kunstfertigeren Gesänge des Rotkehlchens und der Amsel.

Zu den frühen Sängern im Jahr gehört auch der Star, der manchmal schon im Februar vor seinem Kasten sitzt und pfeift, knarrt und quietscht. Sein Gesang klingt für unser Ohr nicht eben sonderlich angenehm, wer aber genau hinhört, kann virtuose Imitationen vernehmen: das Gackern von Hühnern, das Bülow des Pirols, einen Finkenschlag, das melancholische dlüh-ih des Brachvogels und sogar das Knarren einer Tür. Man nennt solche Nachahmer Spötter, und es gibt eine ganze Reihe von Vogelarten, die auf diese Weise mit der Zeit ihren eigenen Gesang bereichern: Gimpel, Blaukehlchen, Sumpfrohrsänger, Eichelhäher, auch die Amsel und in Maßen einer, der sogar so heißt, der Gelb- oder Gartenspötter.

Manche Vögel verbinden ihren Gesang mit fliegerischen Darstellungen. Dazu gehört – auch schon im März – die himmelkletternde Feldlerche und einige Wochen später der Baumpieper, der während seiner Strophe einen kleinen Rundflug macht und dann mit einem typischen zia-zia-zia wieder auf seine Warte zurückkehrt. Den Flug regelrecht zum »Gesang« gemacht hat die Bekassine, die über ihrem sumpfigen Revier ein blubberndes bis meckerndes Geräusch erzeugt, indem sie den Wind durch die gespreizten Schwanzfedern streichen läßt; man nennt sie deshalb auch Himmelsziege. Man bezeichnet solche nicht durch die Stimme hervorgebrachten Laute als Instrumentallaute. Wie bei der Bekassine, können sie auch bei anderen Arten die Funktion des Revier- und Lockgesangs haben. Bekanntestes Beispiel hierfür ist das Trommeln der Spechte, die sich für diesen Zweck einen besonders gut schallenden Gegenstand aussuchen, meist einen hohlen Ast.

△ **Baumpieper** *(Anthus trivialis).* Wie alle Pieper baut der Baumpieper sein Nest in dichter Vegetation am Boden. Seine Gesangswarte ist aber in den höchsten Wipfeln der Bäume. Hier beginnt das Männchen zunächst im Sitzen seinen kanarienartigen, hellen Gesang, flattert dann weitersingend in die Höhe und kehrt schließlich im Gleitflug zu seiner Warte zurück, wobei er eine Folge sehr typischer und weithin hörbarer, abfallend gezogener Töne hören läßt, etwa ziaziazia . . .

▽ **Nachtigall** *(Luscinia magarhynchos).* Diese wärmeliebende Art gilt als Königin unter den heimischen Sängern. Zweifellos ist der Gesang dramatisch, stellenweise auch vollklingend und stimmungsvoll – besonders in lauen Mai- und Juninächten. Andere, viel weniger ruhmreiche Sänger übertreffen aber die Nachtigall an Phantasie oder Wohlklang bei weitem, so etwa das nahverwandte Blaukehlchen, der Sumpfrohrsänger, Gartengrasmücke oder Amsel – die beiden erstgenannten Arten singen auch nachts.

▽ **Flußregenpfeifer** *(Charadrius dubius)* **am Gelege.** Dieser nur finkengroße, aber hochbeinigere Vogel war früher auf den weiten Kiesbänken besonders der gebirgsnahen Flüsse ein sehr charakteristischer Brutvogel. Durch die Flußverbauungen wurde ihm der größte Teil seines Lebensraums genommen, und wo noch entsprechende Flächen bestehen, da wird er fast überall von Badelustigen, Anglern usw. vertrieben. So brütet die Art heute nur noch vereinzelt und häufiger in Kiesgruben, als an Flüssen. Das »Nest« dieser hübschen Vögel besteht nur aus einer Mulde im Sand. Als Schutz vertraut der Regenpfeifer ganz auf die kieselähnliche Färbung seiner 4 Eier. Tatsächlich sind die Gelege schwer zu entdecken und leider werden sie viel zu oft unwissentlich zertrampelt. Die Jungen sind typische Nestflüchter, die sich bereits kurz nach dem Schlüpfen von der Nistmulde entfernen und mit ihrem grauen Dunenkleid sich großartig auch auf völlig vegetationslosen Steinflächen verstecken können.

Das Nest – Heimstatt der Vogelfamilie?

Die meisten Vogelnester sind so gut versteckt, daß man sie nur durch Zufall findet, oder im Herbst, wenn das Laub von Bäumen und Sträuchern gefallen ist. Mit diesem Hauch des Geheimnisvollen hängt sicher teilweise die Faszination zusammen, die die oft kunstvollen Bauten mit den zart gefärbten und gemusterten Eiern oder den hilflosen Jungvögeln auf uns ausüben. Besonders Kinder mit ihrer Phantasie und ihrem ausgeprägten Sinn für das Geheimnisvolle und Schöne sind von einem solchen Fund oft nachhaltig beeindruckt. Das Nest ist nicht zu unrecht zu einem Symbol der Geborgenheit geworden.

Über die wirkliche Bedeutung der Nester im Leben der Vögel bestehen aber weithin falsche Ansichten. Die meisten Leute glauben, das Nest sei gewissermaßen die Wohnung des Vogels, wo er nicht nur seine Eier bebrütet und die Jungen großzieht, sondern regelmäßig auch Schutz suche und schlafe. Das ist aber nur ausnahmsweise und fast ausschließlich bei Höhlenbrütern so, wobei dann weniger das Nest als die Höhle bedeutsam ist, die auch ohne Nistmaterial und oft von mehreren Vögeln - ohne Eigentumsansprüche des einzelnen – als Wetterschutz und Schlafstätte aufgesucht wird, so etwa von Meisen, Baumläufern, Zaunkönigen und anderen, wobei der Zaunkönig eine der wenigen Ausnahmen ist, daß sich ein Vogel ausgesprochene Schlaf- oder sogenannte Spielnester baut.

Das Nest ist also nahezu ausnahmslos eine »Wiege«, eine Stätte der Jungenaufzucht. In den meisten Fällen dient das Nest auch nur einer einzigen Brut. Für jede neue Brut – auch in der selben Saison – wird ein neues Nest gebaut. Da geeignete Neststandorte oft knapp sind, empfiehlt es sich, alte Nester zu entfernen – freilich nur dann, wenn absolut sicher ist, daß sie nicht mehr gebraucht werden. Das setzt voraus, daß man die Ausnahmen von der Regel kennt, also jene Arten, die ihre Nester immer wieder benützen, oft jahrelang. Dazu gehören viele Großvögel, die Horste bauen, stabile und massive Burgen, die von Jahr zu Jahr mächtiger werden; das reicht vom Storch und Graureiher über viele Greifvögel bis zu Krähen und Elstern. Manche Arten sind sogar auf alte Horste (zum Beispiel von Krähen) angewiesen, da sie selbst die Kunst des Nestbaus nicht beherrschen, so Turm- und Baumfalke, Waldkauz und Waldohreule. Zu den Dauernestern, die man nie zerstören sollte, gehören auch die stabilen Lehmbauten unserer Schwalben.
Höhlenbrüter benutzen – da Höhlen knapp sind – immer wieder die gleiche Höhle und damit oft das gleiche Nest. Da die Nester nach Beendigung einer Brut oft in schlimmem Zustand sind – voller Parasiten, Kot und »Schuppen« und stark zusammengedrückt – bauen die meisten Arten ein zweites Nest über das erste, manchmal nachdem sie vorher wenigstens einen Teil des alten Nistmaterials wieder entfernt haben. Mit der Zeit sammeln sich da die reinsten geologischen Schichten an, und man tut gut, im Herbst alle Nistkästen auszuräumen.

◁ **Rebhuhn** *(Perdix perdix)* **und Rebhuhn-Gelege.** Wie der Feldhase, leidet auch das Rebhuhn (und die Wachtel) unter der Ausrottung der Ackerunkräuter, unter der Beseitigung der Feldraine, Hecken und Feldgehölze – womit Nahrung und Verstecke verschwinden. Aber es leidet auch unter der Konkurrenz des Fasans, der zu Jagdzwecken künstlich vermehrt und ausgesetzt wird. Das Gelege enthält 8–12 Eier und wird in dichter Vegetation versteckt. Nach einer Brutzeit von 24–25 Tagen schlüpfen die Jungen und verlassen als echte Nestflüchter (s. S. 77 f.) 1 Tag später das Nest, um unter der Obhut ihrer Eltern aufzuwachsen.

△ **Nest und Gelege des Bläßhuhns** *(Fulica atra).* Das Bläßhuhn (s. S. 78) gehört zu den häufigsten Schwimmvogelarten stehender und langsam fließender Gewässer. Es errichtet seine erstaunlich große Nestburg im oder am Wasser. Das Gelege enthält 5–10 Eier und wird 21–24 Tage bebrütet. Die schwarzen Dunenjungen folgen bereits nach 3–5 Tagen der Mutter und sind mit etwa 50 Tagen flügge.

▽ **Zilzalp** *(Phylloscopus collybita)* **am Nest.** Der überdachte Bau mit seitlichem Eingang steht am Boden gut versteckt in der Vegetation und gehört zweifellos zu den kunstvolleren Bauten. Der unscheinbare, aber unermüdlich seinen eigenen Namen singende kleine Laubsänger legt 4–6 weiße Eier mit dunkler Punktierung.

▷ **Teichrohrsänger** *(Acrocephalus scirpaceus)* **am Nest.** Kunstvoll zwischen Schilfhalme gewoben ist das Nest des Teichrohrsängers. Wie fest die Verankerung sein muß, kann man sich vorstellen, wenn man an die Bewegung der Schilfhalme im Sturm denkt. Das Nest hängt meist über dem Wasser und enthält 3–5 Eier.

⊳ **Schwanzmeise** *(Aegithalos caudatus)* **am Nest.** Das tief beutelförmige Nest mit seitlichem Eingang wird aus Moos, Haaren und Spinnweben kunstvoll geflochten und mit Rindenstückchen und Flechten getarnt. Innen ist es weich mit Federn gepolstert und enthält 8–12 weißliche Eier, die 12–14 Tage vom Weibchen bebrütet werden.

Die Kunst des Nestbaus ist ganz unterschiedlich ausgeprägt. Manche Arten – vor allem Höhlen- und Bodenbrüter – kümmern sich überhaupt nicht um Nistmaterial und legen ihre Eier auf den mehr oder weniger harten Untergrund, so etwa Spechte und Schleiereulen, oder allenfalls in eine natürliche oder selbstgescharrte Bodenmulde, so etwa der Regenpfeifer. Andere begnügen sich mit ein paar Hälmchen oder Stöckchen. Aber viele Bodenbrüter bauen auch richtige Nester, so Feldlerche und Goldammer, Baum- und Wiesenpieper, Schafstelze und vor allem Enten, Taucher, Bläß- und Teichhühner, die oft ganze Burgen in ihrem feuchten Lebensraum errichten.

Die kunstvollsten Nester weben die sogenannten Freibrüter, die ihre Wiege ins Geäst von Bäumen, Sträuchern, zwischen Schilf- oder Grashalme bauen. Da wäre das wundervoll dichte, mit Moos und Flechten der Baumrinde angepaßte Nest des Buchfinken zu erwähnen, das zwischen eine Astgabel gespannte Gewebe des Pirols, die Flechtwerke der Rohrsänger im Schilf und, als Höchstleistung heimischer Nestbaukunst, die Beutelnester der Schwanzmeise oder der noch feinere Filzbeutel der seltenen Beutelmeise.

Wie schon angedeutet, sind die meisten Nester so gut versteckt und getarnt, daß wir sie oft erst entdecken, wenn wir direkt darauf stoßen oder sogar darauf treten. Gerade Bodenbrüter sind auf diese Weise recht gefährdet, vor allem Strandbrüter, wie Regenpfeifer, Seeschwalben, Uferläufer, aber auch Wiesenbrüter, wie Brach-

⊲ **Nest und Gelege der Feldlerche** *(Alauda arvensis).* Als typischer Bodenbrüter scharrt sich die Feldlerche (s. S. 21) eine kleine Bodenmulde im Schutz niedriger Vegetation, oft aber auch auf kahler Fläche, baut darin ein kunstloses Nest, in dem 11–14 Tage die 3–5 Eier bebrütet werden.

⊲ **Nest und Gelege der Singdrossel** *(Turdus philomelos).* Das napfförmige Nest der Singdrossel (s. S. 43) ist in charakteristischer Weise mit einer säuberlichen Schicht aus Holzmulm und Lehm ausgekleidet. Das Nest steht meist nicht hoch, aber gut versteckt, oft dicht am Stamm verschiedener Bäume und Sträucher. Die 4–6 Eier werden etwa 14 Tage bebrütet.

◁ **Nest und Gelege des Buchfinken** *(Fringilla coelebs).* Der Buchfink stellt sein dicht gewebtes, mit Moos und Flechten bestens getarntes, napfförmiges Nest meist auf dickere Äste, oft ziemlich hoch. Die Farbe der 4–6 Eier variiert erheblich.

vogel, Braunkehlchen, Grauammer, oder Ackerbrüter, wie Kiebitz und Feldlerche. Gefährdet sind diese und andere bodenbrütende Arten nicht nur durch unsere Unachtsamkeit (und durch die Landwirtschaft), sondern auch und mehr noch durch umherstreifende Hunde und Katzen. Wir sollten alles tun, um solche Gefährdungen zu vermeiden, vor allem zur Brutzeit.

Gelege und Jungvögel sind ohnehin in ständiger Gefahr, denn die Zahl der Tierarten, die auf so wehrlose und nahrhafte Beute aus sind, ist groß: Krähen, Elstern, Dohlen und Eichelhäher sind als scharfäugige Nesträuber bekannt. Dazu kommen Igel, Wiesel, Marder, Ringelnattern und viele andere Gelegenheitsräuber. Wir erleichtern ihnen das Auffinden der Nester, wenn wir nur das geringste an der Vegetation in der Nähe eines Nestes verändern, was bei jeder Nestsuche unvermeidlich ist und durch die immer zahlreicher werdenden Naturfotografen leider allzuoft geschieht. Durch längere Störungen am Nest – schon der bloße Aufenthalt ist eine Störung – besteht außerdem die Gefahr, daß Eier oder Jungvögel an Unterkühlung zugrunde gehen, wenn die Altvögel durch unsere Gegenwart vom Nest ferngehalten werden. Badende und Fischer verursachen da – meist unwissentlich – durch ihr bloßes Verweilen oft verheerende Schäden.

Beobachtungen an fütternden Vögeln sind ganz besonders erfreulich und lehrreich. Aber wir sollten uns dabei auf solche Arten beschränken, die ohnehin in un-

serer Nähe brüten, auf Grünfinken etwa, die ihr Nest gerne in Efeu, Weinlaub, Knöterich oder anderen Kletterpflanzen am Haus bauen. Auch Amseln errichten ihr napfförmiges Nest an ähnlichen Orten, dazu aber auch auf Balken, Mauervorsprüngen oder sogar auf dem Fenstersims. Straßentaube, Haussperling, Grauschnäpper, Hausrotschwanz, Bachstelze und Türkentaube brüten alle in unmittelbarer Nähe unserer Wohnungen. Man kann ihnen oft mit bloßem Auge oder einem schwachen Fernglas direkt in ihre Kinderstube schauen und sie beim Brüten, Füttern und Kotwegtragen beobachten. Ganz reizvoll für derartige Beobachtungen ist ein Rauchschwalbennest im eigenen Hausflur oder im Stall des Nachbarn.
Gelegegröße, Brut- und Nestlingszeiten sind von Art zu Art recht unterschiedlich. Sehr große Gelege mit 10 Eiern und mehr haben Fasan, Rebhuhn, Bläßhuhn, Stockente und – unter den Kleinvögeln – Kohl- und Blaumeise. Die meisten anderen Singvogelarten haben 4–5, maximal 6 Eier. Noch stärker unterscheiden sich die Bebrütungszeiten. Allgemein gilt: je größer der Vogel, desto länger die Brutdauer. Storch, Schwan und Mäusebussard brüten zwischen 31 und 38 Tage. Amsel, Spechte und Tauben sitzen etwa 14 Tage auf den Eiern; Feldlerche, Teichrohrsänger, Bachstelze und viele andere Kleinvogelarten brüten zwischen 11 und 14 Tage lang. Auch die Nestlingszeit hängt bei den Nesthockern (s. S. 76) von der Größe ab. Die Jungen großer Vögel bleiben mehr als 50 Tage im Nest, Kleinvogelarten hingegen meist etwa 14 Tage.

◁ **Pirol** *(Oriolus oriolus)* **und Nest mit Gelege.** Mit seinen ungewöhnlichen Farben wirkt das Pirol-Männchen in unseren Landschaften wie ein Irrgast aus den Tropen. Häufig war er nie, dieser amselgroße Vogel, dessen wunderschön geflötetes Düdlio ihm den Namen Vogel Bülow eingetragen hat. Und es hat den Anschein, als würde er von Jahr zu Jahr seltener. Er ist ein Bewohner von Laubwäldern, insbesondere von artenreichen Auenmischwäldern. Aber auch in kleineren Feldgehölzen und Parks läßt er sich zur Brut nieder. In der Regel kommt das Männchen in den ersten Maitagen vor dem Weibchen aus Äquatorialafrika zurück.
Wenn sich die Paare gefunden haben, geht es an den Bau des kunstvoll geflochteten Nestes. Dazu sucht das Weibchen meist hoch im Wipfel eines Laubbaumes eine Astgabel aus, an deren Zweigen die ersten Bastfasern und Fäden mit Speichel angeklebt und fest darumgewickelt werden. In diese Hängemattenkonstruktion wird dann im Laufe mehrerer Tage ein feines Innennest aus Grashalmen, Moos und Gespinsten eingebaut und zu einer tiefen Mulde geformt. In der zweiten Maihälfte legt das Weibchen seine 3–4 weißlichen Eier mit einigen kleinen Flecken. Nach 14–16 Tagen schlüpfen die Jungen und werden von den Eltern sehr sorgfältig umsorgt und gefüttert.
Der Pirol ist nicht leicht zu beobachten, da er sich viel im Laubdach der Bäume aufhält. Seine Anwesenheit wird man daher eher an seinem Ruf feststellen, wobei man allerdings aufpassen muß, daß man nicht dem Star »auf den Leim geht«, der das Düdlio häufig in seinem bauchrednerischen Gesang verwendet.

▽ **Elster** *(Pica pica)* **und Elsternnest.** Wie alle Rabenvögel, ist die Elster eine sehr vielseitige und lernfähige Art. Jeder, der einmal das Vergnügen hatte, eine junge Elster aufzuziehen, weiß, wie neugierig, ja geradezu naseweis diese Vögel sind. Auch in freier Natur sind diese merkwürdig japanisch wirkenden schwarzweißen Vögel mit dem langen Schwanz den verschiedensten Situationen gewachsen. Als Allesfresser findet man sie auf der Jagd nach Bodentieren ebenso, wie beim Plündern von Vogelnestern oder auf Müllkippen.
Das Elsternnest ist ein ungewöhnlicher, aus sperrigen Zweigen errichteter Bau, der durch eine Überdachung wie ein großer Eichhörnchenkobel aussieht. Das Nest selber ist mit feinen Wurzeln, Gräsern und Lehm zu einer schönen Mulde geformt, in der die 5–8 bräunlich gesprenkelten Eier 17–18 Tage lang vom Weibchen bebrütet werden. Beide Eltern füttern ihre Jungen etwa 24–27 Tage.
Als Nestplünderer gilt die Elster als Schädling, und manche Jäger halten es für nötig, zur Brutzeit von unten in Krähen- und Elsternnester zu schießen. Das ist aus doppeltem Grund grober Unfug: Zum einen nehmen Krähen und Elstern als Allesfresser überwiegend häufige und leicht zugängliche Beute; zur Ausrottung irgendwelcher Arten tragen sie nach Ansicht von Fachleuten nicht bei. Zum andern dienen Elstern- und Krähennester auch Turm- und Baumfalke, Waldohreule und dem Waldkauz als Nistplatz; diese Arten sind aber geschützt und dürfen und sollten nicht verfolgt werden

▽ **Waldkäuze** *(Strix aluco)* **am Brutbaum.** Der Name Waldkauz stammt aus einer Zeit, da in unseren Wäldern auch alte und hohle Bäume ihren Platz hatten. In den heutigen Forsten, fühlt sich der Waldkauz jedenfalls nicht mehr so wohl, und man findet ihn eher in Parkanlagen und großen Gärten, selbst mitten in der Stadt. Selbst im dörflich-ländlichen Bereich wird ihm das Leben schwer gemacht, sei es durch direkte Verfolgung (trotz Schutz), sei es durch Abholzen der alten Obstgärten und Modernisierung der Gebäude.
Immerhin ist diese Eulenart so anpassungsfähig, daß sie trotz der veränderten Lebensbedingungen noch ihren Platz behaupten kann. Wie plastisch ihr Verhalten ist, zeigt sich auch in der Wahl des Nistplatzes: Obwohl hohle Bäume bevorzugt werden, findet man Bruten auch in alten Krähennestern und sogar in Kaninchenbauten. Die 2–5 weißen Eier werden 28–30 Tage bebrütet. Mit 45–50 Tagen sind die Jungen flugfähig; sie verlassen aber oft schon 1–2 Wochen vorher die Nisthöhle (s. S. 77).

Eigentums- und Mietwohnungen in Baumhöhlen

Unter unseren höhlenbrütenden Vögeln gibt es Arten, die sich ihre Höhlen selbst bauen, und andere, die davon nur Gebrauch machen. Zu den Höhlenzimmerern gehören in erster Linie die Spechte, die mit ihrem scharfen Meißelschnabel und ihrer kräftigen Halsmuskulatur das geeignete Werkzeug für so schwere Arbeit besitzen. Aber auch zwei viel zierlichere Arten schaffen sich ihre Nisthöhlen in der Regel selbst: die Weiden- und die Haubenmeise. Mit ihren kleinen, wenn auch kräftigen Hackschnäbeln sind sie allerdings auf morsches Holz angewiesen, das sie mehr herauszupfen als -meißeln. Übrigens bevorzugen auch die Spechte meist solche Bäume, die wenigstens im Kern schon etwas weich sind, was sie als Holzspezialisten schon an der Resonanz auf ihre Klopfzeichen feststellen können.
Von den 10 Spechtarten, die es in Mitteleuropa gibt, zimmern sich alle selbst Baumhöhlen, bis auf den untypischsten Vertreter der Familie, den Wendehals. Mit seinem kurzen, schwachen Schnabel ist er zu solcher Schwerarbeit gar nicht in der Lage; er bezieht daher nur vorgefundene Höhlen, seien es nun alte Spechthöhlen, morsche Bäume, Mauerlöcher oder Nistkästen. Leider ist dieser interessante und früher in alten Obstgärten recht häufig gewesene Vogel vielerorts verschwunden und allgemein stark im Rückgang. Seinen Namen hat dieser graubraun gefleckte Vogel von der Fähigkeit, den Kopf um fast 180° zu drehen.

Von den übrigen 9 Spechtarten sind 4 selten oder nur in bestimmten Gegenden anzutreffen – wir brauchen sie hier nicht weiter zu berücksichtigen. Die restlichen 5 Arten sind fast überall in Mitteleuropa anzutreffen. Der größte unter ihnen ist der krähengroße Schwarzspecht, der kleinste der sperlingsgroße Kleinspecht. Der Kleinspecht sieht dem allbekannten Buntspecht mit seiner schwarz-weiß-roten Tracht recht ähnlich. Daß ihn viele Leute nicht kennen, liegt mehr an seiner Lebensweise hoch in den Kronen alter Bäume, als an seiner Seltenheit. Einander noch ähnlicher als Klein- und Buntspecht sind sich die letzten beiden Spechtarten, Grün- und Grauspecht, die man auch als Erdspechte bezeichnet, da sie häufig ihre Nahrung am Boden suchen, wo sie es bevorzugt auf Ameisen und deren Brut abgesehen haben.
Entsprechend seiner Größe hämmert der Schwarzspecht die bei weitem größten Höhlen, oft hoch in alten Waldbäumen und immer erkenntlich an dem hochovalen Einflugsloch. Die Einflugsöffnungen von Bunt- und Grünspechthöhlen sind in der Regel kreisrund. Nicht jede Spechthöhle wird auch von ihrem Erbauer benutzt. Spechte hämmern und meißeln nun einmal gerne, und wo es geeignete Bäume gibt, zimmern sie sich im Laufe der Zeit mehr Höhlen, als sie selber brauchen. Davon profitieren viele andere Tiere und nicht nur höhlenbrütende Vogelarten. Manche sind so sehr auf Spechthöhlen angewiesen, daß ihr Vorkommen davon abhängen kann. Zu den besonderen Anhängern von Schwarzspechthöhlen gehören

⊲ **Schwarzspecht** *(Dryocopus martius)*. Dieser krähengroße, unverkennbare Specht ist ein ausgesprochener Waldbewohner, den man im freien Gelände kaum antrifft. Sein weithin tönendes Kliüh verrät seine Anwesenheit. Das Gelege besteht aus 3–5 reinweißen Eiern, die Brutdauer beträgt 12–14 Tage.

◁ **Grünspecht** *(Picus viridis)*. Diese vom Grauspecht nicht leicht zu unterscheidende Art lebt in Laubwäldern und parkartigen Landschaften. Als Erdspecht findet man ihn häufig auch am Boden bei der Nahrungssuche. Sein »Gesang« ist ein schallendes, flötend-abfallendes glü-glü-glü. Ab Mai Gelege mit 5–8 weißen Eiern; Brutdauer 14–15 Tage.

△ **Hohltaube** *(Columba oenas)*. Als Bewohner lichter Altbuchenbestände ist die Hohltaube lückenhaft verbreitet und nirgends häufig. Sie ist in besonderem Maße von Spechthöhlen zum Aufziehen ihrer Brut abhängig, während unsere anderen Tauben Freibrüter sind. Das Gelege besteht meist aus 2–3 weißen Eiern, die 16–18 Tage bebrütet werden.

◁ **Siebenschläfer** *(Glis glis)*. Als Höhlenbewohner ist auch der Siebenschläfer ein häufiger Nachmieter beim Specht. Die eichkätzchenähnlichen, aber kleineren und graueren Tiere leben überwiegend vegetarisch, vergreifen sich aber – wie Eichhörnchen auch – gelegentlich einmal an Eiern und Jungvögeln. Sie selbst leben aber auch nicht gänzlich ungestört, da Baummarder und Eulen durchaus gerne auf Siebenschläfer Jagd machen. Auf dem Balkan gelten die Tierchen – in Öl gebraten – sogar heute noch, wie einst bei den Römern, als Delikatesse (s. auch S. 19).

▷ **Gartenrotschwanz** *(Phoenicurus phoenicurus).* Das Brutkleid alter Männchen gehört mit zu den schönsten unserer Vogelwelt, und auch der Gesang ist liebreich und wohltönend; mit dem Hausrotschwanz hat er das Knicksen und Schwanzzittern gemeinsam und auch die Insektenjagd von einer Sitzwarte aus. Als Höhlenbrüter nimmt der Gartenrotschwanz gerne auch alte Specht- oder natürliche Baumhöhlen (Foto) an. Die 5–7 Eier sind grünlichblau, sie werden hauptsächlich vom Weibchen bebrütet, das vom Männchen gefüttert wird.

▽ **Kleiber** *(Sitta europaea).* Er sieht nur äußerlich den Spechten etwas ähnlich, ist aber mit den Meisen verwandt. Wie sie ist er Höhlenbrüter und bezieht auch gerne Spechthöhlen, deren Eingang er mit Lehm und Speichel auf die eigene Größe zumauert. Die 5–9 Eier sind auf weißem Grund rötlich und bräunlich gefleckt und gepunktet. Brutdauer 14–18 Tage. Die Jungen werden von beiden Eltern 23–25 Tage gefüttert.

▷ **Wendehals** *(Jynx torquilla).* Umgekehrt wie beim Kleiber, sieht der Wendehals zwar gar nicht spechtartig aus, gehört aber gleichwohl zu den Spechten. Eine Höhle kann er sich mit seinem schwachen Schnabel allerdings nicht selber zimmern, so daß er gerne von den Wohnungen seiner größeren Verwandten Gebrauch macht. Die 4–6 Eier sind reinweiß und werden von beiden Eltern bebrütet. Der Wendehals ist als typischer Vogel alter Obstgärten mit ihrer Vernichtung vielerorts verschwunden.

▷ **Haubenmeise** *(Parus cristatus).* Diese hübsche kleine Meise mit dem Schopf lebt so versteckt in Nadelwäldern, daß man sie nicht oft zu Gesicht bekommt. Nur ihr typisches zi-gürr hört man oft. Auch die Haubenmeise ist Höhlenbrüter. Sie zupft aber gerne selbst den Moder aus morschen Stämmen und ist deswegen weniger auf Spechthöhlen oder Nistkästen angewiesen. Haubenmeisen beginnen meist schon Mitte März mit dem Brutgeschäft; mit meist nur 5–7 Eiern haben sie das kleinste Gelege von unseren Meisen. Das Weibchen brütet 15–18 Tage und wird währenddessen vom Männchen gefüttert. Die Jungen werden 18–21 Tage lang im Nest gefüttert.

Hohltaube, Waldkauz und Baummarder. Auch der kleine Rauhfußkauz zieht Spechthöhlen für seine Brut allem anderen vor.
Da Schwarzspechte fast nur in geschlossenen Wäldern vorkommen – wo man gelegentlich ihr weittönendes Kliüüh hören kann – sind Bewohner offenerer Landschaften mehr auf die Höhlen von Grün-, Grau- und Buntspecht angewiesen. Zu diesen Nutznießern zählen insbesondere der allgegenwärtige Star, der ziemlich rücksichtslos andere Nisthöhlenanwärter verjagt, notfalls indem er sein eigenes Nest einfach über das Gelege des Vorgängers baut. Gern macht auch der Steinkauz von Bunt- und Grünspechthöhlen Gebrauch. Man muß freilich hinzusetzen: wo es ihn noch gibt. Denn auch diese liebenswerte kleine Eule wird immer mehr ein Opfer menschlicher Ordnungswut und Gewinnsucht.
Zu den besonders »schlauen« Spechthöhlenbesetzern muß man den kleinen Kleiber zählen. Trotz seines spechtähnlichen Aussehens und Verhaltens gehört er mehr in die Verwandtschaft der Meisen (Spechtmeise) und versteht sich daher nicht aufs Zimmerhandwerk – eher aufs Maurerhandwerk. Er verengert nämlich mit Lehm und Speichel die für Spechtgröße gemachte Einflugöffnung auf eigene Maße und hindert damit zum Beispiel Stare oder Nesträuber am Eindringen.
Auch der zierliche und hübsche Gartenrotschwanz zieht gerne in Spechthöhlen ein, wenn er als spätheimkehrender Zugvogel auch oft das Nachsehen hat. Da muß er dann mit allem nur halbwegs Höhlenartigen vorlieb nehmen.

Kätzchen sind keine Tiere

Besonders vor dem Aufblühen sehen die silberhaarigen Blütenstände der Salweide wirklich kleinen Felltieren ähnlich. Die meisten anderen Blütenstände, die man ebenfalls als Kätzchen bezeichnet, sind hingegen weder behaart, noch haben sie die rundliche Form, noch sitzen sie immer aufrecht am Zweig. Man würde die langen, hängenden Gebilde besser mit Schwänzen, Würstchen oder Girlanden vergleichen. Wegen ihrer hängenden Art mag mancher sogar Schwierigkeiten bei der Verwendung des Begriffs Blütenstand empfinden. (Präzise müßte man auch von Blütenstandsähren sprechen).
Als wollten sie die Verwirrung des Laien vervollständigen, haben die Systematiker der Botanik eine eigene Unterklasse der Kätzchenblütler (Amentiferae oder Hamamelididae) geschaffen, zu der aber ausgerechnet die namengebende Salweide samt allen übrigen Weiden und Pappeln nicht gehört. Nicht minder erstaunlich ist die weiter vorne bereits erwähnte Tatsache, daß alle Kätzchenblütler ihre Bestäubung dem Wind anvertrauen, auch die den Weiden so nah verwandten Pappeln, die Weiden aber insektenblütig sind (s. S. 30).
Zur Gruppe der Kätzchenblütler im engeren Sinne (also ohne Weiden und Pappeln) gehören in erster Linie Holzgewächse, deren windbestäubte, eingeschlechtige Blüten keine oder nur eine sehr einfache Blütenhülle besitzen. Man nannte die Gruppe daher auch Apetalae, die Blütenblattlosen. Von den heimischen oder eingebürgerten Arten zählen hierzu Platane, Eßkastanie, Rotbuche und die Eichenarten, Birken und Erlen, Hainbuche und Hasel, die Ulmen, Hopfen und Hanf, die Brennnesseln, der Gagelstrauch und schließlich der Walnußbaum.
Der Bau der Kätzchen ist im Grunde einfach und bei allen Arten, einschließlich Weiden und Pappeln, im Prinzip ähnlich: An einer bis 10 cm und länger gestreckten Achse sitzen zahlreiche schuppenartige Deckblätter und in deren Achseln 1–3 Blüten, die freilich in der Regel auf die bloßen männlichen oder weiblichen Organe reduziert sind, das heißt nur aus Staubblättern oder Fruchtblättern mit Narben bestehen. Nur gelegentlich sind noch sehr kleine und unscheinbare Blütenhüllblätter erhalten geblieben, etwa bei den männlichen Blüten der Erlen und Birken.
Die männlichen Kätzchen oder Blütenstandsähren sind meistens viel länger und auffälliger als die weiblichen, die entweder auch lang und dünn sind, wie etwa bei Birke, Hainbuche und Schwarzpappel, oder aber kurz und knospen- oder zapfenförmig, wie bei Erle und Hasel. Die meist weit aus den Deckblättern heraushängenden Narben der Fruchtblätter sind oft lebhaft rot. Etwas aus dem Rahmen fallen die nur büschelförmigen, nie langgestreckten Blütenstände der Rotbuche. Beim Walnußbaum hängen die langen männlichen Blütenstände am vorjährigen Trieb, während die ziemlich unscheinbaren weiblichen Einzelblüten zu wenigen an den Spitzen der neuen Triebe sitzen. Dadurch blühen die männlichen Blüten eines Baumes früher, wodurch Selbstbestäubung vermindert wird.

△△ **Blütenkätzchen der Birke** *(Betula pendula)*. Hinter den Deckblättern der langen und hängenden männlichen und der kürzeren, stehenden weiblichen Blütenstandsähren sitzen jeweils 3 Blüten mit stark reduzierter Blütenhülle. Blüte im April/Mai zusammen mit dem Laubaustrieb.

△ **Blütenkätzchen der Schwarzerle** *(Alnus glutinosa)*. Auch hier stehen in den Achseln von schützenden Tragblättern jeweils 3 männliche oder 2 weibliche Blüten mit reduzierter Blütenhülle. Die weiblichen Blütenstände sind kurz und zapfenförmig, die männlichen lang und hängend, ihr Pollen ist nicht gelb, sondern violett. Blüte im März/April vor dem Laubaustrieb.

◁ **Blütenkätzchen der Hainbuche** *(Carpinus betulus)*. Nur die männlichen Blütenstände haben Kätzchenform, die weiblichen erscheinen durch lange, grünliche Tragblätter fast laubblattartig, sie bilden später die Flugorgane der Samen. Blüte im Mai mit dem Laubaustrieb.

▷ **Blütenkätzchen der Stieleiche** *(Quercus robur)*. Hier haben die Blüten noch eine erkennbare, doppelte Blütenhülle von je 3 gleichgestalteten Kelch- und Kronblättern. Die männlichen Einzelblüten sitzen locker verteilt an einer langen, hängenden Blütenstandsachse (Foto). Die weiblichen Blütenhüllblätter bilden eine Art Zapfen, aus dem die 3teilige Narbe ragt; jede Blüte sitzt einzeln in einem später die Eichel tragenden Fruchtbecher (nicht im Bild). Die Eichen blühen im April/Mai kurz nach dem Laubaustrieb.

Wie alle windblütigen Pflanzen, produzieren auch die Kätzchenblütler große Mengen an gut stäubenden Pollen. Um zu verhindern, daß der Blütenstaub bei Windstille nutzlos zu Boden fällt, sind die Deckblätter der Kätzchen so angeordnet, daß der Pollen zuerst auf das darunterliegende Deckblatt fällt, wo er gewissermaßen darauf wartet, vom Wind abgeschüttelt und mitgenommen zu werden. (Bei den Gräsern finden sich ähnliche Einrichtungen.) Ebenfalls als Anpassung an die Windbestäubung ist die Tatsache zu betrachten, daß die meisten Kätzchenblütler vor dem Laubaustrieb blühen oder ganz früh, wenn das junge Laub noch nicht allzuviel Blütenstaub abhängt. Hasel und Erlen bilden ihre Kätzchen sogar schon im Vorjahr aus und brauchen sie im Vorfrühling dann nur noch zu strecken. Allerdings sind so früh oft die Eianlagen der Fruchtknoten noch nicht herangereift, so daß zwischen Bestäubung und Befruchtung eine längere Verzögerungsphase eingeschaltet werden muß.

Wie gering bei der ungezielten Art der Pollenübertragung durch den Wind die Chance ist, daß ein Pollenkorn auf eine Narbe gelangt, geht aus den Zahlenverhältnissen hervor: Die Hasel bildet 2,5 Millionen Pollenkörner pro Eizelle. Trotz dieses Großeinsatzes müssen auch die weiblichen Blüten zur Verbesserung der Bestäubungs-Chancen beitragen: ihre Narben bilden häufig feder- oder bürstenähnliche Gebilde, die den Pollen aus der Luft »kämmen«.

Zwei Eigenschaften des Pollens verdanken wir interessante Einblicke in die Zusammensetzung unserer Vegetation in vergangenen Jahrtausenden. Die verschiedenen Pollenarten besitzen zum Teil äußerst bizarre Oberflächenstrukturen, die – natürlich nur unter dem Mikroskop sichtbar – so charakteristisch sind, daß man die Artzugehörigkeit unschwer bestimmen kann. Außerdem sind diese Wandstrukturen der Pollenkörner sehr widerstandsfähig und bleiben unter den sauerstoffarmen Bedingungen der Moor- und Seenablagerungen über viele Jahrtausende oder sogar Jahrmillionen erhalten.

Mit Hilfe der Pollenanalyse lassen sich Pollendiagramme aufstellen, die ein deutliches Bild von den Veränderungen der Vegetation über lange Zeiträume geben. Die Kätzchenblütler spielen dabei (gemeinsam mit den ebenfalls windblütigen Nadelbäumen) in Mitteleuropa eine große Rolle. So weiß man aus solchen Untersuchungen, daß Mitteleuropa etwa 5000 v. Chr. fast ganz von Eichenwäldern bedeckt war; nur in den Kammlagen der Gebirge gab es schmale Fichtenwaldzonen. Neben den Eichen spielte eine Vielfalt anderer Laubbäume eine bedeutende Rolle in den nacheiszeitlichen Urwäldern unseres Landes, darunter viele Kätzchenblütler: Buchen, Birken, Hainbuchen, Ulmen und Haseln sowie Eschen, Linden, Ahorne und manche andere, unter denen Erlen, Weiden und Pappeln überall dort dominierten, wo die Flußauen jährlich überschwemmt wurden. Dann kam die Zeit der großen Rodungen und in ihrem Gefolge eine grundlegende Veränderung der mitteleuropäischen Vegetationszusammensetzung.

▽ **Blütenkätzchen der Rotbuche** *(Fagus silvatica)*. Auch hier besitzen die Blüten eine zwar bescheidene, aber erkennbare Hülle aus je 3 gleichgebildeten Kelch- und Kronblättern. Die männlichen Blüten bilden zu mehreren am Ende eines längeren, hängenden Stiels ein Büschel. Jeweils 2 weibliche Blüten sitzen in einem stacheligen, gestielten Fruchtbecher, aus dem nur die beiden 3teiligen Narben ragen (links oben im Bild). Die Buchen blühen nach dem Laubaustrieb im April/Mai.

Aspekte der Wiese

Im Verlauf des Jahres ändern sich ständig – fast muß man sagen, von Tag zu Tag – die Lebensbedingungen der verschiedenen Lebensgemeinschaften. Das hängt einerseits natürlich zusammen mit dem Jahresgang der Temperatur, der Sonneneinstrahlung, den Niederschlägen und anderen äußeren Bedingungen. Innerhalb dieses allgemeinen Rahmens bestimmen aber vor allem die Wachstums- und Entwicklungszyklen der verschiedenen Pflanzen und Tiere die Beschaffenheit der Lebensgemeinschaft. Und hier sind es vor allem die Pflanzen, die die Lebensbedingungen der Tiere bestimmen. Zum Beispiel sind Blattläuse abhängig von zarten, jungen Trieben, die sie leicht anstechen können und die viel Saft enthalten. Darum vermehren sich viele Blattlausarten besonders stark im Frühjahr; später, wenn die Pflanzen anfangen zu verholzen, Samen zu tragen, dürr zu werden, dann sieht man kaum noch Blattläuse. Und von den Schwankungen der Blattlauspopulationen hängen dann auch alle diejenigen Tierarten ab, für die Beutetiere wie die Blattlaus eine wichtige Nahrungsquelle sind. Das Zusammenleben der vielen Arten stellt sich im Jahresverlauf wie ein großes Synchronisations-Puzzle dar.

Schon der Spaziergänger, oder sogar der Autofahrer, der nur recht grobe, optische Eindrücke der Natur aufnimmt, kann gerade in der Zeit zwischen etwa Mitte April und Ende Mai eine oft fast schubartig wirkende Entwicklung der Vegetation beobachten, die sich am deutlichsten in den Farbänderungen der Wiesen ausdrückt: Im März und bis in den April hinein erscheinen die Wiesen noch bräunlichgrün von den im Herbst und Winter abgestorbenen Blättern der Gräser und Kräuter. Diese matte, olivgrüne Grundfarbe belebt sich dann – je nach Standort – mit einem ersten zarten Gelb von Schlüsselblumen, oder – an feuchterem Standort – mit dem kräftigeren Gelb der Sumpfdotterblumen. Mit dem Schwinden der Schlüsselblumen beginnt sich die Wiese kräftiger grün zu färben. In der zweiten Aprilhälfte, oft nach nur wenigen wärmeren, vielleicht regnerischen Tagen und Nächten, ist alles frischgrün. Fast parallel damit bildet sich der erste zartweiße Schleier des Wiesenschaumkrauts aus, der oft schon nach wenigen Tagen umschlägt in das satte Gelb des nun überall erblühenden Löwenzahns.

Diese zweite gelbe Welle geht (etwa Mitte Mai) in die dritte gelbe Welle der Hahnenfußblüte über, ein filigraneres Gelb der kleinen Blüten auf hohen, verzweigten Stielen, aber ebenso flächenbeherrschend, wie das des Löwenzahns. Gegen Ende Mai erscheinen dann die Wiesenflächen plötzlich einige Tage wie silberweiß von den Fruchtständen des Löwenzahns, den »Pusteblumen« der Kinder. Reichlich gedüngte Wiesen werden jetzt rasch hoch, und bereits Ende Mai, Anfang Juni findet vielerorts der erste Schnitt statt. Damit ändert sich wiederum schlagartig das Bild der Landschaft.

Aber auch dort, wo auf magereren Böden und bei mäßigerer Düngung sich die Wiese noch ein paar Wochen weiterentwickeln kann, ändert sich das Bild fortwährend, wenn auch nicht mehr so flächenhaft-einfarbig und rasch. Sie neigt jetzt mehr zur Vielfarbigkeit, die sich zusammensetzt aus den rosaroten Kuckucks-Lichtnelken, den hellblauen Wiesenglockenblumen, dem dunkelblauen Wiesensalbei und violettblauen Storchenschnabel, den goldgelben Sternen des Wiesenbocksbarts, dem roten Klee, den weißgelben Margeriten, den blauvioletten Flockenblumen, den braunroten Ähren des Sauerampfers. Zur beherrschenden Farbe kann auf trockenerem Grund der gelbliche Klappertopf und an feuchten Stellen das schöne Rosa des Wiesenknöterichs werden. Da, wo Düngewiesen ein wenig länger stehen, werden oft ganze Flächen weiß vom Wiesenkerbel. Im Juni/Juli tritt dann oft eine gewisse Stagnation ein, das bunte Grün geht langsam in die goldbraunen Töne der fruchtenden Gräser über.

Die im Jahreslauf wechselnden Erscheinungsformen der Vegetation nennt man Aspekte. Nach dem Ökologen Tischler kann man in Mitteleuropa etwa folgende phänologische Aspektfolge aufstellen – wobei die Zeitangaben von Ort zu Ort und von Jahr zu Jahr um Wochen schwanken können: Winteraspekt von November bis Februar, Vorfrühlingsaspekt im März und April, Frühlingsaspekt von Anfang Mai bis Mitte Juni, Hochsommeraspekt bis Mitte Juli, Spätsommeraspekt bis Mitte September, Herbstaspekt bis Ende Oktober.

Selbstverständlich gilt das für die Wiese Ausgeführte in abgewandelter Weise auch für jede andere Pflanzengesellschaft.

◁▷ **Wiesenschaumkraut** *(Cardamine pratensis),* Kreuzblütler (Brassicaceae), 20–40 cm, IV–V. Mit seinen 4 Blütenblättern gibt sich das Wiesenschaumkraut als Mitglied der großen Familie der Kreuzblütler oder Kohlgewächse zu erkennen. Wie in dieser Gruppe üblich, enthält die Pflanze reichlich Senföle. Die zu einer Traube vereinigten Blüten sind weiß, rosa oder blaßlila. Sehr unterschiedlich geformt sind die zu einer Rosette angeordneten Grundblätter mit rundlichen Fiedern und die sehr schmalfiedrigen Stengelblätter. Der Stengel ist rund und hohl.
Die Art liebt feuchte Wiesen und feuchte, lichte Stellen in Wäldern, auch in Mooren kommt sie vor; in der Regel zeigt sie nährstoffreiche Böden an. Ende April bestimmen die Blüten des Wiesenschaumkrauts den Anblick vieler Wiesen, sie bilden meist den ersten Blüten-Aspekt des Jahres. Der Name Schaumkraut bezieht sich auf die häufig zu findenden Schaumhäufchen an der Pflanze, die auch Kuckucksspeichel genannt werden und von einer Schaumzikade (s. S. 120) stammen.

◁▷ **Gewöhnlicher Löwenzahn** *(Taraxacum officinale),* Korbblütler (Asteraceae), 5–40 cm, IV–VI. Man nennt ihn auch Kuhblume oder Butterblume und später Pusteblume. Er ist so verbreitet und auf allen Wiesen häufig, daß ihn wohl jedermann kennt. Noch dazu erfreut er sich als einer der ersten Wildsalate großer Beliebtheit. Die Bitterstoffe vor allem in den älteren Blättern sollen leicht giftig sein; es ist ratsam, nur junge Blätter zu verwenden und sie womöglich vor dem Genuß zu wässern.
Seiner raschen Entwicklung im Frühjahr verdankt der Löwenzahn seine Häufigkeit. Kaum eine andere Wiesenpflanze bringt es fertig, vor dem ersten Schnitt (Ende Mai) noch zu fruchten. In der Regel dauert die Blüte Anfang Mai nur 1 Woche; in dieser Zeit aber beherrscht sie das Bild der Wiesen. Nach dem Gewöhnlichen Löwenzahn blüht in vielen Wiesen der zierlichere Rauhe und noch später der Herbst-Löwenzahn mit mehreren Blüten am Stengel. Auch viele Pippau-Arten haben Ähnlichkeit mit Löwenzähnen.

◁▷ **Scharfer Hahnenfuß** *(Ranunculus acris),* Hahnenfußgewächse (Ranunculaceae), 30–100 cm, V–IX. Das zierlichere Gelb des Hahnenfußes mischt sich meist schon ins Ende der Löwenzahnblüte, beherrscht dann aber oft das Bild vollständig, wenn der Löwenzahn verblüht ist. Die Art liebt (und zeigt an) feuchte und nährstoffreiche Wiesen, insbesondere stickstoffhaltige Lehmböden. Die handförmigen, 5–7teiligen Blätter lassen deutlich erkennen, worauf sich der Name Hahnenfuß bezieht. Die Pflanze enthält das scharf schmeckende Gift Anemonin, weshalb frischer Hahnenfuß vom Vieh auf der Weide stehengelassen wird. Getrockneter Hahnenfuß (im Heu) ist nicht mehr giftig. Es gibt viele nahe Verwandte, die dem Scharfen Hahnenfuß ähnlich sehen, so der Kriechende und der Knollige Hahnenfuß.

◁ **Fütternder Habicht** *(Accipiter gentilis)*. Der Habicht zeigt sich viel seltener so offen wie etwa Mäusebussard oder Turmfalke. Er bevorzugt die Pirsch, den Tiefflug am Waldrand entlang, den Zugriff aus dem Hinterhalt. Als Bewohner von Wäldern, ist der Habicht auch viel mehr auf Vögel als auf Mäuse spezialisiert. Sein Speisezettel ist aber doch so abwechslungsreich – Frösche, Schlangen, Blindschleichen, Mäuse, Eichhörnchen, Kaninchen – daß eine Bedrohung natürlicher Vogelbestände durch ihn praktisch ausgeschlossen ist, zumal er sich überwiegend an häufige Vogelarten und an beeinträchtigte Individuen hält, die leicht zu fangen sind – wobei das wesentlich größere Weibchen auch größere Beute schlägt als das Männchen.
Der Habicht baut meist hoch in Nadelbäumen einen großen Horst oder übernimmt ein altes Nest einer anderen Art. Die 3–4 Jungen werden anfangs nur vom Weibchen gefüttert, das ihnen die vom Männchen herbeigetragene Beute in kleinen Bissen vorhält.

Kinderliebe bei Vögeln

Die Brutpflege der Tiere gehört zu den interessantesten Verhaltensweisen und sie berührt uns immer als Vorstufe dessen, was wir als Liebe zwischen Eltern und Kindern bei uns selbst erleben. Da wir beim Tier keine aus der Überlegung abgeleiteten, zweckgerichteten Handlungen, sondern komplizierte Muster angeborener, geprägter und erlernter Instinkthandlungen antreffen, ist es immer wieder um so erstaunlicher, wie differenziert und äußerst sinnvoll sich solche Verhaltensmuster entwickelt haben.
Gerade bei der Eltern-Kind-Beziehung geht es um vielfach verschränkte Instinkthandlungen, die nur im Wechselspiel zwischen auslösendem und reagierendem Verhalten sich zu einem zweckmäßigen Ganzen verbinden: Der Fütterinstinkt eines Rotkehlchens ist angeboren und tritt auch unabhängig von Jungvögeln auf, wie an Käfigvögeln beobachtet werden konnte. Er wird sinnvoll erst durch die zeitliche Synchronisation mit den Entwicklungsstufen der Brut, und das Füttern selbst bedarf der auslösenden Reize von beiden Seiten.
Das Sperren der Jungvögel wird durch ganz verschiedene Reize, die den fütternden Altvogel symbolisieren, ausgelöst. So beginnen die Jungen von Höhlenbrütern zu sperren, wenn es plötzlich dunkel wird (der Altvogel im Eingang erscheint); die Jungen von Frühbrütern fangen an zu sperren, wenn das Nest erschüttert wird (der Altvogel auf dem Zweig landet) – ein Reiz, auf den sperrende Höhlenbrüter mit schreckhafter Beendigung des Bettelns reagieren. Bei anderen Arten, wie etwa Dohlen, lösen bestimmte Fütterungslaute der Alten das Sperren aus. Auch Berührungsreize an Kopf und Rücken können Sperren und Betteln auslösen, wie an Grasmücken beobachtet wurde.
Vögel sind in hohem Maße visuelle Tiere, d.h. der Gesichtssinn spielt in ihrem Orientierungssystem eine hervorragende Rolle (ähnlich wie beim Menschen). Es erstaunt daher nicht, daß optische Auslöser auch beim Verhaltenskomplex des Fütterns und Bettelns von großer Bedeutung sind – bei den sehend schlüpfenden Arten von Anfang an (Nestflüchter s. S. 77 f.), bei den blind schlüpfenden Nesthokkern (s. S. 76) zumindest vom Zeitpunkt an, zu dem die Augen sich öffnen. Blinde Nestlinge sperren, vielfach nach Berührungsreizen, senkrecht nach oben, während sie sich dem Elterntier entgegenwenden.
Manche Vogelarten besitzen speziell der Fütterung dienende, markante optische Signale. So haben Silbermöwen und andere Großmöwen auf der Unterseite ihres gelben Schnabels vorn einen roten Fleck. Der holländische Verhaltensforscher Tinbergen hat zahlreiche Versuche mit Silbermöwen-Schnabelattrappen angestellt. Bot er den Möwenküken eine Kopfattrappe, bei der der rote Fleck nicht an der Schnabelspitze, sondern in der Nähe des Auges lag, so pickten mehr Küken nach dem roten Fleck am falschen Ort, als nach dem richtigen Ort ohne Fleck.

△ **Fütterne Ringeltaube** *(Columba palumbus)*. Die stattliche Ringeltaube ist bei weitem unsere häufigste Wildtaubenart; in Bayern kommen im Landesdurchschnitt auf 1 Hohltaube (die seltenste Art) etwa 2 Turteltauben, 10 Türkentauben und 60 Ringeltauben. Im Herbst ziehen oft riesige Ringeltaubenschwärme in südwestlicher Richtung durchs Land. Im zeitigen Frühjahr kommen sie in kleineren Trupps zurück, und bald verteilen sich die einzelnen Paare in Wäldern, Gehölzen und sogar Gärten (wo im übrigen die Türkentaube vorherrscht). Im Wald kann man ihr 5silbiges kukúrukuku und das laute Flügelklatschen beim Abfliegen hören.
Das recht sperrige, ziemlich flache Nest (oft werden auch alte, fremde Nester benutzt) enthält bald 2 weiße Eier. Nach 15–17 Tagen schlüpfen die Jungen, die anfangs mit Kropfmilch gefüttert werden, die sich die Jungen – wie auch später die vorgequollenen Körner – mit lebhaften Bewegungen aus dem Schnabel der Altvögel holen. Nach 30–35 Tagen sind die gut genährten Jungtauben flügge.

▷ **Fütternder Buchfink** *(Fringilla coelebs).* Das Kleid männlicher Buchfinken (Foto) ist von stilvoller Schönheit. Die Weibchen sind viel schlichter, aber am gemeinsamen Signal der Art, der schwarz-weißen Flügelzeichnung durchaus zu erkennen. Der im Frühjahr unermüdlich vom Männchen vorgetragene »Finkenschlag« gehört zu den bestimmenden Klängen unserer Wälder, Parks und Gärten: eine schmetternde, kurze Strophe abfallender, mit einem Aufwärtsschnörkel endender Töne. Obwohl Buchfinken den größeren Teil des Jahres nahezu reine Vegetarier sind (Körner- und Knospenfresser), füttern sie, wie die meisten Singvögel, ihre Jungen ausschließlich mit Insekten, Spinnen u.a. Kleintieren. Auch sie selbst leben in dieser Zeit überwiegend von tierischer Nahrung. Der Buchfink ist bei uns Teilzieher: viele Männchen bleiben den Winter über da *(coelebs* = der Junggeselle), während die Weibchen zum größten Teil nach Süd- und Westeuropa wandern.

Bei etwa zehntägigen Drosselnestlingen fand Tinbergen, daß folgende optische Schlüsselreize das Sperren auslösen: Das Objekt muß sich bewegen, größer als 3 mm sein und oberhalb der Ebene erscheinen, in der die Augen der Jungen liegen. Zeigt man ihnen die bestwirksame Attrappe unterhalb ihrer Augenhöhe, so blicken sie zwar danach, sperren aber nicht. Wie wirklichkeitsgetreu das ihnen angeborene Elternbild ist, erweist sich darin, daß von zwei Attrappen immer die bevorzeugt wird, beziehungsweise am leichtesten die Reaktion des Sperrens auslöst, die den Formen und der Größe einer Drossel am meisten gleicht.
Umgekehrt ist das meist mit Bettellauten verbundene, weite Aufreißen des Schnabels – eben das Sperren – ein starker Auslöser für den Altvogel zur Übergabe des Futters. Die Jungen vieler Vogelarten besitzen sehr markante Rachenzeichnungen und leuchtend gelbe Schnabelwülste (z.B. bei Wiedehopf und Sperlingen), die dem fütternden Altvogel die Futterübergabe, unter oft dämmrigen bis dunklen Bedingungen, erleichtern und häufig überhaupt den artspezifischen Auslöser für das Füttern darstellen. Bei den brutschmarotzenden Widahvögeln (Afrika) findet man eine bis ins Detail gehende Anpassung der Rachenfärbung an die der Wirtsvogelart. Beim Kuckuck dagegen (s. S. 59f.) fehlt diese Ähnlichkeit, was offenbar damit zusammenhängt, daß der frisch geschlüpfte Kuckuck – im Gegensatz zu den Widavögeln – seine Wirtsgeschwister aus dem Nest wirft und damit keine Konkurrenz mehr zu befürchten hat.

△ **Fütternder Buntspecht** *(Dendrocopus major).* Wie alle Spechte besitzt auch der Buntspecht einen Stützschwanz, Kletterfüße mit zwei nach hinten und zwei nach vorne gerichteten Zehen sowie einen kräftigen Hackschnabel, mit dem er Insekten unter der Rinde oder aus dem Holz hervorholt (wobei ihm auch seine lange klebrige Zunge vonnutzen ist), Zapfen bearbeitet, die er irgendwo einklemmt, und schließlich sich seine Bruthöhle meißelt. Die 4–7 Eier werden 12–13 Tage bebrütet; nach 18–21 Tagen sind die Jungen (wesentlicher Nahrungsanteil sind Blattläuse; Foto) flügge.

▷ **Fütternde Gimpel** *(Pyrrhula pyrrhula).* Der Gimpel baut sein Nest gut versteckt im dichten Gebüsch und in jungen Nadelbäumen von Wäldern, Parks, Friedhöfen und Gärten. Die 4–6 Eier werden vom Weibchen allein bebrütet. Den Jungen werden – eine seltene Ausnahme unter Singvögeln – neben Insekten auch im Kropf vorgeweichte Körner und Sämereien gefüttert, wie auf dem Foto erkennbar ist.

Eine Besonderheit der Jungenatzung finden wir bei den Tauben. Im Kropf beider Eltern bildet sich nach dem Schlüpfen der Jungen (Synchronisation!) eine milchartige Absonderung, mit der die Jungen in den ersten Lebenstagen gefüttert, man könnte fast sagen: gesäugt werden. Denn die Jungen stecken ihren Schnabel in den Schnabel des Altvogels und saugen die nahrhafte Substanz regelrecht aus deren Kropf. Auch später, wenn die Milch nach einigen Tagen versiegt, holen sie sich die im Kropf vorgeweichten Sämereien und Körner mit saugenden Bewegungen. Konrad Lorenz, der große Verhaltensforscher, machte die Erfahrung, daß sich elternlose junge Tauben am besten füttern lassen, wenn der Pfleger die eingeweichten Körner in den Mund nimmt und sie so den Jungtauben anbietet; auf diese Weise wird die Schluckbewegung unmittelbar ausgelöst. – Auch Kohlmeisen »säugen« gelegentlich ihre frisch geschlüpften Jungen auf eine ganz merkwürdige Art: Sie fangen große Schmetterlingsraupen, reißen ihnen den Kopf ab und träufeln – wie aus einer Zahncremetube – den Inhalt ihren Jungen in den Rachen.
Schleiereulen, die fast ausschließlich von Feldmäusen leben, die sie normalerweise im ganzen verschlingen, zupfen für ihre Jungen kleine Fleischfetzen aus der mitgebrachten Maus. Sie sind gleichzeitig ein gutes Beispiel dafür, welch enorme Leistungen fütternde Vögel erbringen: Ein Schleiereulenpaar mit 6 fast flüggen Jungen fängt pro Nacht über 40 Mäuse, das macht fast 3000 Mäuse pro Brut. (Es ist unbegreiflich, warum Bauern und Obstgärtner lieber Geld für Gift und Zeit für Fallenstellerei aufwenden, anstatt etwas für den Schutz der kostenlos arbeitenden Eulen und Greife zu tun.)
Für Grasmücken und möglicherweise für andere Arten auch, ist das Sperren der Jungen nicht nur der Auslöser der Futterübergabe, sondern überhaupt das Zeichen dafür, daß die Kinder gesund und munter sind. In der Gefangenschaft, wo sie ein Überangebot an leicht erreichbarem Futter zur Verfügung haben, kann es vorkommen, daß die Jungen satt sind und nicht mehr sperren. Da das in der Natur offenbar nie der Fall ist, halten die Alten das für ein Zeichen mangelnder Lebensgeister und werfen die Jungen als tot aus dem Nest. Diese Beobachtung wirft die Frage auf, ob es sich bei der elterlichen Fürsorge der Vögel (und anderer Tiere) überhaupt um etwas ähnliches handelt, wie die liebevolle Bindung höherer Tiere (z. B. Affen, die noch an ihren toten Kindern hängen) und des Menschen.
In einem sind bettelnde Jungvögel Menschenkindern übrigens recht ähnlich: Lorenz hatte fast flügge Jungvögel einige Tage sich selbst überlassen und festgestellt, daß sie sich mit dem bereitliegenden Futter selbst versorgen konnten. Als er aber (als Elternersatz) wieder in Erscheinung trat, begannen die Jungen neuerlich zu betteln und nahmen auch dann noch selber keine Nahrung auf, als sich deutlich Anzeichen von Hungerschwäche bemerkbar machten. Lorenz mußte sie wieder füttern – was doch ein wenig an Kleinkinder erinnert, die längst feste Nahrung zu sich nehmen können, aber immer wieder nach der Flasche oder Brust verlangen.

△ **Goldammer** *(Emberiza citrinella)* **am Nest.** Goldammern bauen ihr tief napfförmiges Nest meist in dichter Bodenvegetation an sonnigen Grasböschungen oder am Fuß von Sträuchern und Bäumen, gelegentlich auch in niedrigem Gezweig. Die 3–5 dicht mit einem Gewirr grauer und rötlicher Flecken und Kritzeln bedeckten Eier werden 12–14 Tage bebrütet. Die Jungen werden mit Spinnen, Insekten und Raupen gefüttert.
Wie die meisten Singvögel geben die jungen Goldammern ihren Kot in einer Schleimhülle verpackt ab (Fotos), so daß die Eltern ihn nach der Fütterung im Schnabel forttragen können. Dadurch wird nicht nur eine Verschmutzung des Nestes und der Jungen verhindert, sondern auch eine möglicherweise weithin sichtbare Weißfärbung und geruchliche Auffälligkeit des Neststandorts; beides könnte Nesträuber anlocken.

▷ **Kuckucksei im Nest einer Heckenbraunelle** *(Prunella modularis).* Jedes Kuckucksweibchen legt seine Eier immer nur in die Nester der Vogelart, von der es selbst aufgezogen wurde; seine Eier entsprechen in Form und Farbe weitgehend denen der Wirtsvogelart. Bei Legenot gerät ein Ei wohl auch einmal in ein anderes Gelege, fällt dort aber eher als Fremdkörper auf und wird dann von den Nesteigentümern hinausgeworfen.
Neben der Heckenbraunelle wurden vor allem Stelzen, Pieper, Rohrsänger, Grasmücken, Rotschwänzchen und Rotkehlchen als Wirtsvögel festgestellt, merkwürdigerweise also alles wesentlich kleinere Vogelarten, während in der Größe vergleichbare Arten, wie Drosseln, Tauben und dergleichen als Wirtsvögel nicht bekannt sind. Kuckuckseier sind auch besonders klein. Selbst der winzige Zaunkönig gehört zu den Kuckuckswirten. Da er ein beutelförmiges Nest mit engem Eingang baut, muß das Kuckucksweibchen sein Ei vor dem Nest ablegen und es dann mit dem Schnabel hineinbefördern.

▽ **Kuckuck** *(Cuculus canorus).* Der fast dohlengroße, aber schlankere und langschwänzige Vogel ist viel weniger bekannt, als sein unverwechselbarer Ruf. Selbst bewanderte Naturkenner verwechseln ihn oft mit dem Sperber, der im Flug jedoch breite, abgerundete Flügel zeigt, während die Flügel des Kuckucks ausgesprochen spitz erscheinen. Die meisten Kuckucke sind im wesentlichen grau, es treten aber gelegentlich rotbraune Weibchen auf; auch viele Jungvögel sind oberseits rotbraun mit dunklen Bändern. Alle Kuckucke haben einen gebänderten Bauch.
Zur Balzzeit (Mai) benehmen sich Kuckucke oft sehr auffällig, sitzen mit hängenden, leicht abgehobenen Flügeln auf Ästen oder Leitungsdrähten und bewegen auffällig ihren Schwanz. Neben den meist 2silbigen, manchmal 3silbigen Ruf hört man häufig einen fauchenden Laut, der dem Vogel den alten Namen Gauch eingetragen hat. Das Weibchen läßt selten ein melodisches Kickern hören.

Frühlingskünder und Sonderling – der Kuckuck

Der Kuckuck, dessen melodiöser Ruf in so vielen Liedern und Geschichten vorkommt, der zum Frühling gehört, wie die Obstblüte, um den sich Aberglaube und Gerüchte ranken, ist wirklich ein ungewöhnlicher Vertreter unserer Vogelwelt. Das fängt schon damit an, daß er trotz seines schönen Gesanges nicht zu den Singvögeln gehört, was man nicht nur an seinem anders gebauten Stimmapparat, sondern auch an seinen Füßen erkennt, denn er greift mit zwei Zehen nach hinten und nur mit zwei nach vorn, wie sonst nur Spechte.
Die sehr artenreiche Familie der Kuckucke ist über die ganze Welt verbreitet: vor allem in den Tropen gibt es viele Kuckucksarten mit recht verschiedenen Lebensweisen. In einem aber sind sich fast alle gleich: sie »scheuen« die Mühen der Jungenaufzucht und legen ihre Eier in die Nester anderer Vogelarten. Solchen Brutparasitismus gibt es auch bei anderen Vogelarten, zum Beispiel bei den afrikanischen Witwenvögeln, Verwandten unseres Sperlings. Umgekehrt gibt es in der Familie der kuckuckartigen Vögel auch Ausnahmen von der Regel des Brutparasitismus: afrikanische Spornkuckucke, Renn- und Regenkuckucke bauen wie andere »anständige« Vögel eigene Nester und brüten und füttern auch selbst.
Besonders interessant für die Entwicklung des Brutparasitismus ist die amerikanische Kuckucksgattung *Coccyzus.* Die meisten Arten legen ihre Eier in selbstge-

baute Nester und brüten sie selber aus. Zwei Arten aber legen ihre Eier gelegentlich auch in fremde Nester, brüten sie dann aber selber aus und ziehen sie groß.
Unser heimischer Kuckuck, der nicht nur in Europa, sondern in ganz Asien und Afrika verbreitet ist (während er in Amerika fehlt), kommt in den verschiedensten Landschaften vor, bevorzugt aber laubwaldreiche oder parkartige Landschaften. Da er besonders gerne große und stark behaarte Raupen frißt, die von den meisten anderen Vögeln gemieden werden, ist er vom Forstmann gern gesehen. In Mitteleuropa kommen die ersten Kuckucke oft schon Anfang April aus Afrika zurück, die meisten aber Ende April oder Anfang Mai. Im August und September verlassen sie uns wieder. Meistens merkt man aber schon ab Johanni (24.6.) nicht mehr viel von ihnen, da sie dann kaum noch rufen.
Von seinem merkwürdigen Leben und Treiben wußte man wohl nur immer Bruchstückhaftes. Und das Wenige war Anlaß für mancherlei Legenden und abergläubische Unterstellungen. Nicht nur Blumen, die zur »Kuckuckszeit« blühen, nannte man nach ihm (Kuckucks-Lichtnelke), sondern auch Erscheinungen, die man sich nicht erklären konnte, wie die Schaumgebilde an Pflanzen, die man Kuckucksspeichel nennt, obwohl sie von Zikadenlarven stammen (s. S. 120). Sogar den Teufel bringt man mit dem Kuckuck in Verbindung, wie der Redensart »hol dich der Kukkuck« zu entnehmen ist.

Kuckuck *(Cuculus canorus)* **und Sumpfrohrsänger** *(Acrocephalus palustris)*. Um den Kuckuck hat der Volksmund viele Legenden und Redensarten gewoben. Aber auch ohne phantastisches Beiwerk ist das Leben des Kuckucks merkwürdig genug. Schon die Tatsache, daß er kein eigenes Nest baut, seine Eier nicht selbst bebrütet und auch die Jungenaufzucht anderen Vögeln überläßt, macht ihn zu einem Außenseiter unserer Vogelwelt.
Das Kuckucksweibchen legt pro Saison bis zu 20 Eier und zwar nahezu ausschließlich in die Nester jener Vogelart, bei der es selber aufgezogen wurde. Die Eifärbung der einzelnen Weibchen ist der ihres Wirtes oft so gut angepaßt, daß man sie kaum voneinander unterscheiden kann. Da die Eifärbung den einzelnen Kuckucksweibchen angeboren ist, könnte man fast von wirtsspezifischen Rassen sprechen, also z.B. von Bachstelzen- und Baumpieper-Kuckucken. Da die Kuckucksmännchen sicher nicht nur Weibchen mit den gleichen Zieheltern begatten – zumal es keine festen Partnerbeziehungen beim Kuckuck gibt – muß man annehmen, daß die Eifärbung beim Kuckuck ausschließlich ein weibliches Erbmerkmal ist.
Auch wenn die Anpassung der Eifärbung nicht so gut ist – wie auf den Fotos dieser und der vorigen Seite, wird das fremde Ei meist bereitwillig angenommen; manchmal werfen die Eltern sogar eines oder mehrere ihrer eigenen Eier zugunsten des stattlicheren Kuckuckseis hinaus. Die Verhaltensforschung erklärt dies als Folge eines »überoptimalen Auslösers«.
Das Kuckucksweibchen muß ein möglichst noch unbebrütetes Gelege finden, damit der junge Kuckuck beim Schlüpfen nicht ins Hintertreffen gerät. Das erkennt es am sichersten an der Unvollständigkeit des Geleges. Man muß also annehmen, daß der Kuckuck, wenn schon nicht zählen, so doch Mengen abschätzen kann. Erstaunlich ist die geringe Größe von Kuckuckseiern und die kurze Embryonalentwicklung von nur 12–13 Tagen. Noch erstaunlicher aber wird es nach dem Schlüpfen: In den ersten 3 Lebenstagen besitzen die noch blinden Jungkuckucke den Drang, alles Bewegliche um sie herum auf den Rücken zu nehmen und nach oben zu stemmen. Auf diese Weise räumen sie das Nest meist vollständig von Eiern und möglicherweise vorher geschlüpften Jungvögeln. Die Wirtseltern schauen diesem Treiben, wie man auf dem rechten mittleren Foto sieht, etwas »erstaunt«, aber tatenlos zu. Doch selbst, wenn ein Junges der Zieheltern diese Räumaktion überleben sollte, hat es kaum Chancen zu Futter zu kommen, denn der Hunger des Eindringlings ist so groß wie sein leuchtend roter Rachen, der wieder als überoptimaler Auslöser die Wirtseltern zu wahrer Fütterleidenschaft anregt.

▷ **Haussperlinge** *(Passer domesticus)*. Der Spatz brütet bei uns nahezu ausschließlich an Gebäuden, besonders gern unter Dachziegeln. Mit seiner großen Anpassungsfähigkeit ist er heute fast über die ganze Welt verbreitet. Im Gegensatz zum ähnlichen Feldsperling, sehen die Geschlechter beim Haussperling recht verschieden aus, wie auf dem Foto zu erkennen ist. Der Spatz macht 2–3 Jahresbruten mit je 4–6 Eiern; seine Nahrung ist vielseitig.

▽ **Hausrotschwanz** *(Phoenicurus ochruros)*. Dieser zierliche Insektenfresser ist erstaunlich unempfindlich: im Gebirge brütet die Art noch in über 3000 m Höhe. Der kratzende Gesang des Männchens ist kunstlos und doch stimmungsvoll, besonders ganz früh morgens oder spät abends, wenn alle anderen Vögel schweigen. Hausrotschwänze brüten am liebsten in Mauernischen und auf vorstehenden, überdachten Balken. 2 Jahresbruten mit je 5–6 Eiern. Alte Männchen (Foto unten) sind fast schwarz, die Weibchen (Foto ganz unten) sind heller graubraun.

Jetzt kommt Leben ins Haus

Die Gebäude des Menschen boten schon immer einer ganzen Reihe von Tierarten Nahrung, Unterschlupf und die Möglichkeit, Junge aufzuziehen. Das ist gar nicht so selbstverständlich, da es solche Gebäude erst seit einigen tausend Jahren gibt, die ökologischen Anpassungen der meisten Tierarten aber sehr viel älter und meist recht spezifisch sind. Es kommen daher als direkte Kulturfolger nur solche Arten in Betracht, die entweder sehr ähnliche natürliche Lebensräume bewohnen, oder aber individuell sehr anpassungs- und lernfähig sind. Schließlich gibt es noch eine dritte Gruppe von Kulturfolgern, die heute so ausschließlich in der Umgebung von Menschen leben, daß man sie fast schon als Haustiere, sicher aber als extreme Kulturfolger bezeichnen muß; es fällt bei diesen Arten oft schwer, sich vorzustellen, wie sie vor dem und ohne den Menschen gelebt haben.
Unter den gebäudebrütenden Vogelarten gibt es Vertreter aller drei Gruppen, wobei die Grenzen natürlich fließend sind. Zu den Arten, die unsere Mauerwerke und Betonkästen gewissermaßen als natürliche Felsen und unsere Städte als Felslandschaften ansehen, gehören Turmfalke, Mauersegler, Hausrotschwanz, Mehlschwalbe, Dohle und die Straßentaube als domestizierte Form der Felsentaube. Sie sind alle ursprünglich oder noch heute Felsbrüter, wenn auch manche mehr, andere weniger. So brüten Turmfalken auch in alten Krähennestern auf Bäumen und Dohlen manchmal in hohlen Bäumen.
Zur Gruppe der vielseitig anpassungsfähigen Arten, die in den unterschiedlichsten natürlichen Höhlen, Nischen, Löchern (auch Erdlöchern) und eben auch an und in Gebäuden nisten, gehören Bachstelze, Grauschnäpper, Feldsperling, Rotkehlchen, Blau- und Kohlmeise. Es sind dies also mehr oder weniger nur zufällige Gebäude- und Felsbrüter.
Schließlich gibt es einige Arten, die so ausschließlich in und an menschlichen Gebäuden brüten, daß man nur aufgrund von Rückschlüssen aus dem Verhalten nahverwandter Arten Hinweise darauf erhält, wo sie wohl ursprünglich einmal zuhause waren. Dazu gehören in unseren Breiten Schleiereule, Haussperling und Rauchschwalbe. Bei der Schleiereule darf man aus den Brutgewohnheiten ihrer weltweit verbreiteten Sippe schließen, daß ihre Vorliebe für Kirchtürme und alte Scheunen einer Neigung zu Felsbiotopen entspricht. Beim Haussperling läßt nur die Zugehörigkeit zur Familie der überwiegend tropischen Webervögel die Vermutung zu, daß er vor einigen tausend Jahren noch wie seine Verwandten kunstvolle, oben geschlossene Baumnester baute, möglicherweise ebenfalls in Kolonien.
Die Rauchschwalbe schließlich ist dem Menschen am weitesten gefolgt, was sowohl für den Neststandort gilt, der in aller Regel im Gebäude ist, als auch für die Ausschließlichkeit, mit der die Art, wenigstens in den weitesten Teilen ihres um die ganze Nordhalbkugel sich erstreckenden Verbreitungsgebietes, sich dem Men-

schen angeschlossen hat. Man muß schon in die Grassteppen der Mongolei gehen, um Rauchschwalben zu finden, die weitab von menschlichen Siedlungen in Klippen und Felsabstürzen der Küste ihre bekannten Lehmnester bauen. Bei uns nistet die Rauchschwalbe am liebsten in Kuhställen. Aber auch im Hausflur und sogar in Schlaf- und Wohnräumen baut sie ihr Nest, wenn man sie läßt.

Ganz entscheidend für die Wahl des Nistplatzes ist für die Rauchschwalbe die Frage, ob der Raum nicht nur vorübergehend, sondern ständig eine Einflugöffnung hat. Als kennten sie die Gewohnheiten der Menschen, stellen sie die Sache mehrere Tage lang auf die Probe: Zwischen Ende März und Mitte April kehren die Rauchschwalben aus ihren afrikanischen Winterquartieren zurück. Ab Anfang Mai etwa beginnen sie ernsthaft mit der Suche nach einem Nistplatz – sofern sie nicht ein altes Nest beziehen. In diesen Tagen der Nistplatzsuche fliegen sie durchs ganze Haus. Wenn das Paar einen Platz gefunden hat, der ihm zusagt, so läßt es sich dort immer wieder nieder, verweilt auch länger und singt und zwitschert. Bis zu 10 Tagen dauert diese Prüfung, bevor – etwa Mitte Mai – mit dem Nestbau begonnen wird. Eine Unterstützung für das Nest wird gerne angenommen, obwohl es ihnen auch gelingt, ihren Lehmbau frei an die Wand zu kleben. Auch der Nestbau dauert seine Zeit, 7–10 Tage, so daß die Gefahr, ein- oder ausgeschlossen zu werden, immer geringer wird. (Alte Bauernhäuser hatten über der Tür ein Schwalbenfenster, da eine Schwalbe im Haus als Segen galt.)

▽ **Bachstelze** *(Motacilla alba).* Alle Stelzen wirken durch ihren langen Schwanz, die hohen Beine und den schlanken Körper überaus leicht; der Eindruck wird noch verstärkt durch ihr schnelles Trippeln, ständiges Schwanzwippen und Knicksen und durch ihren hüpfendwellenförmigen Flug. Die Geschlechter sehen sich ziemlich ähnlich (beim Weibchen reicht das Schwarz nicht so weit in den Nacken), den Jungvögeln dagegen fehlt das charakteristische Schwarz an Kopf und Brust noch ganz. Die Vögel haben einen starken Hang zum Wasser (auch zu Seeufern), brüten oft aber auch weitab von jedem Gewässer, in Mauernischen, auf überdachten Vorsprüngen usw. Das Gelege besteht gewöhnlich aus 5–6, maximal aus 8 Eiern.

▷ **Mehlschwalbe** *(Delichon urbica)* **am Nest.** Mehlschwalben bauen ihre bis auf einen kleinen Einschlupf geschlossenen Lehmnester hauptsächlich an den Außenwänden von Gebäuden dicht unter der Decke. An geeigneten Orten entstehen oft Kolonien von 20–30 Nestern, die alljährlich wieder ausgebessert und von neuem bezogen werden. Man sollte sie daher keinesfalls beseitigen. Da Mehlschwalben in ihrer Ernährung ganz auf Fluginsekten im freien Luftraum angewiesen sind, leiden sie sehr unter Schlechtwetterperioden; dabei verhungert oft die gesamte Brut. Da die Art auch ein größeres Wärmebedürfnis hat, kommt sie durchschnittlich erst 10 Tage nach der Rauchschwalbe aus ihrem tropischen Winterquartier zurück. In der Regel erfolgen 2 Jahresbruten mit je 3–5 Eiern.

Verglichen mit der Zutraulichkeit der Rauchschwalben sind alle anderen Gebäudebrüter scheue Wildtiere. Der Spatz oder Haussperling geht am liebsten unter die Dachziegel, wo er auf engstem Raum große Ansammlungen von Heu und Federn zusammenträgt. Man muß sich wundern, wie die Jungen die enorme Hitze aushalten, die entsteht, wenn die Sonne aufs Dach prallt. Der Hausrotschwanz liebt mehr halboffene Nischen. Am liebsten bezieht er Häuser im Rohbau. Da stört ihn auch der Baubetrieb wenig. Allerdings kommt es vor, daß sein Nest zugebaut wird, bevor die Jungen ausfliegen konnten.

Sehr variabel in Bezug auf ihren Neststandort sind Bachstelzen. Alles ist leicht an diesen hübschen, schwarzweißen Vögeln: ihre hohen Beine, ihr trippelnder Lauf, ihr wippender Schwanz, ihr hüpfender Flug und ihr helles Zilip. Obwohl sie vor dem Menschen keine besondere Scheu haben, sind sie am Nest doch so vorsichtig und argwöhnisch, daß man schon viel Geduld aufbringen muß, um sie einmal dabei zu ertappen, wie sie mit Nistmaterial oder Futter dort verschwinden, wo ihr Nest steht. Trotz ihres Namens ist die Bindung der Bachstelze an fließende Gewässer weit weniger ausgeprägt, als die der gelben Gebirgsstelze. Mit dem Hausrotschwanz hat die Bachstelze gemeinsam, daß beide zu unseren winterhärtesten Insektenfressern gehören, die nur in der schlimmsten Zeit, von November bis Februar, kurze Strecken nach Westen oder Süden ziehen; in milderen Gegenden bleiben Bachstelzen oft auch den ganzen Winter an Gewässern.

▷ **Rauchschwalbe** *(Hirundo rustica)* **am Nest.** Mit ihrem zwitschernd-schwätzenden Gesang und ihrem zutraulichen Wesen ist die Rauchschwalbe überall beliebt – zumindest war sie es über Jahrhunderte. Sie brütet fast ausschließlich in Gebäuden und scheut dabei den Menschen in keiner Weise. Bevorzugt baut sie ihr mit Halmen verstärktes, offenes Lehmnest in Viehställen, besiedelt aber auch ländliche Wohnhäuser, wenn eine ständige Einflugöffnung vorhanden ist. Um dies festzustellen, fliegt das Paar mehrere Tage immer wieder den ausgewählten Platz an, bevor es zu bauen beginnt. In der Regel erfolgen 2 Jahresbruten mit je 4–5 Eiern. Die Jungen werden noch längere Zeit nach dem Ausfliegen gefüttert und kehren abends zum Nest zurück.

Obwohl Rauchschwalben den Winter in Afrika nahe dem Äquator verbringen, kehren sie schon Ende März/Anfang April wieder zurück und verlassen uns oft erst im späten Oktober. Da sie ausschließlich von fliegenden Insekten leben, leiden sie unter Schlechtwetterperioden, wenn auch nicht im gleichen Maße wie die Mehlschwalbe.

Mai – Juni

Der Wonnemonat Mai – er heißt nicht umsonst so. Überall beginnt es zu blühen und zu duften, zu summen und zu singen. Wem jetzt das Gemüt sich nicht öffnet für die Wunder und Schönheiten der Natur, der ist ihnen wohl auf Dauer verschlossen. Pünktlich zu den »Eisheiligen« droht der abziehende Winter noch einmal mit schwacher Gebärde. Danach dürfen auch die kälteempfindlichen Tomaten und Gurken des Gärtners ins Freiland. Die nach Art und Zahl rasch anwachsende Insektenwelt lockt auch die Fernzieher unter den Zugvögeln wieder zurück. Das Vogelkonzert am Morgen läßt kaum noch Einzelstimmen erkennen, so überschwenglich ist die Lust am Dasein. Zeit der Obstblüte, Zeit der gelben Löwenzahn- und Hahnenfußwiesen, Bienenzeit, Heuzeit, Zeit der Eidechsen, Orchideen und Schmetterlinge, Zeit der Jungtiere.

◁ **Mauersegler** *(Apus apus)*. Mit seinen ungewöhnlich langen und schnittigen Flügeln weist sich der Mauersegler als hervorragender Flieger aus. Außerhalb der Brutzeit ist er oft mehrere Wochen, ja Monate nahezu ununterbrochen in der Luft. Dabei hilft ihm seine Fähigkeit, Aufwinde im energiesparenden Segelflug zu nutzen. In einer solchen Thermik, etwa über einer Stadt oder einem Berg, segeln oft große Scharen auch in der Nacht. Ganz offensichtlich vermag dieser ungewöhnliche Vogel im Flug zu schlafen. Mit seinen sehr kleinen Füßen kann er zwar recht gut an senkrechten Flächen klettern, auf dem Boden laufen kann er damit aber nicht. So fängt er sich auch sein gesamtes Nistmaterial aus der Luft.

▷ **Brut und Jungenaufzucht des Mauerseglers.** In dunklen, ungestörten Hohlräumen möglichst hoher Gebäude baut der Mauersegler sein kunstloses Nest, eine Anhäufung verschiedener Materialien, die der Wind in die Luft gewirbelt hat.
Ab Mitte Mai findet man die 2–3 weißen Eier, auf denen Männchen und Weibchen abwechselnd 18–20 Tage brüten (Foto oben links). Da die Eier mit einem Abstand von 2 Tagen gelegt, aber vom ersten Ei an bebrütet werden, sind die Jungen ungleich alt. Dieser Altersunterschied ist noch recht lange an der Gefiederentwicklung zu erkennen (Foto Mitte rechts). Die Jungen werden mit Fluginsekten und Spinnen gefüttert.
In Schlechtwetterperioden wandern die Altvögel oft in recht weit entfernte, günstigere Gebiete. Die Jungen verfallen dann in eine Art Hungerstarre, während der ihre Körpertemperatur von fast 40 °C auf nahezu 20 °C absinkt. Dadurch kommen sie mit ihren Fettreserven bis zu 1 Woche ohne Futter aus. Sinkt die Körpertemperatur unter 20 °C, so sterben sie.
Die Dauer der Nestlingszeit hängt stark von den Nahrungsbedingungen und der Witterung ab, sie schwankt zwischen 38 und 56 Tagen. Das Gefieder ausgewachsener Jungvögel unterscheidet sich von dem der Altvögel durch helleres Gesicht und helle Säume der Flügelfedern (Foto unten).

Ein luftiges Leben

Er wird von den meisten Menschen als Schwalbe angesehen und bezeichnet. Mit denen hat er aber nicht mehr als Gestalt und Lebensweise gemeinsam. Gemeint ist der Mauersegler.
Man sieht und hört ihn meist in Städten, wo er in Türmen und unter Dächern brütet. Bei schlechtem Wetter entdeckt man ihn auch gemeinsam mit Schwalben dicht über größeren Wasserflächen jagend. Seine hohen, schrillen Rufe, mit denen er vor allem abends oft in Rudeln durch Straßen und um Kirchtürme jagt, sind sehr charakteristisch für ihn und unterscheiden ihn deutlicher als alles andere von den sanft zwitschernden Schwalben.
Sein ganzes Leben ist so sehr aufs Fliegen eingestellt, daß er am Boden mit seinen sehr kleinen Füßen ziemlich hilflos ist – er hat sogar Schwierigkeiten, von dort wieder auf die langen, sichelförmigen Flügel zu kommen. Seine Nahrung besteht ausschließlich aus Insekten der Luft. Deshalb läßt er sich Zeit mit seiner Rückkehr aus den Winterquartieren im tropischen Afrika. Gerade 3, höchstens 4 Monate hält er es bei uns aus, dann ist er wieder unterwegs in den Süden.
Mauersegler sind nicht nur außerordentlich rasante Flieger, worauf ihre schnittigen Flügel schon hindeuten. Sie beherrschen außerdem die Kunst des Segelns, was man ihnen nicht ansieht. Schon bei der Jagd auf Insekten legen die Vögel immer wieder Gleitstrecken ein. Kaum zu glauben aber ist, daß sie sogar in der Luft schlafen. Zumindest verbringen sie bei günstigen Aufwinden die ganze Nacht in der Luft, oft in großen Schwärmen. Das hat schon der italienische Naturforscher Spallanzani vermutet, und die Vermutung wurde zweihundert Jahre später durch Radar bestätigt. Die Vögel lassen sich dabei fast völlig von den Luftströmungen treiben, nur gelegentlich schlagen sie mit den Flügeln, um an Höhe zu gewinnen oder den Kurs zu korrigieren.
Bei schlechtem Wetter kommen Mauersegler, ähnlich wie Schwalben, oft in große Nahrungsnot. Sie fliegen dann bis 100 Kilometer weit zu Gewässern, über denen noch Fluginsekten zu finden sind. Bis zu einer Woche können die Jungen ohne Fütterung auskommen – für einen Vogel eine enorm lange Zeit. Dabei helfen ihnen nicht nur Fettreserven, sondern auch die ungewöhnliche Fähigkeit, die Körpertemperatur fast um die Hälfte absinken zu lassen, was den Energieverbrauch stark reduziert. Der Gewichtsverlust kann bis zu 60 Prozent betragen. Man nennt diese Fähigkeit, vorübergehend in Kältestarre zu verfallen, Torpidität; auch Fledermäuse beherrschen diese Kunst.
Auch die Altvögel können einige Tage hungern. Gegen Kälte sind sie allerdings sehr empfindlich. In kalten Nächten findet man sie zur Zugzeit manchmal zu großen Klumpen in Höhlungen oder unter Mauervorsprüngen; auf diese Weise halten sie sich gegenseitig warm.

Die »niedlichen« Tierkinder

Fast überall auf der Welt müssen Tiere und Pflanzen ihren Lebensrhythmus den Jahreszeiten anpassen. Das bringt oft Probleme mit sich. Bei den Säugetieren müssen Brunft und Tragzeit auf die günstigste Setzzeit abgestimmt sein, die für die meisten Arten im Frühjahr liegt. Je nach Dauer der Tragzeit würde bei vielen Tieren Brunft und Paarung in den Winter fallen. Das ist aber nicht nur beim Dachs mit Schwierigkeiten verbunden, der dann im tiefsten Winterschlaf liegt; denn im allgemeinen setzt auch die Brunft gute Lebensbedingungen voraus. Freilich gibt es Ausnahmen: Wildschweine paaren sich mitten im Winter.
Zu den Tierarten, die es durch ein ziemlich kompliziertes Ineinandergreifen von erblichen Anlagen mit äußeren und inneren Steuerungen zuwegebringen, Brunst, Tragzeit und Setzzeit den jahreszeitlichen Bedingungen bestens anzupassen, gehört unser Reh. Die Brunstzeit, in der man die Böcke die Geißen (Ricken) treiben sieht, dauert von Mitte Juli bis Ende August. Im Mai oder Juni des darauffolgenden Jahres werden die Jungen geboren. Das entspricht einer Tragzeit von fast 10 Monaten (40 Wochen), viel zu lang für ein Tier dieser Größe. (Zum Vergleich: das Hausrind hat eine Tragzeit von 42 Wochen.) Des Rätsels Lösung: Kurz nach der Befruchtung wird die Keimesentwicklung unterbrochen, und erst im Spätherbst entwickelt sich dann der Embryo normal weiter. Auch Dachse kennen, wie andere

△ **Reh** *(Capreolus capreolus),* **Geiß mit Kitz.** Der Anblick einer rotbraunen Geiß im Sommerfell mit ihrem weißfleckigen Jungen gehört im Sommer zu den lieblichsten Begegnungen in unserer Landschaft. Dank der jägerischen Hege und der Anpassungsfähigkeit dieser Art ist das Reh in Mitteleuropa ein häufiges Wild. Es ist erstaunlich, wie es mit den vielerlei, meist negativen Veränderungen seiner Umwelt fertiggeworden ist. Mancherorts sind die Bestände sogar so hoch, daß die Verjüngung des Waldes unter starken Verbiß leidet.
Durch seinen Körperbau (hinten höher als vorne) gibt sich das Reh als Bewohner unterholzreicher Wälder zu erkennen. Es ist aber vielfach auch zum reinen Feldreh geworden, wo Wälder und Feldgehölze fehlen. Diese Feldrehe haben das Territorialverhalten der Waldrehe weitgehend aufgegeben, so daß sich größere Gruppen von 20, sogar bis zu 50 Tieren bilden können. Geißen und Jungrehe dürfen von September bis Januar, Böcke von Mai bis Oktober gejagt werden.

◁ **Rehkitz.** Im Mai oder Anfang Juni bringt die Rehgeiß (oder Ricke) 1–2, seltener 3 Junge zur Welt. Mit ihrem weißgefleckten Fell besitzen sie eine gute Schutztracht, auf die sie vor allem in den ersten Lebenstagen ganz vertrauen, indem sie auch bei unmittelbarer Annäherung eines Feindes – eines Hundes oder Menschen etwa – still sitzen bleiben. Wer also ein Rehkitz im hohen Gras oder im Gebüsch findet, sollte nicht meinen, es sei krank oder verletzt, wenn es nicht flieht. Auf keinen Fall sollte man es anfassen, weil es sonst wegen des fremden Geruches oft von der Mutter nicht mehr angenommen wird.

▷ **Rothirsch** *(Cervus elaphus)*, **Kuh mit Jungtier.** Im Gegensatz zum eher einzelgängerischen Reh, lebt der Rothirsch vorzugsweise in Rudeln. Rotwild ist in Mitteleuropa längst nicht so verbreitet und häufig, wie das Rehwild. Hirsche brauchen ausgedehnte, möglichst urwüchsige und ungestörte Wälder. Entsprechend liegen die besten Rotwildreviere in Waldlandschaften (Reinhardswald, Harz, Taunus, Schwarzwald, Alpen). Gleichwohl ist die Art in Mitteleuropa keineswegs gefährdet; dafür sorgt auch die Hege der Jäger, denen ein kapitaler Hirsch als begehrte Jagdtrophäe gilt.
Die Brunftzeit des Rothirschs liegt im Herbst. Die Hirsche versuchen, einen möglichst großen Harem um sich zu vereinigen. Das geschieht mit viel Röhren und Drohen, unter Gleichrangigen auch bei eher harmlosen Schiebekämpfen.
Die Hirschkuh setzt im Mai oder Juni 1, selten 2 Kälber. Zwischen Mutter und Kalb besteht eine intensive und lange Bindung. Die Mütter erkennen ihre Jungen offenbar individuell am Geruch, der insbesondere von einer vor den Augen liegenden Drüse abgegeben wird. Bei Gefahr kann das Junge diese Voraugendrüsen schließen; mit lang ausgestrecktem Hals und zurückgelegten Ohren dicht an den Boden gedrückt, kann es dann selbst von Hunden auf wenige Meter nicht ausgemacht werden. Bald aber folgt das Kalb der Mutter und wird von ihr (z. B. mit Hufschlägen) auch verteidigt. Weibliche Kälber sind meist auch noch im zweiten Jahr mit der Mutter und deren nächstem Jungen zusammen.
Die männlichen Jungen verlassen die Mutter meist schon im ersten Winter und schließen sich Männergesellschaften an. Im Februar werfen sie ihr Geweih ab und bilden bis zum Herbst ein neues. Die Zahl der Enden nimmt mit dem Alter zu; 7–8 Enden je Stange sind nicht ungewöhnlich, Achtzehnender (9 je Stange) sind in Mitteleuropa schon Ausnahme und Maximum. Die Jagdzeit auf Rotwild wurde von August bis Januar festgelegt.

Mitglieder der Marderfamilie, diesen »Trick«; sie paaren sich im Juli und bringen ihre Jungen nach längerer Keimesruhe im Februar oder März zur Welt.
Das wohl interessanteste Familienleben der hier betrachteten Arten führt nach neuesten Forschungsergebnissen der Fuchs. In der Regel bewohnt ein männlicher Fuchs (Rüde) mit mehreren Weibchen (Fähen) ein Revier, das höchstens ausnahmsweise, etwa bei akutem Nahrungsmangel, verlassen wird. Dafür wird es andererseits gegen Rivalen streng bewacht. Wie wir schon bei den Vogelgesängen sahen (s. S. 43 f.), bedarf es dazu gar nicht immer der unmittelbaren Anwesenheit. Die Füchse patrouillieren nur häufig ihre Reviergrenzen und setzen dabei ihre Duftmarken. Das wird von Reviernachbarn und herumstreifenden Einzeltieren im allgemeinen voll respektiert. Zu Begegnungen und Beißereien kommt es daher nur dann häufiger, wenn eine gute Nahrungsquelle im Grenzbereich zwischen zwei Revieren liegt.
Mittelpunkt des Reviers ist der Bau, eine oft jahrzehntelang von vielen Fuchsgenerationen bewohnte Burg, die womöglich ständig weiter ausgebaut wird – oft freilich nicht unbedingt von den Füchsen selber, sondern von dem grabfreudigeren Dachs, mit dem der Fuchs häufig in guter Nachbarschaft lebt. Die Größe der Fuchsreviere schwankt je nach Familiengröße und Beuteangebot zwischen 30 und über 1000 Hektar; das entspricht einer quadratischen Fläche von 0,5 bis gut 3 km Seitenlänge. Ein Überhandnehmen ist daher nicht zu befürchten.

▷ **Wildschwein** *(Sus scrofa)*, **Bache mit Jungen.** Wildschweine bekommt man wegen ihrer versteckten Lebensweise selten zu Gesicht. In bewaldeten Gegenden sind sie aber noch vielerorts als Standwild anzutreffen. Sauen paaren sich mitten im Winter. Das Weibchen, auch Bache genannt, wirft dann im April/Mai 3–12 Junge. Von dieser Regel gibt es freilich häufige Ausnahmen. Viele Weibchen werden auch zu anderen Zeiten brünstig, und so kann man auch später im Jahr die kleinen, gestreiften Jungtiere antreffen. Vor der Geburt wühlt die Bache eine Mulde in den Waldboden und polstert sie mit Pflanzenmaterial. Dieses Nest wird mit dickeren Ästen überdacht, so daß oft ein bis 1 m hoher Haufen entsteht, in dem das Weibchen wohlgeschützt die Jungen zur Welt bringt und etwa 14 Tage säugt, bis sie ihr folgen können. Bachen dürfen vom 1. April bis zum 15. Juni nicht gejagt werden.

◁ **Junge Feldhasen** *(Lepus europaeus)* kommen behaart und sehend zur Welt. Nach der Paarung im ausgehenden Winter (s. S. 23) setzt die Häsin nach einer Tragzeit von 42–44 Tagen 2–4 Junge. Das »Nest« ist eine Mulde unter dichter Vegetation. Unter günstigen Bedingungen folgen dem ersten Wurf 2–3 weitere. Der Hase gehört zum häufigsten Jagdwild; in der Bundesrepublik Deutschland wurden um 1970 jährlich etwa 800000 Stück erlegt. In den letzten Jahren sind die Bestände aber stark zurückgegangen. Die Schonzeit dauert von Mitte Januar bis Mitte Oktober.

▽ **Junge Wildkaninchen** *(Oryctolagus cuniculus)* **vor dem Bau.** Als Stammform unseres Stall»hasen« bringen Wildkaninchen in ihrem unterirdischen Bau 5–12 nackte, blinde Junge zur Welt, die mit etwa 10 Tagen den Entwicklungsstand eines neugeborenen Feldhasen erreichen. Bald danach verlassen sie erstmals den Bau. Die Weibchen können jährlich 5–6 Würfe setzen. Junge des ersten Wurfs können, sich noch im selben Jahr fortpflanzen.

Auch hier erweist sich das Abstecken von Revieren als biologisch und ökologisch höchst sinnvoll – vor allem auch in Verbindung mit der Neigung des Fuchses zur Haremswirtschaft. Auf diese Weise kann der Fuchs so wirksam wie kaum eine andere Art seine Vermehrungsrate den jeweiligen Gegebenheiten anpassen. Droht Überbevölkerung und damit Hunger für alle, so wird oft nur ein Weibchen aus der Gruppe trächtig, oder die Zahl der Jungen pro Wurf beschränkt sich auf 2 oder 3. Es ist im einzelnen noch nicht bekannt, welche Faktoren für diese Art der Bevölkerungskontrolle den Ausschlag geben. Möglicherweise sind es, wie beim Wolf, soziale Faktoren. Andererseits können starke Verluste rasch wieder ausgeglichen werden durch Würfe mit bis zu 8 Jungen.
In Verbindung mit seiner sprichwörtlichen Schlauheit hat diese Anpassungsfähigkeit der Fortpflanzung dem Fuchs die Existenz gerettet. Außer dem Wolf ist wohl keiner Tierart vom Menschen so sehr der totale Krieg erklärt worden, wie dem Fuchs. Nicht nur mit Flinte und Falle geht man ihm zuleibe, sondern seit vielen Jahren auch mit Gas. Die Tollwutgefahr war dabei manchmal wohl nur ein Vorwand, ganze Familien mit ihren hilflosen Jungen auszuräuchern – und so manche Dachsfamilie gleich dazu. Der Mensch liebt nun einmal keine Konkurrenz. Der Fuchs hat gezeigt, daß er dieser Menschenwelt gewachsen ist. Ob der Dachs den Feldzug gegen den Fuchs überleben wird, muß man abwarten. Man kann hoffen, daß er von der »Schluckimpfung« gegen Tollwut profitiert, die das Vergasen am Bau erübrigt.

◁ **Junge Füchse** *(Vulpes vulpes)* **vor dem Bau.** Die Füchsin oder Fähe bringt tief unter der Erde – häufig in alten Dachsbauten – im April bis zu 8 Junge zur Welt. Die Zahl der Jungen und der begatteten Weibchen hängt stark von den Lebensbedingungen ab, wodurch dem Fuchs eine wirksame Bevölkerungskontrolle möglich ist. Die Jungfüchse sind etwa 14 Tage lang blind. Im Alter von etwa 4 Wochen wagen sie sich zum erstenmal ans Tageslicht. Vor dem Bau spielen sie oft stundenlang und sehr ausgelassen. Die Mutter und gelegentlich auch der Vater (Rüde) bringen Beute zum Bau, darunter auch lebende Tiere, an denen die Jungen Jagen, Fangen und Töten lernen. Im Herbst löst sich der Familienverband auf; die Jungen verlassen das Revier des Vaters, das dieser meist mit mehreren Weibchen teilt. Jagdzeit ganzjährig.

▷ **Männchen und Weibchen der Zauneidechse** *(Lacerta agilis)* **im Frühjahrskleid.** Diese wärmeliebende Art lebt an Waldrändern, Böschungen und Mauern sowie auf trockenen, steinigen Wiesen. Sie ist unsere häufigste Eidechsenart. Ihre Nahrung besteht aus Spinnen, Würmern und vor allem Insekten. Zu ihren vielen Verfolgern gehören Igel, Wiesel, Turmfalke und Krähe. Die Weibchen legen meist im Juni 5–14 weichschalige Eier in warme Erde; die Jungen schlüpfen nach etwa 8 Wochen.

▽ **Wald-, Bergeidechse** *(Lacerta vivipara).* Beide Geschlechter dieser selteneren und scheueren Art sind das ganze Jahr über schlicht braun. Ihr Lebensraum sind mehr feuchte Wälder, Moore und Wiesen, im Gebirge geht sie bis 3000 m. Aufgrund ihres geringeren Wärmebedürfnisses kommt sie manchmal schon im Februar zum Vorschein. In kalten Gegenden kann ihre Winterstarre aber 8–9 Monate dauern. In Anpassung an ihre kühlere Umgebung bringen die Weibchen 3–10 lebende Junge zur Welt.

▷ **Blindschleiche** *(Angius fragilis).* Dieses schöne, glatte Tier sieht nur auf den ersten Blick wie eine Schlange aus, ist aber eine beinlose Echse. Wie die Zauneidechse kann die Blindschleiche bei Gefahr ihren Schwanz abwerfen und dadurch oft ihr Leben retten. Blindschleichen werden höchstens 50 cm lang, die Färbung reicht von Hellbraun bis fast Schwarz.
Die Tiere leben gerne in nicht zu trockenem Gelände aller Art. Tagsüber liegen sie meist versteckt und gehen erst am Spätnachmittag und Abend oder bei feuchtem Wetter auf Jagd nach Nacktschnecken, Regenwürmern u. ä. Die Winterruhe beginnt in Tallagen oft erst im November. Dabei finden sich oft mehrere Tiere an frostfreien Orten (Erdhöhlen, modernde Baumstümpfe usw.) zusammen. Im Frühjahr trifft man sie selten vor April/Mai. Die Paarung findet bald danach statt. Nach einer ungewöhnlich langen Trächtigkeit von etwa 12 Wochen bringt das Weibchen meist erst im August oder später 8–12 (maximal 25) lebende, 4–7 cm lange Junge zur Welt.

Langschläfer Reptilien

Da ihre Körperwärme von der Umgebungstemperatur abhängt, ist es nicht erstaunlich, daß die meisten Reptilienarten in unserem Klima erst dann aus der Winterstarre erwachen, wenn für viele andere Tierarten schon längst die Fortpflanzungszeit begonnen hat. Die Reptilien sind eine ausgesprochen tropische bis subtropische Tiergruppe.
Von den rund 170 europäischen Reptilienarten sind nur 12 in Mitteleuropa heimisch. (In Griechenland gibt es allein soviel Eidechsenarten!) Davon sind die meisten immer noch sehr wärmeliebende Arten, die man an ihrer Verbreitung und Lebensweise deutlich als Zuwanderer aus dem Mittelmeerraum erkennt. So ist die bei uns nur noch in Restbeständen vorkommende, kurz vor der Ausrottung stehende Europäische Sumpfschildkröte *(Emys orbicularis)* östlich und westlich der Alpen nach Norden vorgedrungen, im Osten bis an die polnische Ostseeküste.
Ebenfalls mit südeuropäischem Verbreitungsschwerpunkt und bei uns nur in milden Gegenden anzutreffen sind die Smaragdeidechse *(Lacerta viridis)* und die Mauereidechse *(Podarcis muralis)* sowie von den Schlangen die seltene Äskulapnatter *(Elaphe longissima)*, die aus Südosteuropa kommende Würfelnatter *(Natrix tesselata)* und die aus Südwesteuropa zu uns gekommene Aspisviper *(Vipera aspis)*. All diese Arten sind bei uns von der Ausrottung bedroht.

◁ **Kreuzotter** *(Vipera berus)*. Diese Art ist in Mit-
▽ teleuropa die einzige Giftschlange, die man noch mit einiger Wahrscheinlichkeit antreffen kann. Aber auch sie ist alles andere als häufig. Die Tiere werden 70, höchstens 80 cm lang; ihre Färbung variiert stark; sehr dunkle Exemplare (Foto unten) kommen hauptsächlich in größeren Höhen vor (bis 3000 m). Charakteristisch ist eine dunkle x-förmige Zeichnung im Nacken und ein Zickzackband auf dem Rükken, das bei den mehr braunen Weibchen (Foto links) dunkelbraun, bei den eher grauen Männchen schwarz ist.
Das Wärmebedürfnis scheint nicht besonders groß zu sein, da pralle Sonne gemieden wird. Kreuzottern sonnen sich gewöhnlich nur abends und morgens und in besonders warmen Sommern ziehen sie sich in kühlere Wälder zurück. Meist jagen sie auch in der Dämmerung nach jungen Mäusen, Vögeln oder Fröschen. Das Weibchen bringt im August/ September 10–15 lebende, etwa 15 cm lange Junge zur Welt.

Die verbleibenden 6 mitteleuropäischen Reptilienarten zeichnen sich durch ein enormes klimatisches Anpassungsvermögen aus, das sich ebenfalls wieder in ihrer Verbreitung ausdrückt. Vor allem Blindschleiche, Ringelnatter und Schlingnatter *(Coronella austriaca)* haben riesige Verbreitungsgebiete, die von Sizilien und Griechenland bis nach Finnland reichen. Entsprechend ist ihre Vertikalverteilung: sie kommen von der Ebene bis in Gebirgshöhen von 2000 m vor.
Am weitesten von den heißen, typischen Reptilienlebensräumen des Südens haben sich Zaun- und Bergeidechse und die Kreuzotter entfernt. Das wird an ihrer Verbreitung ebenso deutlich wie an ihrer Lebensweise. Keine dieser drei Arten kommt in den südlichsten Mittelmeerländern vor. Dafür erstreckt sich ihr Verbreitungsgebiet bis nach Skandinavien, das der Bergeidechse und der Kreuzotter bis über den Polarkreis hinaus. Diese beiden Arten lieben Moore mehr als Steinwüsten, fliehen die pralle Sonne, jagen in der Dämmerung oder im Wald und gehen im Gebirge bis 3000 m hoch.
Auch die für Reptilien ganz ungewöhnliche Tatsache einer besonders langen Trächtigkeit und dann die Geburt lebender Junger ist eine Anpassung an einen Lebensraum, der häufig so kühl ist, daß die übliche Art der Reptilien, ihre Eier von der Sonnen- bzw. Erdwärme ausbrüten zu lassen, nicht mehr funktioniert. Lebende Junge bringen Bergeidechse, Blindschleiche und Kreuzotter zur Welt, wobei die Jungen während oder kurz nach dem Geburtsakt sich aus den Eihüllen befreien.

◁ **Ringelnatter** *(Natrix natrix)*. Dieses prächtige und gänzlich ungefährliche Tier ist in unserem reptilienarmen Land die einzige noch einigermaßen häufig anzutreffende Schlange. Die Weibchen können 1,5 m, ausnahmsweise sogar bis 2 m lang werden, was viele Menschen so in Schrecken versetzt, daß sie die wehrlosen Tiere erschlagen, obwohl die Art, wie alle unsere Reptilien, unter Naturschutz steht. Typisch für Ringelnattern ist je ein gelber Fleck zu beiden Seiten des Nackens; die Körperfarbe ist meist dunkelgrau bis schwarz.
Ringelnattern leben gerne am und im Wasser, wo sie gewandt auf Frösche, Molche und Wasserinsekten Jagd machen. Im Gegensatz zu Blindschleiche und Kreuzotter sind sie überwiegend tagaktiv und deshalb leichter zu beobachten. Winterruhe von Oktober bis März; Paarung im Frühjahr und/oder Herbst. Zwischen Juni und September legt das Weibchen 10–25 weichschalige, weiße Eier in Kompost-, Laub- und Misthaufen; nach 4–8 Wochen schlüpfen die 15–20 cm langen Jungen.

Im mailichen Wald

▽ **Buchenwald im Mai.** Ganz im Gegensatz zu den oft sehr finsteren Nadelwäldern wirken Laubwälder, besonders im Frühling, licht und heiter. Bevor sich das Laubdach schließt, gelangt genügend Sonne auf den Waldboden, um eine vielfältige Bodenflora hervorzuzaubern, darunter besonders viele Blumen. Von ihnen ist in diesem Abschnitt die Rede.

Im Mai schließt sich das Blätterdach des Laubwaldes. Dadurch nimmt die Lichtmenge am Waldboden stark ab. Die Lichtabsorption der jungen Blätter verringert die Bestandshelligkeit auf etwa die Hälfte dessen, was vor dem Laubaustrieb gemessen werden kann – und das ist auch bei einem lichten Laubwald ohne Laub oft weniger als die Hälfte des Außenlichtes. Ist das Laub ausgereift, so beträgt die Lichtmenge am Waldboden oft nur noch 2–10% des Außenlichts.

Die Zeit der Frühblüher (s. S. 34 f.) ist nun vorbei. Die Pflanzen, die jetzt in der Krautschicht des Waldes heranwachsen, blühen und später fruchten, müssen auf andere Weise mit der geringen Lichtintensität ihres Standorts fertigwerden. Die sommergrünen Kräuter des Waldes zeichnen sich entweder durch breite, zarte und durchscheinende Blätter aus, wie beim Springkraut, beim Sauerklee und beim Salomonssiegel (Weißwurz); oder ihr dunkelgrünes Laub zeigt einen besonders hohen Gehalt an Chlorophyll an, wie bei der Goldnessel und beim Bingelkraut. Eine dünne Blatthaut (Cuticula) und zahlreiche Spaltöffnungen erleichtern die Wasserabgabe, die bei der hohen Luftfeuchtigkeit und geringen Luftbewegung im Waldesinnern zur Schwierigkeit wird.

Das Hauptproblem aber stellt die Produktion ausreichender Assimilate (Zucker, Stärke usw.) unter so ungünstigen Lichtbedingungen dar. Was immer wieder ver-

gessen wird: Auch Pflanzen atmen ständig, d.h. sie »verbrennen« die in der Fotosynthese gebildeten organischen Stoffe wieder zu Kohlenstoff und Wasser (wie Tiere und Menschen). Nur bei genügend Licht überwiegt der umgekehrte Prozeß, die Assimilation; nur dann können Reserven gebildet werden, wenn tagsüber mehr assimiliert als nachts veratmet wird. Den Punkt, an dem beide Vorgänge sich die Waage halten, nennt man Kompensationspunkt.
Die Pflanzen der Krautschicht des Waldes können nun ihre Atmung so weit drosseln, daß sie auch noch bei geringen Lichtmengen einen Überschuß von Assimilaten zur Ausbildung von Blüten und Früchten erzielen. Der Kompensationspunkt liegt bei solchen Waldpflanzen besonders niedrig: 1% des Außenlichts beim Tüpfelfarn und Wurmfarn, 0,8% bei Sauerklee, Roter Nachtnelke und Hain-Sternmiere, 0,3% beim Kriechenden Günsel. Außerdem nutzen Waldpflanzen die zeitweise stärkere Beleuchtung auf Sonnenflecken am Waldboden und den erhöhten Gehalt an Kohlendioxid in der bodennahen Luftschicht.
Reichen all diese Möglichkeiten nicht aus, so werden entweder keine Blüten gebildet, oder die Blüten bleiben steril. Die Arten vermehren sich dann nur vegetativ durch Ausläufer, Ableger, Wurzelsprosse und dergleichen, oder sie warten – sofern sie mehrjährig sind, was für die meisten Waldbodenpflanzen zutrifft – auf günstigere Lichtbedingungen, wie sie etwa als Folge eines Wind- oder Schneebruchs auch unter natürlichen Verhältnissen immer wieder auftreten.

⊲ **Platterbse** *(Lathyrus vernus),* Schmetterlingsblütler (Fabaceae), 20–30 cm, IV–V. Blüten in einer Traube angeordnet. Blätter gefiedert. Ähnlich wie beim Lungenkraut findet bei der Platterbse ein Farbwechsel der Blüten statt. Sie sind zuerst rot und wechseln dann später ins Blaue. Buchen,- Eichen- und Nadelmischwälder mit lockerem, nährstoffreichem und kalkhaltigem Boden. Schattenpflanze. Häufig. Die Blüten werden durch Hummeln bestäubt.

◁ **Waldmeister** *(Galium odoratum),* Rötegewächse (Rubiaceae), 10–30 cm, IV–V. Die kleinen, weißen Blüten bilden langgestielte Trugdolden. Blätter länglich und quirlig übereinander angeordnet. Buchen- und Laubmischwälder mit lockerem und humusreichem Boden. Insektenbestäubung; Klettenverbreitung. Getrockneter Waldmeister enthält Cumarin, das stark duftet. Wird oft als Bowlenzusatz verwendet. Eine Überdosierung kann Kopfschmerzen hervorrufen.

△ **Einbeere** *(Paris quadrifolia),* Liliengewächse (Liliaceae), 15–40 cm, V–VI. Am Ende des Stengels sitzt eine kleine grüne Blüte. Aus dieser bildet sich die Frucht, eine blaue Beere. Die meist 4 Blätter sind in einem Quirl angeordnet. Laub-, Auen- und Nadelmischwälder mit nährstoffreichem, feuchtem Ton- oder Lehmboden. Die Bestäubung findet hauptsächlich durch kleine Aasfliegen statt (Fliegen-Täuschblume). In der griechischen Mythologie symbolisiert die Beere den Eris-Apfel. Alte Heilpflanze, die jedoch stark giftig ist.

◁ **Sauerklee** *(Oxalis acetosella),* Sauerkleegewächse (Oxalidaceae), 8–15 cm, IV–V. Die langgestielten, weißen Blüten zeigen eine violette Äderung. Blätter kleeblattförmig. Krautreiche Nadel-, Buchen- und Eichenmischwälder mit humusreichem, mäßig saurem Lehmboden. Schattenpflanze. Recht häufig. Insekten- und Selbstbestäubung; für die Verbreitung der Samen sorgt ein Schleudermechanismus. Alte Heilpflanze; Sauerklee ist reich an Oxalsäure (»Kleesalz«), in großen Mengen verwendet jedoch giftig.

△ **Maiglöckchen** *(Convallaria majalis),* Liliengewächse (Liliaceae), 10–25 cm, V–VI. Die weißen Glockenblüten bilden eine einseitswendige Blütentraube. Stark duftend. Meist 2 große Grundblätter. Gesellig in Buchen- und Eichenwäldern. Insekten- und Selbstbestäubung. Heilpflanze, enthält Harzgifte; schwere Vergiftungen möglich. Regional geschützt.

▷ **Schattenblume** *(Maianthemum bifolium),* Liliengewächse (Liliaceae), 5–15 cm, IV–VI. Blüten weiß und in rispiger Traube angeordnet. 2, seltener 3 große, herzförmige Blätter. Laub- und Nadelwälder mit mulm- und humusreichem Boden. Insektenbestäubung; die Samen werden von Tieren verbreitet, die die Beeren fressen. Zerstreut, aber häufig. Heilpflanze, die wie das Maiglöckchen Herzgifte enthält.

▷ **Vielblütige Weißwurz** *(Polygonatum multiflorum),* Liliengewächse (Liliaceae), 30–70 cm, V–VI. Diese dem Salomonssiegel nah verwandte und ähnliche Art trägt an leicht überhängendem Stiel nicht einzelne, sondern 3–5 Blüten in Bündeln. Die Art ist auf kalkhaltigen Laubwaldböden recht häufig. Die engen, röhrenförmigen Blüten können nur von langrüsseligen Insekten, wie Hummeln, bestäubt werden. Die Blüten sind normalerweise zweigeschlechtig, daneben kommen aber auch eingeschlechtige vor. Alle Weißwurz-Arten enthalten ein auch im Eisenhut und im Maiglöckchen vorkommendes Herzgift.

▷ **Maikäfer** *(Melolontha melolontha).* Der zur Zeit des Laubaustriebes oft in Massen erscheinende Maikäfer ist ähnlich wie der Kuckuck zu einem Symbol des Frühlings geworden (Schokoladenmaikäfer). Kindergeschichten und Lieder sind ihm gewidmet. Seine Entwicklung ist weniger poetisch: Die Engerlinge leben vier Jahre im Boden von Pflanzenwurzeln. Nach einer Puppenruhe von 4–6 Wochen schlüpfen die Käfer und fliegen gezielt Laubbäume an.

Neben Frühblühern und sommergrünen Pflanzen finden wir noch weitere Anpassungen an das Dämmerlicht des Waldes. Oft in tiefem Schatten treffen wir auf Blütenpflanzen, deren Blätter lederartig und dunkelgrün sind, Beispiele hierfür sind der Efeu, die Haselwurz und das Immergrün. Der Schutz einer dicken Haut macht die Blätter zwar weniger lichtdurchlässig, dafür ermöglicht er jedoch Assimilation auch noch im Herbst und sogar im Winter, wenn die Lichtbedingungen besser sind – der Efeu gehört ja auch zu den seltenen Herbstblühern.
Das Waldesdunkel ist auch Standort für eine Reihe von Schmarotzerpflanzen, die auf Chlorophyll und Licht verzichten können, da sie alle Nährstoffe den Wurzeln ihrer Wirtspflanzen entnehmen. Hierzu gehören einige Sommerwurz-Arten und die rosa Schuppenwurz (s. S. 40). Auch die bräunlich-bleiche Nestwurz (s. S. 87) kann noch im dunkelsten Tann blühen, da sie mit einem Pilz zusammenlebt, der ihr die nötigen Nährstoffe liefert. Da Orchideen generell mit Pilzen in Symbiose leben, wundert es nicht, wenn es unter ihnen manche bleichen Waldschmarotzer gibt, wie etwa die Korallenwurz oder der Widerbart.
Auffallend ist die hohe Zahl jener Waldbodenarten (im Eichenwald sind es etwa 80 Arten), die sogenannte Ameisensamen ausbilden. Sie sind gekennzeichnet durch zucker- und eiweißreiche Anhänge, die die Ameisen veranlassen, sie als »Beute« herumzuschleppen und sie irgendwo fallenzulassen, wenn sie die Anhänge abgenagt haben; auf diese Weise werden sie sehr wirksam verbreitet.

Aus dem Nest gefallen?

Man unterscheidet bei den Vögeln zwischen Nesthockern und Nestflüchtern. Nesthocker schlüpfen nackt, blind und sehr hilflos aus den Eiern und werden intensiv von ihren Eltern gepflegt: gefüttert, gewärmt, vor Sonne und Regen geschützt. Dazu gehören die allermeisten Vogelarten, insbesondere alle Singvögel, Spechte, Eulen, Tauben und Greife.

Die Nestlingszeit ist bei den verschiedenen Arten der Nesthocker ganz unterschiedlich lang. Graureiher- oder Storchenjunge bleiben so lange in ihrem hochgelegenen Horst, bis ihre Schwungfedern ausgewachsen sind und ihre Flugmuskulatur kräftig genug ist, daß sie sich beim ersten Start darauf verlassen können; das dauert bei so großen Vögeln immerhin fast 2 Monate (bis 55 Tage). Auch die Jungen vom Mäusebussard sitzen – nach einer Brutdauer von 34 Tagen – noch 40–50 Tage im Nest. Die Altvögel sind bei diesen Arten also runde 3 Monate mit Nestbau, Eiablage, Brut und Brutpflege beschäftigt.

Bei den Kleinvögeln geht das viel schneller. Da ist oft in 2–3 Tagen das Nest fertig, dann wird jeden Tag ein Ei gelegt und meist 14 Tage gebrütet. Die Jungvögel entwickeln sich ebenfalls rasch und sind in der Regel schon nach weiteren 14 Tagen so weit, daß sie das Nest verlassen können. Das bedeutet freilich nicht immer, daß sie auch schon voll flugfähig oder gar selbständig wären. Oft sind Schwung- und Schwanzfedern noch nicht voll ausgewachsen, wenn die Jungen schon herumflattern. Mit ihren Stummelschwänzen sehen junge Drosseln (Amseln) und Meisen ziemlich komisch aus. Die im Gebüsch sitzenden und laut nach Futter schreienden jungen Amseln sind auch von Gewicht und Körpergröße noch weit hinter den Alten zurück.

◁ **Junges Rotkehlchen** *(Erithacus rubecula)*. Rotkehlchen bauen ihr Nest am liebsten in Bodenvertiefungen an Böschungen mit überhängender Vegetation. Es ist so gut versteckt, daß man es kaum findet. Leider ist es aber für am Boden herumschnüffelnde Tiere doch leicht zugänglich, und so werden viele Bruten ein Opfer von Igeln, Ratten, Wieseln, Katzen und Hunden. Auch nach dem Ausfliegen sind die Jungvögel trotz ihrer vorzüglichen Tarnfarbe sehr gefährdet, zumal sie anfangs noch kaum fliegen können.

▽ **Junge Amsel** *(Turdus merula)*. Dieser ehemals reine Waldvogel hat sich in kurzer Zeit an die Umgebung des Menschen angepaßt und gehört heute zu den häufigsten Vögeln der Städte. Hier haben sie meist weniger unter Verfolgern zu leiden als in freier Natur. Viele Amseln überwintern, und die erste Brut findet meist schon im März statt. Die zweite Brut beginnt oft schon 4 Wochen später, während die bereits ausgeflogenen, aber noch recht unbeholfenen Jungen vom Vater gefüttert werden.

Natürlich werden solche Jungvögel leicht das Opfer von Katzen und anderen Liebhabern von zartem Geflügel. Man sollte aber nicht meinen, ein auf dem Boden sitzender und schreiender Jungvogel bedürfe unbedingt unserer Hilfe. Das beste, was wir tun können, ist, ihn auf einen sicheren Ast zu setzen und in Ruhe zu lassen. Die Aufzucht von Jungvögeln ist eine zeitraubende Kunst, die wir besser den Vogeleltern überlassen.

Viele Jungvögel werden auch noch 1–2 Wochen gefüttert, wenn sie schon voll flugfähig sind, so etwa junge Schwalben, die die schwierige Kunst des Insektenfangens im Flug erst lernen müssen; sie gehören übrigens auch zu den ganz wenigen Vogelarten, die nach dem Ausfliegen noch längere Zeit abends wieder zu ihrem Nest zurückkehren. Bei vielen Arten ist der Übergang zur Selbständigkeit fließend, und der Familienverband bleibt noch eine ganze Weile bestehen; dabei lernen die Jungen die Futtersuche, Feindverhalten und vieles mehr. Freilich lernen sie es weniger durch Nachahmung als durch Übung.

◁ **Junge Blaumeise** *(Parus caeruleus)*. Die Blaumeise ist nach der Kohlmeise die häufigste Meisenart, oft auch in Gärten anzutreffen und meist wenig scheu. Im Wettbewerb um Nistgelegenheiten ziehen Blaumeisen gegenüber den kräftigeren Kohlmeisen oft den kürzeren; man kann ihnen deshalb helfen, wenn man Nisthöhlen mit kleinem Flugloch (28 mm) anbringt. Die Verluste unter jungen Blaumeisen sind hoch, was durch die Gelegegröße (10–13, bisweilen 16 Eier) ausgeglichen wird.

▷ **Junger Waldkauz** *(Strix aluco)*. Der Waldkauz ist unsere häufigste Eulenart, er bewohnt sogar städtische Parks und Gärten, nistet in hohlen Bäumen, alten Krähennestern und auch in und an Gebäuden. Im frühen Frühjahr läßt er sein Kuwitt und ein tiefes Huhuhu-u-u-u hören. Seine 2–3 Jungen tragen anfangs ein schimmelig aussehendes helles Dunenkleid. Sie klettern oft schon im Geäst herum, bevor sie fliegen können. Wer so einen »Ästling« auf dem Boden findet, sollte ihn auf den nächsten Ast setzen und den Eltern überlassen.

△ **Höckerschwan** *(Cygnus olor)* **mit Jungen.** Der bei uns so häufige, halbzahme Schwan fehlt in weiten Teilen Süd-, West- und Nordeuropas. Im Winter lebt er gern gesellig, oft in großen Versammlungen und macht ausgiebig von Fütterungen Gebrauch. Im Frühjahr ziehen sich die Paare einzeln in Schilfbestände u. ä. zurück und bauen große Nestburgen, in denen sie ihre 4–6 Jungen erbrüten, die anfangs ein weißlichgraues Dunenkleid, später ein bräunliches Federkleid tragen.

▷ **Stockente** *(Anas platyrhynchos)* **mit Jungen.** Jeder kennt die Männchen (Erpel) mit dem schillernd-grünen Kopf. Manchmal brüten sie mitten in der Stadt, auch entfernt von Gewässern. Oft schon im März/April legt das Weibchen seine 7–12 grünlichen Eier in das mit Bauchfedern weich gepolsterte Nest. Nach dem Schlüpfen folgen die Jungen der Mutter auch über längere Strecken zu Fuß zum nächsten Gewässer. Die Erpel beteiligen sich nicht an der Jungenaufzucht.

Nestflüchter

Immer wieder setzen einen die viele Wege in Erstaunen, mit denen die Natur gleiche Ziele erreicht. Es ist kaum zu verstehen, warum beim Waldkauz nach einer Brutdauer (also Embryonalentwicklungszeit) von 28–30 Tagen ein so unfertiges, nacktes und blindes Wesen zur Welt kommt, während beim Rebhuhn nach 24–25 Tagen ein hellwaches, mit Dunen bekleidetes Junges schlüpft, das sofort herumlaufen und nach Nahrung picken kann. Man nennt solche frühreifen Vogeljungen sehr zutreffend Nestflüchter.

Es liegt auf der Hand, daß zu den Nestflüchtern in erster Linie solche Arten gehören, die am Boden brüten; denn in einem Baumwipfel oder einer Felswand geborene Nestflüchter hätten mehr Nachteile als Vorteile. Ausnahmen gibt es freilich immer, etwa baumbrütende Entenarten, wie die in Baumhöhlen nistende Schellente, deren Junge ihr Leben mit einem halsbrecherischen Sprung in die Tiefe beginnen. Und es gibt auch die umgekehrte Ausnahme: bodenbrütende Nesthocker, wie Feldlerche, Goldammer, Braunkehlchen und viele andere. Darum muß man hinzufügen, daß Nestflüchter hauptsächlich solche Arten sind, die auch später überwiegend am Boden oder auf dem Wasser leben und nicht im Geäst oder in der Luft.

Zu den Nestflüchtern gehören also fast alle Schwimmvögel (Taucher, Gänse, Schwäne, Enten, Säger sowie Rallen), alle hühnerartigen, überwiegend bodenle-

benden Vögel, wie Birkhuhn, Rebhuhn, Fasan, und schließlich die Mitglieder der artenreichen Gruppe der Möwen, Schnepfen, Regenpfeifer und Strandläufer. Interessante Ausnahmen sind felsbrütende Nestflüchterarten, wie die Dreizehenmöwe, deren Junge genauso ausgebildet zur Welt kommen, wie andere Möwenjunge, wegen des lebensgefährlichen Nistplatzes aber brav im Nest hocken bleiben, bis sie fliegen können.

Natürlich bedeutet die relative Lebenstüchtigkeit junger Nestflüchter nicht, daß sie ganz ohne elterliche Hilfe aufwachsen könnten – jedenfalls nicht in freier Natur. Arten mit kompliziertem Jagdverhalten, wie etwa Seeschwalben, die kleine Fische im Sturzflug fangen, füttern ihre Jungen ebensolange, wie Falken- oder Schwalbenjunge gefüttert werden, nämlich bis sie selbst jagen können, das heißt voll flugfähig sind. Aber wie man an jeder Glucke mit Küken beobachten kann, haben es viele Vogeleltern von Nestflüchtern doch viel leichter als die, die ihren völlig hilflosen Kindern jedes bißchen Nahrung fangen, zutragen und hineinstopfen müssen. Allerdings darf man nicht übersehen, daß auch die Jungen von pflanzenfressenden Vogelarten anfangs viel eiweißreiche, tierische Nahrung brauchen, die nicht so leicht zu fangen ist; sie sind deshalb auf die Hilfe der Alten angewiesen.

Auch der Schutz vor Feinden, vor Kälte und Regen ist Aufgabe der Eltern, wenn auch das Dunenkleid der Jungen oft schon allein einen recht wirksamen Schutz vor der Witterung und vor Feinden darstellt. Viele Dunenkleider von Nestflüchtern sind hervorragende Tarntrachten, die in Verbindung mit einem entsprechenden Verhalten die Kleinen beinah unauffindbar machen. Junge Kiebitze etwa drücken sich bei Gefahr – gewarnt durch die Alten – so geschickt und bewegungslos in Bodenvertiefungen, daß sie selbst auf einem kahlen Acker kaum zu finden sind, wobei ihnen freilich ihre hervorragende Schutztracht sehr hilft.

Die meisten Nestflüchter brauchen genausolang bis sie fliegen können, wie Nesthocker der entsprechenden Größe. Eine Ausnahme stellen die Hühnerartigen dar. Wie bei Haushuhnküken, wachsen jungen Rebhühnern und Fasanen die Schwungfedern dem übrigen Gefieder voraus, so daß schon Halbwüchsige kurze Strecken fliegen können (oder wenigstens flattern), was ein wirksamer Schutz gegenüber Bodenfeinden ist.

Wir sind schon beim Feldhasen und dem Wildkaninchen (s. S. 70) dem Begriff Nesthocker und Nestflüchter begegnet. Ein Vorteil der sehr unentwickelt zur Welt kommenden Kaninchen (der »Nesthocker« also) trifft in ähnlicher Weise gerade umgekehrt auch für die Nestflüchter bei den Vögeln zu: Durch seine »Frühgeburt« kann das Kaninchen viel mehr Junge pro Wurf tragen, als der Hase, dessen Jungen schon im Mutterleib viel weiter heranwachsen. Auch Hühner und Enten können sich aufgrund der relativen Selbständigkeit ihrer Jungen viel größere Gelege leisten, als eine Art, bei der die Jungen vollständig gefüttert werden müssen.

△ **Bläßhuhn** *(Fulica atra)* **mit Jungen.** Bläßhühner u. a. Rallen verbinden die Lebensweise der Schwimmvögel mit denen der Hühner. Statt Schwimmhäute tragen sie nur Lappen an den Zehen, mit denen sie ebensogut laufen wie schwimmen können. Die Jungen tragen ein schwarzes Dunenkleid und Rot am Schnabel.

◁ **Haubentaucher** *(Podiceps cristatus)* **mit Jungen.** Haubentaucher brauchen klare, kleinfischreiche Gewässer und sind darum vielerorts selten geworden. Das Nest wird als Schwimmnest auf dem Wasser meist im Schilf gebaut; die 3–5 Eier liegen darin oft feucht. Die Jungen klettern der Mutter zum Aufwärmen gern ins Rückengefieder.

▽ **Lachmöwe** *(Larus ridibundus)* **mit Jungen.** Lachmöwen brüten in Kolonien hauptsächlich im Schilf. Obwohl die Jungen als typische Nestflüchter schlüpfen, bleiben sie recht lange im Nest und werden dort von den Alten versorgt bis sie fast fliegen können.

▽ **Gemischte Feldhecke mit blühenden Schlehen** *(Prunus spinosa).* Hecken sind nicht nur eine Zierde der Landschaft, sondern auch besonders artenreiche Kleinlebensräume. Die Vielfalt der Pflanzen- und Tierarten einer alten Feldhecke hängt damit zusammen, daß sich hier gewissermaßen zwei Großlebensräume begegnen: Wald und Steppe. Tatsächlich findet man hier Pflanzen und Tiere aus beiden Biotopen. Abgesehen von den Gehölzen selbst – zu denen in einer guten Hecke auch verschiedene Baumarten gehören – finden sich in ihrem Schatten auch typische Wald- und Waldrand-Kräuter. Das gleiche gilt für Insekten und Vögel. Der über das bloß Ökonomische weit hinausgehende Nutzen und der landschaftsprägende Wert solcher Hecken kann gar nicht hoch genug eingeschätzt werden. Nach Jahrzehnten der Vernichtung werden neuerdings wieder vermehrt und vom Staat gefördert neue Hecken gepflanzt.

Die lebendige Hecke

Feldhecken sind Lebensgemeinschaften für sich – und höchst artenreiche dazu. Das liegt daran, daß sich hier viele Pflanzen- und Tierarten einfinden, die einerseits der Lebensgemeinschaft des Waldes und andererseits denen des freien Feldes, der Wiesen und Trockenrasen, gelegentlich auch der Heiden und Felslandschaften angehören. Am meisten gleicht die Hecke dem Biotop des Waldrandes.

Es gibt Länder mit einer jahrhundertealten Heckenkultur. Das sind in der Regel Länder mit starken Winden und wenig Wäldern, wie England, Teile der norddeutschen Tiefebene und manche Gegenden in Frankreich. In England, mit seiner wohl ausgeprägtesten, leider jetzt aber zunehmend hinschwindenden Heckenkultur, beurteilt man das Alter einer Hecke nach der Zahl der Gehölzarten, aus denen sie besteht. Jede Art entspricht etwa einem Jahrhundert. Viele englische Hecken setzen sich aus 10 und mehr Gehölzarten zusammen und werden entsprechend auf über 1000 Jahre geschätzt. Die Lebensdauer der einzelnen Gehölzarten ist dabei natürlich viel geringer.

Die wichtigste Heckenpflanze war wohl immer und fast überall im gemäßigten Europa der Weißdorn, der auch Hagedorn heißt, eben wegen seiner guten Eigenschaften als Hag oder Einfriedung. Jahrhunderte dienten sorgfältig gepflanzte, geflochtene und regelmäßig beschnittene Weißdornhecken als dauerhafte und

◁ **Weißdorn** *(Crataegus monogyna),* Rosengewächse (Rosaceae), 1–5 m, V–VI. Dorniger Strauch, dessen weiße, stark duftende Blüten in aufrechten Doldenrispen angeordnet sind. Blätter 3–5lappig. Besonnte Gebüsche, Wald- und Wegränder, an Felsen, aber auch in Laubmischwäldern auf mäßig trockenem, steinigem und kalkhaltigem Lehmboden. Häufig; auch als Heckenpflanze. Die Samen werden durch Vögel verbreitet, die die Früchte fressen. Alte Heilpflanze; enthält herzwirksame Glykoside.

▽ **Rosenkäfer** *(Cetonia aurata)* **auf Weißdorn-Blüten.** Dieser 14–20 mm große, metallisch glänzende Käfer ernährt sich hauptsächlich von den Staubgefäßen verschiedener Blüten, vor allem von Rosen, sowie von ausfließenden Baumsäften. Er kann dadurch gelegentlich schädlich werden. Die Larven leben nicht selten am Rand von Ameisenhaufen, wo sie sich von den Kolonieabfällen ernähren. Nach 2 Jahren verpuppen sie sich in einer kokonartigen Bodenhöhle, überwintern hier als Jungkäfer und schlüpfen im nächsten Frühjahr.

durchaus viehsichere Einfriedungen von Koppeln und Weiden. Heute gibt es den Elektrozaun, und die Hecken verschwinden. Mit ihnen allerdings auch eine wichtige »Vieh-Apotheke«, die man früher wohl zu nutzen wußte.
Es gibt aber auch Hecken, die auf ganz andere Weise entstanden sind. Sie siedelten sich von selbst an den Feldrainen an, wo entweder durch Terrassenpflügen Böschungen zwischen den Feldern entstanden, oder wo die Bauern die aus dem Akker gelesenen Steine am Feldrand zu einem Wall aufgeschüttet hatten. Solche Hecken nennt man auch Wallhecken. In den Juralandschaften herrscht in solchen auf Feldsteinen wachsenden Wallhecken der kalkliebende Schlehdorn vor, der als eine der am frühesten blühenden Gehölzarten noch vor dem Laubaustrieb sich oft wie ein weißes Band durch die erdfarbene Vorfrühlingslandschaft zieht.
In Norddeutschland entstanden Wallhecken auf dem Aushub von Entwässerungsgräben, und da man sie als Windschutz sehr schätzte, hielt man sie ordentlich dicht, indem man alle 3–4 Jahre die herausragenden Äste kappte oder knickte – daher die Bezeichnung »Knick« für eine solche Hecke. Eine Hecke, die nicht gestutzt wird, entwickelt sich zu einer unten immer lückiger werdenden Baumreihe mit Sträuchern, da die sich ansiedelnden Bäume – Wildkirschen, Eschen, Pappeln, Weiden – den niedrigeren Gehölzen das Licht wegnehmen.
Die Zahl der Straucharten, die man in Hecken antreffen kann, ist erstaunlich groß. Neben den genannten (Schlehe und Weißdorn) finden wir Pfaffenhütchen (oder

◁ **Neuntöter** *(Lanius collurio).* Der Neuntöter oder Rotrückenwürger (Foto links Männchen, rechts Weibchen) ist zwar unsere häufigste Würgerart, das besagt aber nicht, daß man ihn auch häufig antrifft. Sein Lebensraum ist abwechslungsreiches Kulturland in wärmeren Gegenden. Das Vorkommen dornenreicher Hecken und einer artenreichen Insektenwelt ist Voraussetzung dafür, daß sich der Neuntöter niederläßt und seinen Nachwuchs erfolgreich hochbringt. Da sowohl Hecken wie Insekten zunehmend ein Opfer moderner Landwirtschaftsmethoden und von Flurbereinigungen werden, ist an vielen Orten ein deutlicher Rückgang oder sogar ein Verschwinden dieses schönen und interessanten Vogels festzustellen. Wie alle Würger, spießt auch der Neuntöter seine Beute gern auf Dornen, um sie bei späterer Gelegenheit zu verzehren.

Spindelstrauch), Kreuzdorn und Hasel, Hundsrose und Brombeere, die mit ihren Ranken alles durchwinden. Dazu kommen je nach Standort Heckenkirsche und Wolliger Schneeball, Holunder und Liguster und sehr häufig der durch Wurzelausschläge sich rasch ausbreitende Hartriegel. Höher ragende Großsträucher und Bäume, wie die Traubenkirsche (deren weiße Blütentrauben im Mai so süß duften), die Eberesche mit den leuchtendroten Vogelbeeren im Herbst, Feldahorn, Hainbuche, Ulme und die oben bereits erwähnten Baumarten treten hinzu.
All diese Gehölze hatten früher jedes ihre Bedeutung als Lieferant spezieller Hölzer, als Heilmittel, als Viehfutter und für viele andere Zwecke. Aus dem zähen Eschenholz machte man Rechenzähne, Heugabeln, Axtgriffe, Sensenstiele; das im Wasser hartwerdende Ulmenholz wurde für Särge, Brunnenstuben und Pumpen verwendet; das sehr zähe und harte Holz der Hainbuche wurde zu Ochsenjochen, Tischlerschlegeln und Metzgerhackblöcken verarbeitet; aus Hartriegelholz waren Spieße und Keile; für Löffel, Kellen, Schalen nahm man das Holz von Feldahorn, Kirsche oder Eiche. Bei komplizierteren Geräten, wie Ochsenkarren, wurde für jedes Teil das dafür am besten geeignete Holz ausgewählt: Rahmen und Deichsel waren aus Esche, die Radnaben aus Ulme, die Felgen aus Esche, die Speichen und die Ladebretter aus Eiche, die Zapfen aus Hainbuche.
Noch größer ist der Artenreichtum im Untergeschoß der Hecke, bei den Stauden und Ein- und Zweijährigen. Man hat die Hecke wegen dieser Artenvielfalt auch als

△ **Goldammer** *(Emberiza citrinella).* Unsere häufigste Ammernart ist in den meisten Gegenden das ganze Jahr über zu beobachten. Sie brütet in dichter Bodenvegetation, häufig an sonnigen Böschungen. Das leuchtend gelb gefärbte Männchen läßt gerne von erhöhter Warte aus sein melancholisches Liedchen hören.

▷ **Berberitze** *(Berberis vulgaris),* Sauerdorngewächse (Berberidaceae), 1–2,5 m, V–VI. Blüten in dichten, hängenden Trauben. Am Grund der Blätter 3teilige Dornen. Hecken und Gebüsche, Waldränder oder lichte Wälder; auf warmem, kalkhaltigem Lehmboden. Reizbare Staubblätter. Heilpflanze; enthält Alkaloide.

▽ **Heckenrose** *(Rosa canina),* Rosengewächse (Rosaceae), 1–3 m, VI–VII. Die schwach duftenden Blüten sind rosarot. Stengel mit hakenförmigen Dornen besetzt. Zahlreiche, oft schwer unterscheidbare Unterarten. Wald- und Wegränder, Weidegebüsch; wärmeliebend. Häufig. Die Hagebutten sind äußerst vitaminhaltig.

»Medizinschrank des Mittelalters« bezeichnet. Hier fanden die Menschen tatsächlich für beinah jedes Leiden ein Kräutchen und dazu noch Wildsalate und Wildgemüse, Küchenkräuter und Gewürze, die immer auch als vorbeugende Heilmittel dienten. Hier können nur einige dieser so vielseitig nützlichen Pflanzen aufgezählt werden. Zum Frühjahrssalat verwendte man die jungen Blätter von Löwenzahn, Hirtentäschel, Vogelmiere, Mauerlattich, Wiesenschaumkraut, Gänsefingerkraut, die jungen Schößlinge von Brombeere, Hopfen und Bärenklau. Knoblauchsrauke, Rainfarn, Gundermann, Beifuß, Thymian, Fenchel und viele andere dienten dem Würzen und verbreiteten angenehme Düfte.
Der Pflanzenvielfalt entspricht der Tierreichtum der Hecke. Hier finden zahllose Insektenarten Nahrung und Wohnung: Hummeln und Wildbienen, Käfer und Falter, Schwebfliegen und viele andere. Vor allem aber bietet die Hecke zahlreichen Vogelarten einen geradezu idealen Lebensraum. Da findet man alle vier heimischen Grasmückenarten, Rotkehlchen und Amsel, Goldammer und Grünling, Gelbspötter und Heckenbraunelle, Rebhuhn und Fasan, Neuntöter und Elster. Sie alle finden reichlich Nahrung – Insekten, Früchte, Sämereien – und das dichte Geäst und Dronengestrüpp bietet ihnen Schutz und Brutmöglichkeit. Manche dieser Vogelarten sind so sehr auf Hecken angewiesen – der Neuntöter, zum Beispiel, und sein größerer Verwandter, der Raubwürger – daß sie verschwinden, wo die Hecken ein

Opfer der Flurbereinigung werden. Auch Rebhuhn und Grasmückenarten werden selten, wo man ihnen Schutz und Nahrung der Hecke entzieht.
Auch für Kleinsäuger bietet die Hecke gute Lebensmöglichkeiten. Vor allem der Igel schätzt die Hecke mit ihrem reichen Tierleben und ihrem Fallaub, in dem er sich im Herbst sein Nest baut. Dazu kommen Spitzmaus und Rötelmaus, Eichhörnchen und Siebenschläfer – die letzteren zumindest als Gäste auf Futtersuche. Wenn wir Glück haben, können wir in der Morgen- oder Abenddämmerung die großäugige Haselmaus im Geäst turnen sehen. Sie liebt solch beerenreiches Gestrüpp, in dem sie auch ihr Kugelnest baut. Leichter gelingt es, die winzige Zwergmaus zu beobachten. Sie liebt grasdurchwachsenes Gebüsch und gehört zu den wenigen tagaktiven Kleinsäugern. Sie ist nochdazu gar nicht scheu und läßt sich bei ihren Kletterkünsten – wobei sie ihren Greifschwanz geschickt als Stütze benützt – durch einen stillen Beobachter gar nicht stören.
Nicht zu vergessen sind schließlich Zauneidechse, Blindschleiche und die scheue Glatt- oder Schlingnatter, die besonders in den auf Feldsteinwällen wachsenden Hecken ideale Lebensmöglichkeiten vorfinden: Die Steine speichern die Wärme und bieten ihnen in ihren Zwischenräumen Schutz, und die vielen Insekten und anderen Kleintiere sorgen für genügend Nahrung.
Neben dieser großen Bedeutung für die Erhaltung so vieler Pflanzen- und Tierarten – darunter einer ganzen Reihe solcher, die als vernichtungsbedroht in den Roten

⊲ **Gewöhnlicher Schneeball** *(Viburnum opulus)*, Geißblattgewächse (Caprifoliaceae), 1–3 m, V–VI. Die kleinen, gelblichweißen Blüten bilden tellerförmige Blütenstände (Trugdolden), die durch einige großblättrige, aber geschlechtslose Randblüten zu einem recht auffälligen Lockmittel für Insekten werden. Die 3lappigen, langgestielten Blätter erinnern an Ahornblätter. Im Gegensatz zum Wolligen Schneeball zieht diese Art feuchte Standorte vor.

◁ **Pfaffenhütchen** *(Euonymus europaeus)*, Spindelstrauchgewächse (Celastraceae), 1–3 m, V–VI. Die weißlichgrünen, kleinen Blüten sind ziemlich unscheinbar, werden aber wegen ihres Nektars gern von Insekten besucht. Der Spindelstrauch, wie man die Art wegen ihres für Spindeln geeigneten Holzes auch nennt, ist ein Gehölz lichter Wälder und Waldränder, kommt aber auch einzeln auf vollsonnigen Böschungen und Rainen vor. (Früchte s. S. 161.)

△ **Schwarzer Holunder** *(Sambucus nigra)*, Geißblattgewächse (Caprifoliaceae), 3–7 m, VI–VII. Wenn die großen, weißen Dolden des Holunders blühen, geht der Frühling zu Ende. Jeder kennt diesen gern in der Nähe des Menschen wachsenden Strauch oder kleinen Baum mit dem schwammigen, weißen Mark, den duftenden Blüten und den glänzend-schwarzen, gesunden Beeren. Auch in Sagen, Märchen und Volksliedern spielt der Holler eine wichtige Rolle, nicht zuletzt als Elfenbaum.

◁ **Gamander-Ehrenpreis** *(Veronica chamaedrys)*, Braunwurzgewächse (Scophulariaceae), 15–30 cm, V–VI. Als Bewohner von Wiesen, Laub- und Mischwäldern, Gebüschen und Wegrändern und als Liebhaber stickstoffreicher, lockerer Böden, trifft man diese Ehrenpreis-Art sehr häufig und oft in flächendeckenden Beständen an. Daß die Blüten lockere, blattachselständige Trauben bilden, kann man nur erkennen, wenn man eine Pflanze aus einem solchen Teppich herauspflückt. Neben dieser Art gibt es eine ganze Reihe weiterer, oft ähnlicher Ehrenpreis-Arten, z. B. den ebenfalls häufigen Persischen Ehrenpreis.

▷ **Kriechender Günsel** *(Ajuga reptans)*, Lippenblütler (Lamiaceae), 15–30 cm, IV–VII. Die blauen, selten rosa oder weißen Blüten wachsen aus den Blattachseln heraus. Die Grundblätter sind rosettenförmig angeordnet. Wiesen und artenreiche Wälder mit frischem, nährstoffreichem und lehmigem Boden. Sehr häufig. Insekten- und Selbstbestäubung; die Samen werden von Ameisen verbreitet. Außerdem dienen kriechende Ausläufer (Name!) der Verbreitung.

▽ **Dorngrasmücke** *(Sylvia communis)*. Wenn auch ihr wissenschaftlicher Name sie als »gewöhnlich« ausweist, so ist sie doch längst nicht so häufig, wie Garten- und Mönchgrasmücke. Sicher wird sie aber auch oft übersehen, denn ihr Gesang ist wenig auffallend und ohne die wohltönenden Passagen der beiden anderen Arten. Das Nest wird niedrig im Gebüsch oder in Brennesselgestrüpp gebaut und enthält 3–6 Eier; 2 Jahresbruten sind die Regel. Auch diese Art verschwindet mit Hecken und Insekten aus unseren Kulturlandschaften.

Listen stehen – kommt den Feldhecken weitreichende ökologische Bedeutung zu. Als Windschutz tragen sie zu einer erheblichen Verbesserung des Kleinklimas bei, insbesondere verhindern sie starke Austrocknung und fördern durch verstärkte Taubildung und Erhaltung des erhöhten, bodennahen Kohlendioxid-Gehalts das Pflanzenwachstum noch in einer Entfernung, die dem 5–10fachen der Heckenhöhe entspricht. Wo der Boden der Gefahr von Winderosion ausgesetzt ist (tuffige Moor- und Sandböden in windreichen Gegenden), sind Hecken oft die einzige Möglichkeit, Schäden großen Ausmaßes zu verhindern.
Große ökologische Bedeutung kommt Feldhecken auch als »Kommunikationssystem« zwischen den verschiedenen Lebensräumen zu. Viele Tier- und Pflanzenarten können die immer größer werdenden »Todesstreifen« der intensiv bewirtschafteten Agrarflächen nicht mehr überwinden; sie werden damit zu Gefangenen inselartiger Biotope. Ein Austausch zwischen Individuen und Arten muß aber stattfinden können, wenn Populationen und Lebensgemeinschaften auf Dauer lebensfähig bleiben sollen. Hecken und andere band- und netzförmige Landschaftsstrukturen (Feldraine, Gräben, Bäche, Wegränder, Böschungen) bieten den Arten die Möglichkeit, zu wandern, miteinander in Beziehung zu treten, sich auszubreiten – kurz: frei zu leben, wie es ihrer Art entspricht. Darum sollten wir um jede noch bestehende Hecke kämpfen und möglichst viel neue anlegen – zum Nutzen der Artenvielfalt und zur Bereicherung der Landschaft.

▷ **Weiße Taubnessel** *(Lamium album)*, Lippenblütler (Lamiaceae), 20–60 cm, IV–IX. Die Pflanze hat ein brennesselartiges Aussehen, besitzt jedoch keine Brennhaare. Unkrautartig verbreitet an Wegen, Zäunen, Mauern, Viehställen und Schuttplätzen auf feuchtem, nährstoffreichem und lockerem Lehmboden. Sehr häufig. Insekten- und Selbstbestäubung; die Samen werden durch Ameisen verbreitet. Alte Heilpflanze; enthält Gerbstoffe und ätherische Öle.

▷ **Gefleckte Taubnessel** *(Lamium maculatum)*, Lippenblütler (Lamiaceae), 30–80 cm, IV–X. Blüten purpurrot und den Blattachseln entwachsend. Blätter langgestielt und oft gefleckt (Name!). Pflanze brennesselartig, jedoch ohne Brennhaare. Unkrautbestände an Ufern, Wegen, Waldrändern, Schutthaufen und in Hekken mit feuchtem, nährstoffreichem und lockerem Ton- oder Lehmboden. Sehr häufig. Blüht oft das ganze Jahr über.

◁ **Feldmaus** *(Microtus arvalis).* Mit Schermaus, Erdmaus und Bisamratte gehört die Feldmaus zu den Wühlmäusen, die sich durch kürzeren Schwanz und stumpfere Schnauze von den Langschwanzmäusen unterscheiden, zu denen unsere Hausmaus gehört. Feldmäuse sind 9–12 cm lang mit einem Schwanz von 3–4,5 cm. Ihr Lebensraum sind Wiesen, Äcker, Kleefelder, Deiche; sie bevorzugen trockenere und wärmere Lagen als die ähnliche Erdmaus. Ihre Gänge verlaufen dicht unter der Erdoberfläche und werden ergänzt durch oberirdische Wechsel; die Wohn- und Vorratskessel liegen etwa 50 cm tief. Zur Nahrung gehören Graswurzeln, Samen (Getreide) und Feldfrüchte.
Das Vermehrungspotential der Art ist phänomenal: Ein Weibchen bringt unter günstigen Bedingungen alle 3–4 Wochen 4–12 Junge zur Welt. Mit 12 Tagen sind die Jungen schon geschlechtsreif und können sich ihrerseits vermehren. Theoretisch könnte auf diese Weise ein Paar innerhalb eines Jahres einen Nachwuchs von mehreren Zehntausend haben.

Mäuse und ihre Jäger

Die Beziehungen zwischen tierischen Jägern (die man auch als »Räuber« bezeichnet) und ihren Beutetieren sind besonders interessant, weil sie ein Licht darauf werfen, wie in der Natur ein heikles Problem gemeistert wird: die Gefahr der Zerstörung der eigenen Lebensgrundlagen durch Übernutzung.
Zu einer ökologischen Gefahr können nur pflanzenfressende Tierarten mit einem hohen Vermehrungspotential werden. Dies trifft in besonderem Maße für bestimmte Insektenarten sowie für Kleinsäuger zu. Wie katastrophal sich eine solche Übernutzung der Vegetation etwa durch Nager auswirken kann, hat die lawinenhafte Vermehrung des in Australien eingeführten europäischen Wildkaninchens gezeigt: Ganze Landstriche wurden durch die Tiere binnen weniger Jahre in Wüste verwandelt. Als man daraufhin den Fuchs als Kaninchenjäger nachholte, erreichte man mit dieser allzu simplen Art »ökologischer Schädlingsbekämpfung« nur, daß heute eine große Zahl australischer Beuteltierarten – die für die Füchse eine viel bequemere, weil »unvorbereitete« Beute waren – vom Aussterben bedroht sind. Die Kaninchenplage kam erst nach dem Auftreten einer tödlichen Seuche zum Stillstand.
Dieses Beispiel zeigt, wie bedeutsam für das stabile (wenn auch stets dynamische) Gleichgewicht einer Lebensgemeinschaft das komplexe Jäger-Beute-System ist. Gerade die häufigsten und damit potentiell gefährlichsten Pflanzenfres-

△ **Turmfalke** *(Falco tinnunculus).* Von den 3 heimischen Falkenarten ist der Turmfalke der kleinste und häufigste; er unterscheidet sich durch rötlichbraunen Rücken und Schwanzbinde. Man sieht ihn oft auf Telefonmasten oder im Rüttelflug über Feldern und Wiesen, wo er hauptsächlich nach Mäusen und größeren Insekten jagt. Er brütet häufig in hohen Gebäuden, oft mitten in der Stadt, aber auch in Felswänden und in alten Krähennestern.

◁ **Feldspitzmaus** *(Crocidura leucodon).* Spitzmäuse gehören mit Igel und Maulwurf zu den Insektenfressern und unterscheiden sich damit grundsätzlich von den zu den Nagern zählenden, vegetarisch lebenden anderen Mäusen. Die Feldspitzmaus ist mit einer Körperlänge von 6,5 bis fast 9 cm (Schwanz 3–4 cm) eine mittelgroße Spitzmaus mit bewimpertem Schwanz. Sie lebt in buschreichem, trockenem Gelände und baut an geschützten Stellen Grasnester. Die Art steht als gefährdet in der Roten Liste.

▷ **Mauswiesel** *(Mustela vulgaris).* Mit einer Körperlänge von 16–23 cm und einer Schwanzlänge von 4–6 cm liegt das Mauswiesel zwischen dem größeren Hermelin und dem kleineren Zwergwiesel. Nur das Hermelin hat eine dunkle Schwanzspitze. Alle 3 Arten können im Winter ein weißes Fell tragen, das Mauswiesel am seltensten. Mit seinem schlanken Körper kriecht es in Mäusegänge und spürt so (Feld-)Mäuse und ihre Brut auf. Trockenes Gelände mit Büschen wird bevorzugt.

▽ **Mäusebussard** *(Buteo buteo).* Von den größeren Greifvögeln ist der Mäusebussard mit Abstand die häufigste Art. Man sieht die stattlichen Vögel oft auf Telefonmasten oder feldangrenzenden Bäumen auf dem Ansitz, wobei ihre recht unterschiedliche Gefiederfärbung auffällt. Häufig sieht man sie auch einzeln oder zu mehreren hoch in der Luft kreisen und hört dann oft den charateristischen Ruf, ein hohes, miauendes Wiejäh. Der Mäusebussard lebt fast ausschließlich von Mäusen.

ser, wie Insekten, Feldmäuse und Kaninchen, haben in ihren natürlichen Lebensgemeinschaften immer eine Vielzahl von Jägern (Feinden). Zu diesen Jägerarten gehören Schlupfwespen und Spinnen ebenso, wie Singvögel, Greife, Eulen und jagende Säugetierarten, von der Spitzmaus und dem Hauswiesel bis zu Fuchs, Luchs und Wolf.
Es gibt viele Untersuchungen über die Zusammenhänge zwischen den Vermehrungszyklen einer Beutetierart und denen ihres Jägers. In Kanada stellte man über viele Jahre hinweg fest, daß das stark schwankende Angebot an Schneehasenfellen in direktem Zusammenhang stand mit dem ebenfalls schwankenden Aufkommen an Luchsfellen: Die Jäger bestimmen offenbar in weit geringerem Maße die Zahl ihrer Beutetiere, als umgekehrt die Menge der Beute die Zahl ihrer Jäger.
So ist bekannt, daß die hauptsächlich von Feldmäusen lebenden Vogelarten, wie Turmfalke, Mäusebussard und Schleiereule, ihre Nachkommenschaft der jährlich schwankenden Mäusezahl anpassen. Ebenso ist es beim Fuchs. Tatsächlich sind die Beziehungen in der Lebensgemeinschaft aber viel komplizierter vernetzt und dadurch erst wirklich stabilisierend: Auf eine Beutetierart machen ja nicht nur immer mehrere Jägerarten Jagd, sondern umgekehrt ernährt sich eine Jägerart auch immer von mehreren Beutetierarten – darunter auch von solchen, die auf die gleiche Beute Jagd machen. Der Steinmarder z. B. jagt nicht nur Feldmäuse, sondern auch Mauswiesel – und er selbst wird gelegentlich das Opfer eines Fuchses.

▷ **Steinmarder** *(Martes foina).* Zur Marderfamilie gehören Dachs, Wiesel, Iltis, Otter und die beiden Marderarten. Vom gelbkehligen Baummarder unterscheidet sich der Steinmarder durch weißlichen und nach den Beinen sich gabelnden Kehlfleck und meist anderen Lebensraum. Man kann ihn auch an Waldrändern (Holzlagerplätzen) finden, im allgemeinen lebt er aber bevorzugt in Steinbrüchen, Gebäuden und oft mitten in der Stadt, wo er sich hauptsächlich von Straßentauben und Ratten ernährt. Als nächtlicher Jäger ist seine Beute ziemlich vielseitig: je nach Lebensraum stehen Mäuse oder Ratten an oberster Stelle, gefolgt von Vögeln, Reptilien, Insekten – auch Kaninchen und Junghasen sind gelegentlich dabei. Seine Vorliebe für Hühner und Brieftauben wird stark übertrieben. Unter mehr als 100 überprüften Steinmardern fand man nur bei dreien Überreste eines Haushuhns. Freilich können sie in einem nachts unverschlossenen Hühnerstall oder Taubenschlag ein Blutbad anrichten, da sie dann mehr töten als sie fressen.

Orchideenzauber

Orchideen gehören mit Lilienartigen, Sauer- und Süßgräsern und wenigen anderen zu der Gruppe der Einkeimblättrigen. Die Orchideenblüte besteht aus 3 äußeren und 3 inneren Hüllblättern. Das mittlere der inneren Blütenblätter ist fast immer besonders groß, besonders geformt und besonders gefärbt, zudem bildet es häufig an seinem Grund einen mit Nektar gefüllten Sporn aus. Man nennt dieses große Blütenblatt Lippe. Es dient in der Regel als Landefläche für Insekten, was bei den meisten Arten nur dadurch möglich ist, daß der blütenstielartige Fruchtknoten die Blüte um 180 ° dreht, da in der Knospe die Lippe noch über der Blüte steht.
Aus der Mitte der Orchideenblüte ragt eine ebenfalls häufig markant gezeichnete Säule, deren oberes Ende durch die männlichen Organe gebildet wird, während der untere Teil die weiblichen Narben und ihre verwachsenen Griffel enthält. Der unterhalb der Blütenhülle stehende, zuerst stielförmige, später kapselartige Fruchtknoten bildet eine Unzahl staubfeiner, winziger Samen aus, die mit dem Wind weit verbreitet werden. Da sie kein Nährgewebe enthalten, kann der Embryo nur dann wachsen, wenn sich nach der Samenkeimung ein Pilz einfindet, der das Keimpflänzchen so lange mit organischen Stoffen versorgt, bis es grüne Blätter gebildet hat, mit denen es sich selbst versorgen kann. Manche Arten behalten die Schmarotzerphase ständig bei.

△ **Weißes Waldvöglein** *(Cephalanthera damasonium),* Orchideengewächse (Orchidaceae), 20–40 cm, V–VI. Diese schlanke, recht hoch aufragende Orchideenart ist in West-, Mittel- und Südeuropa bis England und Südschweden weit verbreitet, dennoch aber nirgends häufig. In der deutschen Roten Liste wird sie als gefährdet aufgeführt; wie alle Orchideen steht sie unter Naturschutz. Das Weiße Waldvöglein kommt in Buchen- und Buchen-Tannen-Wäldern, seltener im Eichenwald vor. Es liebt frische, möglichst kalkreiche, »tätige« Stein- und Lehmböden mit Mullauflage. Es ist ein typisches Schattenpflänzchen, das man kaum in freien, sonnigen Lagen finden wird. Was als Blütenstiel erscheint, ist der langgestreckte, gedrehte Fruchtknoten, der von den Tragblättern kaum überragt wird. Die cremefarbenen Blüten öffnen sich oft kaum und können sich selbst befruchten.
Am gleichen Standort findet man eine auf den ersten Blick ähnliche Orchidee, die Zweiblättrige Waldhyazinthe *(Plantanthera bifolia),* sie hat aber viel kleinere, dafür langgespornte Blüten und 2 kräftige, grundständige Blätter.

◁ **Rotes Waldvöglein** *(Cephalanthera rubra),* Orchideengewächse (Orchidaceae), 20–50 cm, V–VIII. Im Gegensatz zur vorigen Art kann man das Rote Waldvöglein auch in lichten Fichtenmischwäldern und Kiefernwäldern finden, wenn es wohl auch Buchen-Eichen-Wälder bevorzugt. Beide Arten bilden keine Knollen, wie viele andere Orchideen, sondern im lockeren Mull des Waldbodens hinziehende Rhizome, weswegen man sie auch als Wurzelkriecher bezeichnet.
Es ist ein seltenes, aber um so beglückenderes Vergnügen, dieser edlen Pflanze im Wald zu begegnen. Sie erscheint einem in ihrem zarten Purpur wie eine verzauberte Elfe oder kleine Prinzessin aus dem Märchen. Auch diese Art steht unter Naturschutz.

▷ **Frauenschuh** *(Cypripedium calceolus)*, Orchideengewächse (Orchidaceae), 15–50 cm, V–VI. Das große gelbe Lippenblatt der Blüte ist schuhförmig aufgeblasen (Name). Äußere Blütenblätter meist rotbraun und länglich. Laub-, Nadelwälder und Gebüsche mit etwas trockenem und kalkhaltigem Ton- oder Lehmboden. Wärmeliebend, aber im Halbschatten wachsend. Sehr selten und teilweise schon ausgerottet. In Deutschland geschützte Art.
Mit ihrem Durchmesser von bis zu 8 cm ist die Blüte eine der größten der bei uns heimischen Arten. Sie ist außerdem eine Fliegenkesselfalle, die meist von Erdbienen angeflogen wird. Die Insekten stürzen an den glatten Rändern ins Innere des Kessels. Da die Innenwände ebenfalls sehr glatt sind, muß das Insekt eine schmale Öffnung in der Nähe des Lippenansatzes zur Flucht benutzen. Dabei streift es die von anderen Blüten mitgebrachten Pollen an den schleimigen Narben ab und nimmt, bevor es in die Freiheit gelangt, wieder neue Pollen auf. Dies sichert die Fremdbestäubung.

▽ **Nestwurz** *(Neottia nidus-avis)*, Orchideengewächse (Orchidaceae), 15–50 cm, V–VI. Die Pflanze ist gelbbraun und trägt eine vielblütige Ähre. Außer den Blüten sitzen an dem aufrechten Stengel nur noch Schuppenblätter. Die Wurzeln sind wie ein Vogelnest (Name!) verflochten. Zerstreut in Buchen- und Eichenwäldern oder auch in Kiefernmischwäldern mit feuchtem, nährstoffreichem, kalkhaltigem und lockerem Lehmboden. Vorzugsweise an schattigen Plätzen. Insekten- und Selbstbestäubung. Gehört zu den heterotrophen Pflanzen, die, des fehlenden Blattgrüns wegen, nicht mehr in der Lage sind, durch Fotosynthese organische Verbindungen aufzubauen. Mit Hilfe eines Wurzelpilzes nimmt sie die nötigen organischen Stoffe auf. In Deutschland geschützte Art.

Neben der Fortpflanzung durch Samen findet man bei vielen Orchideen eine vegetative Vermehrung und Überwinterung durch Knollen oder Rhizome, deren Form oft den Namen bestimmt hat. (z. B. Knabenkraut, Händelwurz; s. S. 94). Ohne Berücksichtigung von Bastarden, Klein- und Unterarten, gibt es in Mitteleuropa um die 70 Orchideenarten in 28 Gattungen. Alle Arten sind geschützt, viele stehen als gefährdet in den Roten Listen.
Orchideen, die mit weltweit 20 000 Arten zu den artenreichsten Familien der Blütenpflanzen gehören, haben etwas merkwürdig Tierhaftes an sich. Das drückt sich aus in der Tendenz der Blüten zur Innenraumbildung, in der Nachahmung von Tiergestalten und Tierfarben und im Vorkommen heterotropher (also wie Tiere von organischen Stoffen sich nährenden) Arten.
Vom Prinzip des flächigen Blattes weichen Orchideen nicht nur in der Bildung des Nektarsporns ab, sondern auch durch so auffällige Gebilde, wie die pantoffelförmig aufgeblähte Lippe des Frauenschuhs oder der nordeuropäischen Norne. Noch frappanter sind in dieser Hinsicht viele tropische Orchideen. Sie bilden z. T. unglaublich komplizierte Hohlraumsysteme aus, die als Insektenfallen mit technisch hoch entwickelten Reusen und mit der Nachahmung von Sexuallockstoffen der Bestäubung dienen.
Am auffälligsten, gerade auch bei vielen europäischen Orchideen, sind aber Blütengestalten, die eine geradezu gespenstische Ähnlichkeit mit winzigen Männchen, Affen, Masken oder auch mit bestimmten Insekten haben. Allgemein verbreitet sind fleichfarbene Blüten und getigerte Lippen. Zu den Insekten- und Spinnen-Nachahmern gehören vor allem viele Ragwurzarten. Sie haben gewölbte Lippen, die teilweise samtig oder zottig behaart sind und ein Muster tragen, wie der Hinterleib bestimmter Spinnen, Bienen, Hummeln usw. Zusammen mit dem Blütenzentrum und den wie Insektenextremitäten angeordneten weiteren Blütenblättern ähneln sie nicht nur fürs menschliche Auge Insekten. Auch die nachgeahmten Insekten fallen auf die Täuschung herein: beim Versuch, den offensichtlichen Geschlechtspartner zu begatten, besorgen die Männchen die Pollenübertragung von Blüte zu Blüte. Offenbar funktioniert diese Sexverlockung so gut, daß Ragwurzblüten keinen Nektarsporn nötig haben.
Zu den Orchideen mit gnomenartigen Blüten gehören Fratzenorchis, Affenknabenkraut, Riemenzungen-Arten u. a. Der Eindruck entsteht durch armförmige Seitenlappen und einen beinförmig gegabelten, oft sehr langen Mittellappen der Lippe. Die restliche Blüte wirkt wie ein etwas groß geratener, oft helmartiger Kopf, die Säule wie ein Gesicht.
Zu den Orchideenarten, die kein Blattgrün mehr ausbilden und daher bleich-bräunlich bis -violett erscheinen, gehören vor allem Waldbodenarten, die durch ihren dienstbaren Pilz vom Sonnenlicht unabhängig geworden sind. Hierzu zählen Korallenwurz, Nestwurz, Dingel, Widerbart.

Insektenvolk am Tümpel

In aller Ruhe an einem Weiher zu sitzen, den Bewegungen des Windes in den Blättern, den Lichtreflexen auf der Wasserfläche und den fliegenden, krabbelnden und schwimmenden Tieren zuzuschauen, das gehört zu den Erfrischungen des Geistes und der Seele. Noch am kleinsten Tümpel läßt sich unmittelbar die Tatsache erleben, daß Wasser das Element des Lebens ist.
Schon mit dem bloßen Auge lassen sich die vielfältigsten Tier- und Pflanzenarten feststellen – mit dem Mikroskop erlangen wir Zutritt zu weiteren Bereichen großer Artenfülle. Nahe an der Grenze des Sichtbaren sind die zu den Krebsen zählenden Wasserflöhe *(Daphnia)* und Hüpferlinge *(Cyclops),* die im schräg einfallenden Sonnenlicht wie eine goldene Wolke zuckender Staubkörnchen aussehen. Gelegentlich werden wir mit eleganten Wellenbewegungen einen Egel dahinschwimmen sehen. Mit raschem Ruderschlag schießen dicht unter der Wasseroberfläche käferartige, stromlinienförmige Tiere dahin und hängen dann wieder bewegungslos unter der Wasseroberfläche. Schaut man genauer hin, so entdeckt man, daß sie auf dem Rücken schwimmen, weshalb diese zu den Wasserwanzen gehörenden Jäger kleiner Wassertiere auch Rückenschwimmer *(Notonecta)* heißen.
Viel auffälliger, weil auf der Wasserfläche lebend, ist ein entfernter Verwandter des Rückenschwimmers, der allbekannte Wasserläufer *(Gerris).* Mit seinen vier sehr langen hinteren Beinen verteilt er sein Gewicht so geschickt, daß die Oberflächenspannung des Wassers ihn trägt. Wie ein Schlittschuhläufer rennt er über die spiegelnde Fläche und macht oft sogar ziemliche Luftsprünge. Mit dem Nahrungserwerb scheint das nichts zu tun haben, denn Wasserläufer ernähren sich von tierischen und pflanzlichen Abfällen auf der Wasserfläche.
Eine gewisse Ähnlichkeit mit diesen flinken Schlittschuhläufern haben die Teichläufer *(Hydrometra),* die ihren nadelförmig schlanken Körper nicht auf vier langen, sondern auf sechs etwas kürzeren Beinen von der Wasseroberfläche abheben. Sie sind weniger behend und leben mehr im Uferbereich zwischen Wasserpflanzen.
Vom Ufer aus zu beobachten ist auch der Gelbrandkäfer oder eine andere Art dieser großen, schwarzen Schwimm- oder Wasserkäfer, die bis zu 5 cm lang werden können und alle kräftige Jäger sind, die sogar Molche und kleine Fische anfallen. Zu ihnen gehört der klobige Breitrandkäfer *(Dytiscus latissmus),* der Gaukler *(Cybister)* und der seltene Große Kolbenwasserkäfer *(Hydrous).* Die Schwimmkäfer (Dytiscidae) gehören zu den besten Schwimmern unter den wirbellosen Süßwassertieren. Ihr Körper ist perfekt stromlinienförmig und vollständig mit einem öligen Sekret eingefettet. Zwischen Flügeln und Hinterleib sammelt sich die verbrauchte Atemluft zu einer Schwimmblase, die den Käfer schwerelos macht. Die kräftigen Hinterbeine sind durch lange, dichtstehende Schwimmborsten zu sehr wirksamen Rudern umgewandelt, die von den Schwimmkäfern gleichzeitig, von den Wasserkäfern (Hydrophilidae) abwechselnd nach hinten geschlagen werden.

△ **Wasserläufer** *(Gerris sp.).* Die Wanzen, die sich durch stechend-saugende Mundwerkzeuge und unvollständige Verwandlung (ohne Puppenstadium) auszeichnen, haben eine ganze Reihe wasserlebender Vertreter. Zu ihnen gehört auch der leichtfüßige Wasserläufer, der auf der Oberfläche stiller Gewässer lebt. Die 12–16 mm großen Tiere (die Männchen sind kleiner als die Weibchen) leben von kleinen Tieren, die auftauchen oder aufs Wasser fallen. Beine und Körperunterseite sind durch dichtstehende Haare unbenetzbar, und da die Tiere ihr Gewicht mit Hilfe ihrer beiden langen Hinterbeinpaare auf eine große Fläche verteilen, reicht die Oberflächenspannung des Wassers aus, sie zu tragen. Neben voll beflügelten Exemplaren, trifft man auch auf Tiere mit teilweise oder völlig zurückgebildeten Flügeln – nicht zu verwechseln mit den ebenfalls flügellosen Larven. Von den etwa 10 Wasserläuferarten in Mitteleuropa haben manche nur 1 Generation, andere 2 Generationen im Jahr.

◁ **Gelbe, Sumpf-Schwertlilie** *(Iris pseudacorus),* Schwertliliengewächse (Iridaceae), 50–100 cm, V–VI. Die äußeren Hüllblätter der leuchtend gelben Blüte sind innen bräunlich geadert und ohne Haarkamm. Die Blüte wird bis zu 10 cm lang. Die etwa 1 m langen Blätter sind schwertförmig (Name!). Zerstreut in Wald- und Wiesensümpfen, im Verlandungsröhricht, an Gräben und Ufern mit nassem, wenigstens zeitweise überschwemmtem und nährstoffreichem Sumpfhumus-Boden. Licht- und wärmeliebend. Die Samen der Sumpf-Schwertlilie befinden sich in einer speziellen Kapselfrucht, und können schwimmend weithin verbreitet werden. Die Blätter und die kriechenden Wurzelsprosse enthalten giftige Stoffe. Regional geschützte Art.

▷ **Gelbrandkäfer** *(Dytiscus marginalis)*. Durch ▽ perfekte Stromlinienform, Ruderbeine und andere Anpassungen ans Wasserleben erscheint der Gelbrand so sehr ein Wassertier, daß man erstaunt ist, wenn man ihn beim Fliegen entdeckt. Das Laufen allerdings hat er weitgehend verlernt, denn er schlägt mit beiden Ruderbeinen gleichzeitig, und damit kann man gut schwimmen aber schlecht laufen. Die erwachsenen Tiere werden bis fast 4 cm lang. Die Männchen (Foto rechts) haben glatte, die Weibchen gefurchte Flügeldecken. Ähnlich aussehende Schwimmkäfer sind der Gaukler *(Cybister)* und der Breitrand *(Dytiscus latissimus)*.
Bis zu 6 cm groß werden die ebenfalls im Wasser lebenden Larven des Gelbrandkäfers (Foto unten). Wie die Alttiere sind sie schnelle und gefräßige Jäger. Ihre stark abgewandelten Mundwerkzeuge bilden eine hohle Zange, mit der sie ihrer Beute Verdauungssaft einspritzen und sie dann aussaugen. Sie können bis zu 20 Kaulquappen am Tag fressen.

Besonders auffallend sind an stehenden, vor allem pflanzenreichen Gewässern die Libellen. Die rund 80 mitteleuropäischen Libellenarten unterteilt man in Kleinlibellen oder Schlankjungfern (Zygoptera) und Großlibellen oder Drachenfliegen (Anisoptera). Großlibellen halten die Flügel in der Ruhe immer rechtwinklig zum Körper ausgestreckt, während Schlankjungfern sie dachförmig überm Körper zusammenlegen. Sehr auffällig sind die Paarungsflüge der Libellen, bei denen das Männchen mit einer Zange am Hinterleib das Weibchen zwischen Kopf und Brust hält. So fliegen die Paare auch als Tandem umher. Zur Begattung legt das Weibchen sein Hinterleibsende an das knapp hinter der Brust liegende Begattungsorgan des Männchens, das dieses zuvor mit Samen aus seinem Hinterleibsende gefüllt hat.
Schwieriger ist es schon, die vielen im Tümpel lebenden Insektenlarven zu Gesicht zu bekommen. Da muß man in der Regel schon von den Unterwasserpflanzen und von dem alten Laub und Schlamm am Grund des Tümpels etwas in ein Wasserbekken geben und zusehen, was sich tut. Es fängt meist sehr bald an zu krabbeln, wobei manche eher furchterregende Gestalt zum Vorschein kommt: Larven von Libellen, von Schwimm- und Wasserkäfern, von Wasserwanzen, von Eintags-, Schlamm- und Köcherfliegen. Sie sind alle mehr oder weniger schlammfarben und wirklich nicht besonders schön. Die meisten leben als Jäger, einige aber auch von Kleinalgen und organischen Schlammteilchen. Manche sind so gefräßig, daß sie sogar vor kleineren Exemplaren ihrer eigenen Art nicht Halt machen.

▷ **Köcherfliege.** Wie schon der Name sagt, sind bei dieser Insektengruppe (die den Schmetterlingen nahesteht und mit echten Fliegen nicht verwandt ist) ausnahmsweise die Larven (Foto rechts) auffälliger als die erwachsenen Tiere (Foto ganz rechts). Die meisten der etwa 250 mitteleuropäischen Köcherfliegen-Arten bauen als Larven aus verschiedenen, oft aber typischen Materialien einen Köcher, den sie ständig mit sich herumtragen und nie freiwillig verlassen; er schützt ihren weichen Hinterleib und tarnt zugleich. Die Grundsubstanz des Köchers ist ein Gespinst, in dem Steinchen, kleine Schneckengehäuse, Holzstückchen, grüne und abgestorbene Pflanzenteile u. ä. eingebaut werden. Die köchertragenden Larvenarten sind alle Pflanzenfresser und leben überwiegend in ruhigen Gewässern. Andere Arten bauen Reusennetze in strömendem Wasser.
Die Köcherfliegen selber sehen Motten ähnlich. Sie leben nur wenige Tage zum Zweck der Paarung und Eiablage.

Entwicklung der Blaugrünen Mosaikjungfer *(Aeschna cyanea)*. Die Larven der Blaugrünen Mosaikjungfer (Foto links), einer unserer häufigsten Großlibellen, schlüpfen im April/Mai aus den überwinternden Eiern und leben bis zur Verwandlung zum Fluginsekt im Wasser. Die Larvenentwicklung dauert 2–3 Jahre, wobei sich die Larven mehr als 10mal häuten. Die ganz jungen Larven leben von Einzellern, größere Larven lauern zwischen Wasserpflanzen oder im Schlamm auf Beute, die oft größer ist, als sie selbst: Flohkrebse, Wasserasseln, Kaulquappen sogar Molchlarven und Jungfische; die Beute wird auch beschlichen. Zum Zuschlagen dient eine vorstreckbare Fangmaske. Durch Ausstoßen von Wasser können sie sich auch nach dem Prinzip des Düsenantriebs fortbewegen.

Ist die Larve ausgewachsen, kriecht sie an einem Pflanzenstengel aus dem Wasser. Zwischen Larvenhaut und der darinsteckenden Imago bildet sich langsam eine Luftschicht, durch deren Druck die Haut auf dem Rücken der Brust platzt. Aus dem Riß zwängt sich

nach und nach die Libelle. Der Schlüpfakt dauert 1–2 Stunden; noch einmal so lange dauert es, bis Körper und Flügel so erhärtet sind, daß das Tier fliegen kann (Fotoreihe in der Mitte). Die Farben treten erst mit der Zeit auf, sie unterscheiden sich etwas bei Männchen und Weibchen.

Wie die meisten Großlibellen sind auch Mosaikjungfern hervorragende Flieger, die Geschwindigkeiten bis zu 50 km/h erreichen, auf der Stelle stehen, blitzschnell seitwärts und sogar rückwärts fliegen können. Sie jagen andere Fluginsekten und verzehren sie oft im Flug. Das Sehvermögen ihrer fast den ganzen Kopf einnehmenden Augen ist sehr gut. Bei manchen Arten verteidigen die Männchen ein Revier, an dessen Grenzen sie stundenlang patrouillieren und aus dem sie jedes gleichartige Männchen vertreiben.

Libellen gehören zu den ältesten bekannten Insekten, sie haben sich über Jahrmillionen kaum verändert.

▽ **Sonnentaugewächse sind Spezialisten für Insektenfang.** Ihre Blätter sind mit auffallenden Tentakeln besetzt, an deren Spitzen sich Drüsen befinden, die eine klebrige, nach Honig riechende Flüssigkeit absondern. Durch diese Flüssigkeit werden die Opfer, kleine Insekten, angelockt. Wenn sie sich in den klebrigen Tentakeln verfangen haben, beginnen diese sich zur Blattmitte hin zu krümmen. Dies geschieht jedoch sehr langsam, da die Krümmungsbewegung auf einseitigem Wachstum beruht. Die Drüsen der Tentakeln sondern ein eiweißspaltendes Verdauungsferment ab, welches die Zersetzung des Insekts einleitet. Absorptionshaare nehmen das gelöste Eiweiß auf. Die Reizempfindlichkeit für Eiweißstoffe, die für die Krümmungsbewegung der Tentakeln ausschlaggebend ist, kann auch mit Käse- oder Fleischstückchen ausgelöst werden.

▷ **Rundblättriger Sonnentau** *(Drosera rotundifolia)*, Sonnentaugewächse (Droseraceae), 10–20 cm, VII–VIII. Die Blätter sind langgestielt, mit rötlichen Tentakeln besetzt und in einer grundständigen Rosette angeordnet. Am Ende des langen Blütenstengels befindet sich der ährenförmige Blütenwickel. Hochmoore, Flach- und Zwischenmoore, in Torfmoospolstern oder auf nacktem, sandigem Torfuntergrund. Vorzugsweise auf nassem, nährstoff- und kalkarmem, saurem Torfboden. In Trocken- und Wärmegebieten meist fehlend. In der Regel selbstbestäubend. Die nicht häufige Art ist geschützt.

Fallensteller

Fast ein wenig unheimlich sind manche Einrichtungen im Pflanzenreich, wie etwa die Aronstab-Blüte (s. S. 42) mit ihrer geradezu teuflischen Duftfalle. Solche Gestaltungen und Mechanismen entsprechen gar nicht unseren Vorstellungen vom lichthaften Wesen der Pflanze. Es ist merkwürdig, daß die Pflanzen selbst tierhafte Merkmale annehmen, wo sie sich besonders intensiv auf Tiere einlassen. Das gilt für Bestäubungspartnerschaften (Aronstab und Orchideen) und es gilt für die seltenen Fälle, in denen Pflanzen den Spieß umkehren, indem sie Tiere fressen – statt wie üblich selbst gefressen zu werden.

Das Merkwürdige an den fleischfressenden oder tierfangenden Pflanzen ist die Tatsache, daß sie ganz normal mit ihrem Blattgrün Kohlenstoff assimilieren und völlig autotroph – also ohne Zufuhr organischer Stoffe – leben und in aller Regel auch blühen, fruchten und sich vermehren können. Wozu brauchen sie also diese ungewöhnlich Zusatzernährung? Die Frage läßt sich schon ohne genauere Untersuchungen aufgrund zweier Tatsachen beantworten: Zum einen weiß man, daß Tiere besonders reich an Stickstoff und Phosphor sind, und zum andern weiß man, daß manche fleischfressende Pflanzenarten vor allem auf Standorten vorkommen, die besonders arm sind an Stickstoff, Phosphor und anderen für die Pflanze lebenswichtigen Mineralien.

So wächst der schöne Sonnentau insbesondere auf Hochmooren, die extrem nährstoffarm sind. Seltsam ist nur, daß dort auch andere Pflanzenarten wachsen, die ohne die Zusatzernährung mit Insekten auskommen. Und seltsam auch, daß andere insektenfangende Arten, wie das Fettkraut und der Wasserschlauch an Orten vorkommen, die durchaus nicht sonderlich nährstoffarm sind. So lebt der Gemeine Wasserschlauch in eher nährstoffreichen, wenn auch meist kalkarmen Gräben, Tümpeln und Teichen. Das gleiche gilt für die meisten anderen der insgesamt 6 mitteleuropäischen Wasserschlauch-Arten. Nur der Ockergelbe Wasserschlauch *(Utricularia ochroleuca)* zieht ausgesprochen nährstoffarme, kalkfreie, saure Hochmoorschlenken und Moortümpel vor.

Die Wasserschlauch-Arten besitzen den raffiniertesten Fangapparat. Wie viele untergetaucht lebende Wasserpflanzen hat der Wasserschlauch sehr fein zerschlitzte Blätter, an denen hier zahllose (bis 200) Fangblasen oder »Schläuche« sitzen, die bei näherer Betrachtung eine auffallende Ähnlichkeit mit Wasserflöhen haben. Wie diese besitzen sie oberhalb der »Mundöffnung« zwei verästelte »Tentakeln« und einige seitliche Borsten, die hier natürlich nicht der Fortbewegung dienen, sondern eine Art Fangfächer um die Öffnung der Blase bilden. Die Öffnung selbst ist durch eine ventilartige Klappe wasserdicht verschlossen. Auf der Außenseite der Klappe stehen einige Borsten starr nach vorn. Stößt nun ein im Wasser schwimmendes Tierchen (meist sind es Wasserflöhe oder Hüpferlinge) gegen diese Borsten, so öffnet sich die Ventilklappe mit einem Ruck und die vorher elastisch

◁ **Gewöhnliches Fettkraut** *(Pinguicula vulgaris),* Wasserschlauchgewächse (Lentibulariaceae), 5–20 cm, V–VI. Die blauviolette Blüte sitzt einzeln auf dem langen Blütenstengel. Die klebrigen Blätter sind am Rand aufgebogen und in einer grundständigen Rosette angeordnet. Flachmoore, an überrieselten Felsen oder in der Nähe von Quellen auf sickernassem, torfigem Sumpfhumus-Boden oder auch auf etwas kalkhaltigem, nassem Steinboden. Kommt auch in mittleren und höheren Gebirgslagen vor (Alpen bis 1700 m). Vorzugsweise an gut besonnten Plätzen. Selten. Die Bestäubung der Blüten erfolgt durch Bienen. Gehört zu den fleischfressenden (Insekten) Pflanzen. Als Fangvorrichtungen dienen dem Fettkraut seine klebrigen Blätter. Geschützt; vielerorts vom Aussterben bedroht.

nach innen gespannten Wände der Blase wölben sich auf, wodurch ein Sog entsteht, der die Beute mit einem Wasserstrom ins Innere saugt. Danach schließt sich die Klappe sofort wieder. Im Bläschen beginnen nun Drüsen ein Verdauungssekret auszuscheiden, das die Weichteile der Beute auflöst; die gleichen Drüsen nehmen dann später die gelösten Stoffe auf.

Weniger technisch ist die Fangvorrichtung des Sonnentaus und des Fettkrauts. Auf den Sonnentaublättern stehen zahlreiche, an Schneckenfühler erinnernde Tentakeln. Ihre Drüsenköpfchen sondern glitzernde Tröpfchen eines klebrigen, etwas nach Honig duftenden Sekrets ab. Davon werden kleine Fliegen und Mücken angelockt, die um so fester verkleben, je mehr sie sich bemühen, wieder freizukommen. Langsam neigen sich immer mehr Tentakeln über das Insekt und schließlich neigt sich auch noch das ganze Blatt zusammen. Auch beim Fettkraut verläuft der Fangakt ähnlich. In beiden Fällen wird dann ein Verdauungssekret ausgeschieden, das die löslichen Teile der Beute chemisch aufschließt und damit für das Blatt aufnahmefähig macht.

Eine auf feuchten, sandigen Grasplätzen in Carolina (USA) vorkommende Verwandte des Sonnentaus besitzt tellereisenähnlich ausgebildete Blatthälften, die mit erstaunlicher Schnelligkeit zusammenklappen, sowie ein Insekt sich darauf niederläßt. So schnelle Bewegungen, wie die der Venusfliegenfallen *(Dionaea),* beruhen gewöhnlich auf unterschiedlichem Zellsaftdruck.

▽ **Gewöhnlicher Wasserschlauch** *(Utricularia vulgaris),* Wasserschlauchgewächse (Lentibulariaceae), 15–30 cm, VI–VIII. Freischwimmende Pflanze, deren Blätter sich unter Wasser befinden. Sie sind haarfein verästelt und mit 20–200, etwa 4,5 mm langen, blasenartigen Schläuchen besetzt (Foto unten). Die aus dem Wasser ragenden, goldgelben Blüten sind in einer lockeren Traube angeordnet (Foto unten links). In Schwimmpflanzenbeständen stehender oder langsamfließender, kalkarmer, nährstoffreicher und warmer Gewässer, in 10–70 cm Tiefe. Die Bestäubung erfolgt durch Bienen und Schwebfliegen. Fleischfressende Pflanze, die mit ihren Fangblasen (Schläuchen!) hauptsächlich im Wasser lebende Kleinkrebse erbeutet. Die Art ist selten und geschützt.

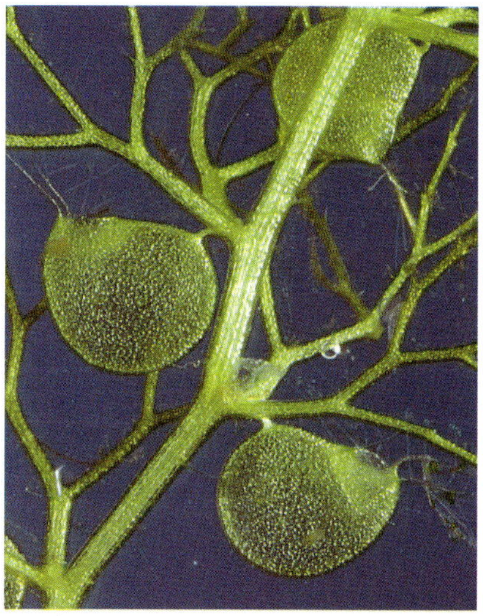

△ **Zittergras** *(Briza media),* Süßgräser (Poaceae), 20–50 cm, V–IX. Die herzförmigen Ährchen der horstigen Pflanze sind 5–9blütig und hängen an langen, geschlängelten Stielen. Die Blattscheiden sind glatt. Magere Wiesen und Weiden mit trockenem, relativ nährstoffarmem und meist lehmigem oder humosem Boden. Ziemlich verbreitet (Alpen bis zu 1900 m). Liebt gut besonnte Plätze. Das Zittergras ist eine gute, aber unergiebige Futterpflanze. Wird auch als Teepflanze oder Ziergras verwendet.

Lebensraum Trockenrasen

Magerwiesen und Trockenrasen sind wegen ihrer lockeren, duftigen Vielblumigkeit in Mode gekommen, seit der grasgrüne Scherrasen am Haus als naturfremd in Verruf geraten ist. Tatsächlich ist die artenreiche Lebensgemeinschaft des Trokkenrasens nicht nur schön, sondern auch interessant – freilich auch nicht so leicht zu erreichen, wie der Normalrasen, und mehr zum Anschauen als zum Betreten.
In Mitteleuropa gibt es außerhalb der Gebirge nur wenige Flächen, die von Natur aus baumlos sind. Es sind im wesentlichen Moore und Trockenrasen. Natürliche Trockenrasen sind hierzulande allerdings sehr selten. Sie kommen nur auf besonders flachgründigen Verwitterungsböden, insbesondere auf Kalk, sowie auf Sandböden vor, wo das Wasser rasch abzieht. Wir finden solche Verhältnisse z. B. in der Schwäbischen Alb, im Fränkischen Jura und in der Umgebung von Mainz (Sand). Die meisten sonstigen baumfreien Inseln mit steppenartiger Vegetation sind durch einschürige Mahd oder Beweiden entstanden oder erweitert worden. Es handelt sich also bei den meisten Felsheiden, Steppenrasen und anderen trockenen Rasengesellschaften heute um Sekundärstandorte, auf denen einst Eichen- oder andere Trockenwälder wuchsen. Daß es sich bei diesen Kalk- oder Silikatmagerrasen und -heiden ursprünglich um Gehölzstandorte handelt, erkennt man daran, daß sich auf ihnen mehr oder weniger rasch trockenliebende Sträucher und Bäume an-

▷ **Trockenrasen** gibt es in den verschiedensten Ausprägungen. Gemeinsam ist ihnen der extreme Standort, an dem Pflanzen oft längere Trockenperioden überstehen müssen. Da schattenspendende Bäume fehlen, schwanken die Temperaturen besonders stark. Die sommerlichen Temperaturmaxima liegen oft doppelt so hoch, wie in benachbarten Laubwäldern, und erreichen nicht selten Werte von über 60 °C. Die meisten hier vorkommenden Pflanzen zeigen entsprechende Anpassungen: niedrigen Wuchs, kleine, schmale, oder eingerollte Blätter mit Behaarung oder Wachsüberzug. Im Gegensatz zu den Wiesen, wo die meisten Arten im Mai/Juni blühen, sind auf vielen Trockenrasen zwei Blühmaxima zu erkennen, ein ganz frühes und eine Hauptblüte im Spätsommer. Trockenrasen gehören in unserem Land zu den bedrohten und seltenen Lebensgemeinschaften. Mit 164 gefährdeten Arten, stehen sie an der Spitze der bedrohten Pflanzenformationen. Unser Bild zeigt einen Kalkrasen auf der Schwäbischen Alb zur blütenarmen Zeit des Frühsommers; im Hintergrund ein Wacholder.

siedeln (z. B. Wacholder, Schlehe, Sandbirke), wenn die Flächen längere Zeit nicht mehr beweidet oder gemäht werden. Kiefern- oder Eichenwälder würden sich im Verlauf der Jahrhunderte einstellen.
Neben den Bodenverhältnissen spielen für die Entstehung von Trockenrasen auch kleinklimatische Bedingungen eine wichtige Rolle. Warme, niederschlagsarme Gegenden sind ein besonderer Schwerpunkt. Auch bei den mitteleuropäischen »Steppen« kann man verschiedene klimatische Bedingungen unterscheiden. Die Trockenheit während der Vegetationsperiode und die großen jahreszeitlichen und täglichen Temperaturunterschiede vieler inneralpiner Felsensteppen (Vintschgau, Aostatal, Wallis), aber auch der Steppenrasen westlich von Mainz oder um Würzburg ähneln den Klimabedingungen der kontinentalen Steppen; man nennt sie daher kontinentale Trockenrasen. Daneben finden wir sogenannte submediterran-subatlantische Trockenrasen unter weniger extremen Klimabedingungen. Hier wachsen besonders wärmeliebende und oft auch frostempfindliche Pflanzen, Gesellschaften, wie man sie an Flaumeichen-Standorten (z. B. am Kaiserstuhl) findet. Schließlich gibt es auf tiefgründigeren Böden verschiedene Formen von Halbtrockenrasen, die stufenlos überleiten zu Mager- und schließlich zu Fettwiesen. Für ihr Bestehen ist ein zunehmendes Maß an Bewirtschaftung erforderlich, wodurch der Artereichtum in der Regel stark zurückgeht.

⊲ **Hopfenklee** *(Medicago lupulina),* Schmetterlingsblütler (Fabaceae), 10–40 cm, V–IX. Blüten in 10–50blütigen, gelben Köpfchen. Blätter 3fach gefingert. In Halbrockenrasen, Äckern oder an Wegen und Dämmen mit mäßig trokkenem, nährstoffreichem, mehr oder weniger humosem Lehmboden.

◁ **Hornklee** *(Lotus corniculatus),* Schmetterlingsblütler (Fabaceae), 5–30 cm, V–IX. Gelbe, oft rot gezeichnete Blüten in doldigen Köpfchen. 5teilige, spitze Blätter. Halbtrockenrasen, Wiesen, Böschungen und Steinbrüche mit warmem, mäßig trockenem, nährstoff- und kalkreichem Lehmboden. Häufig. Die Wurzeln werden bis zu 1 m lang!

△ **Wundklee** *(Anthyllis vulneraria),* Schmetterlingsblütler (Fabaceae), 10–30 cm, V–IX. Köpfchenbildende, gelbe Blüten. – Sonnige Magerrasen, Kiefernhänge, Böschungen und Dämme mit trockenem, kalkhaltigem und lockerem Löß- oder Lehmboden. Heilpflanze.

◁ **Kleines Knabenkraut** *(Orchis morio),* Orchideengewächse (Orchidaceae), 8–35 cm, IV–VI. 4–12 purpurviolette Blüten in einer lockeren Ähre. Blätter länglich zugespitzt, an ihrem Grund den kantigen Stengel umfassend. Auf halbtrockenen, wechselfrischen Magerrasen und -wiesen mit meist kalkhaltigem, aber auch humosem Lehm- oder Tonboden. Geschützt.

◁ **Helm-Orchis** *(Orchis militaris),* Orchideengewächse (Orchidaceae), 25–45 cm, V–VI. Purpurne bis rosarote Blüten in lockerer, reichhaltiger Ähre. Außer der Lippe neigen sich alle Blütenblätter helmförmig zusammen (Name!). Magerrasen, Raine und Böschungen, lichtes Gebüsch mit kalkhaltigem, mäßig trockenem Löß-, Ton- oder Lehmboden, auch in moorigen Wiesen. Geschützt.

◁ **Mücken-Händelwurz** *(Gymnadenia conopsea),* Orchideengewächse (Orchidaceae), 20–60 cm, VI–VIII. Rosarote Blüten in langer, reichhaltiger Ähre; schwach riechend. Wurzelknolle handförmig gelappt (Name!). In Moorwiesen, Magerrasen und lichten Wäldern mit mäßig trockenem bis feuchtem, kalkhaltigem, auch mild humosem Lehm- oder Tonboden. Zerstreut. Geschützt.

▷ **Dornige Hauhechel** *(Onosis spinosa),* Schmetterlingsblütler (Fabaceae), 30–60 cm, VI–IX. Meist 1–3 rosa bis rote, blattachselständige Blüten. Stengel mit Dornen besetzt. Verwechslungsmöglichkeit mit der Kriechenden Hauhechel. Halbtrockenrasen, sonnige Magerweiden, Wege und Böschungen mit trockenem, meist kalkhaltigem oder leicht humosem Lehm- oder Tonboden. Wärmeliebend. Formenreich. Zerstreut.

▷ **Karthäuser-Nelke** *(Dianthus carthusianorum),* Nelkengewächse (Caryophyllaceae), 15–50 cm, VI–IX. Meist mehrere, dicht gedrängte, leuchtend purpurrote Blüten am Ende des kahlen Stengels. Magerrasen, Waldränder und sonnige Hänge mit trockenem, warmem, kalkreichem und lockerem Stein-, Löß- oder Lehmboden. In Nordwest-Europa fehlend. Wärmeliebend. Bestäubung durch Schmetterlinge. Wurde angeblich in den Klöstern der Karthäuser-Mönche angebaut.

▷ **Gemeine Kreuzblume** *(Polygala vulgaris),* Kreuzblumengewächse (Polygalaceae), 5–20 (–30) cm,V–VIII. Blüten meist blau und in lockerer, reichhaltiger Traube angeordnet. Untere Blätter kleiner als obere. Magere Wiesen und Weiden mit mäßig trockenem, saurem, nährstoffarmem und etwas sandigem Boden. Heilpflanze; enthält Saponine.

▷ **Zypressen-Wolfsmilch** *(Euphorbia cyparissias),* Wolfsmilchgewächse (Euphorbiaceae), 15–30 cm, IV–V. Stengel dicht beblättert und Blüten in reichhaltiger Trugdolde. Magerwiesen und -weiden, Wege und Raine mit meist trockenem, vorzugsweise kalkhaltigem und lockerem Lehm- oder Lößboden. Häufig. Führt einen Milchsaft, der das giftige Euphorbin enthält; wird deshalb vom Vieh gemieden. Jedoch einzige Futterpflanze für die Raupen des Wolfsmilchschwärmers.

Die Frage, warum intensiv genutzte Fettwiesen weniger Pflanzenarten je Fläche aufweisen als extensiv genutzte Magerrasen, führt vor allem auf zwei Gründe hin: auf die Düngung und auf die Schnitthäufigkeit. Mit steigender Schnitthäufigkeit werden alle Arten ausgerottet, die nicht zur Samenbildung kommen und kein ausreichendes Ausschlagsvermögen haben. Überleben können nur Arten mit tiefliegenden Ersatzsprossen, vegetativer Vermehrung, unterirdischen Speicherorganen und sehr rascher Samenbildung (Beispiel Löwenzahn). Durch vermehrte Düngung werden solche Arten gefördert (vor allem Gräser), die dadurch stark ins Blatt und in die Höhe gehen und andere Arten unterdrücken. Manche Arten (z. B. Orchideen) vertragen selbst keinerlei Dünger.

Trockenrasen-Gesellschaften zeichnen sich demgegenüber durch lockeren, oft lückigen Bewuchs aus. Man kann im wesentlichen zwei verschiedene, hauptsächlich von den Bodenverhältnissen abhängige Gesellschaften unterscheiden: Sandrasen- und Felsgrasfluren sowie Steppen- und Trespenrasen. Charakterarten der Sandrasen sind Kleines Habichtskraut, Ausdauernder Knäuel, Scharfer Mauerpfeffer, Wiesenklee, Frühlingsehrenpreis. Charakterarten der Trespenrasen sind Kopflauch, Hügelmeister, Frühlingssegge, Feld-Mannstreu, Zypressenwolfsmilch, Sichelklee, Große Braunelle, Wiesensalbei, Aufrechter Ziest, Bergklee.

Besonders auffällig sind die Unterschiede zwischen Trockenrasen auf Kalk- und Silikatböden. Im allgemeinen findet man auf Kalkstandorten die bei weitem größere Artenvielfalt. Allein die Zahl der Orchideen ist außergewöhnlich. Hier finden wir:

Große Händelwurz, Honigorchis, Fliegen-, Hummeln-, Spinnen- und Bienen-Ragwurz, Brandorchis, Helm-, Affen- und Spitzorchis, Riemenzunge und manch andere Art. Als besonders auffällige Blumen dieses Standorts seien erwähnt: Nickendes Leimkraut, Karthäusernelke, Steinkraut, Gänsekresse, Hauhechel, Sichelklee, Wundklee, Schopf-Kreuzblume, Sonnenröschen, Deutscher Enzian, Rauher, Gefranster, Frühlings- und Kreuz-Enzian, Ziest, Wiesensalbei, die schmarotzende Sommerwurz, Teufelskralle, Büschelglockenblume, und viele andere.
Nicht minder charakteristisch sind die auf Sand- und Silikatverwitterungs-Böden anzutreffenden Gräser und Blumen, wenn auch hier der Artenreichtum deutlich geringer ist. Zu den wichtigsten und auffälligsten Arten gehören: Dreizahn, Rotes Straußgras, Steppen-Lieschgras und Sand-Lieschgras, Hasensegge, Hainsimse, Herbst-Wendelorchis, Weißzüngel, Kleines Knabenkraut, Grüne Hohlzunge, Pechnelke, Heidenelke, Mauerpfeffer, Silber-Fingerkraut, Gewöhnliche Kreuzblume, Bärwurz, Feldenzian, Sandglöckchen und andere.
Schließlich gibt es eine ganze Reihe von Arten, die in Trockenrasen auf verschiedenem Untergrund vorkommen, also nicht ausgesprochen an Kalk oder Urgestein gebunden sind. Hierzu gehören: Aufrechte Trespe, Zittergras, Borstgras, Schafschwingel, Bleiche Segge, Graslilie, Frühlings-Adonisröschen, Küchenschelle, Knöllchen-Steinbrech und Finger-Steinbrech, Fingerkraut, Kleiner Wiesenknopf, Deutscher Ginster, Färberginster, Flügelginster und Stechginster, Hopfenklee, Hornklee und Hasenklee, Kronwicke, Spitzkiel, Esparsette, Zypressenwolfsmilch, Moschus-Malve, Johanniskraut, Tausendgüldenkraut, Labkraut, Thymian, Skabiose, Rundblättrige Glockenblume, Kleines Habichtskraut.
Genauso artenreich wie die Flora des Trockenrasens ist seine Fauna. Vor allem Insektenarten trifft man hier in ungewöhnlich großen Zahlen an. An sonnigen Tagen schwirrt und summt es hier nur so, und ungewöhnliche Schmetterlinge gaukeln über die duftenden, blühenden Flächen. Bei den Fluginsekten überwiegen bei weitem die Zweiflügler, also Fliegen und Mücken. Dies trifft sowohl für die Individuenals auch für die Artenzahl zu. Nahe der Bodenoberfläche herrschen die Käfer vor, ebenfalls in erheblicher Artenzahl, dafür aber weniger individuenreich. Das oft farbenfrohe, aber gelegentlich penetrant stinkende Volk der Blattwanzen findet man überwiegend in der Krautschicht. Der große Artenreichtum der Hautflügler, mit Bienen, Wespen, Schlupfwespen und vielen anderen, verteilt sich auf die Blüten- und Blattregion ebenso wie auf die bodennahen Bereiche der Trockenwiese. Natürlich fehlt es auch nicht an räuberischen Spinnen und Milben.
Da die extensive Nutzung der Trockenrasen durch Beweidung oder einmalige Mahd wirtschaftlich wenig reizvoll ist, stellt sich vielerorts die Frage, wie diese landschaftlich und unter dem Aspekt des Artenschutzes besonders wertvollen Flächen erhalten werden können, da gleichzeitig ein Druck zur Aufforstung oder Freizeitnutzung besteht. Mancherorts werden solche Trockenrasen von Naturschutzorganisationen gepflegt, sei es durch Mahd, Beweidung oder Entbuschung.

△△ **Bunte Kronwicke** *(Coronilla varia)*, Schmetterlingsblütler (Fabaceae), 30–130 cm, VI–IX. Die 10–20 hellrosa Einzelblüten stehen zu kleinen Dolden zusammen. Die langen Fiederblättchen tragen 11–25 Fiedern. Die wärmeliebende Kronwicke kommt auf Halbtrockenrasen, in trockenen Gebüschen und an Wegrändern vor; giftig.

△ **Scharfer Mauerpfeffer** *(Sedum acre)*, Dickblattgewächse (Crassulaceae), 5–15 cm, VI–VII. Die niedrig kriechende Fetthenne kommt an Mauern, Felsen, auf Sandtrockenrasen und an Straßenrändern vor, und bildet hier meist kleine Teppiche. Die dicken Blätter stehen dicht in 6 Reihen und schmecken scharf.

◁ **Gewöhnlicher Thymian** *(Thymus pulegioides)*, Lippenblütler (Lamiaceae), 5–25 cm, V–X. Auch dieser, niedrige Büschel bildende Thymian duftet aromatisch, wenn auch nicht so kräftig wie andere Arten der Gattung. Er kommt an warmen, trockenen Orten mit lockerem Boden vor.

▷ **Wachtelweizen-Scheckenfalter** *(Mellieta athalia)* **bei der Paarung.** Die Gruppe der Scheckenfalter gehört zu unserer größten Tagfalterfamilie, den Nymphaliden. Man zählt 2 Gattungen mit 18 einander sehr ähnlichen Arten zu den Scheckenfaltern; alle sind oberseits reich schwarz-braun gescheckt. Eine der häufigsten ist die abgebildete Art, die in Mitteleuropa in einer ausgedehnten Generation von Mai bis August überall zu finden ist, in den Alpen bis über 2000 m. Die Art ist überaus veränderlich in Größe, Schwarzzeichnung und Grundfärbung; von ähnlichen, verwandten Arten ist sie nur schwer (oft nur durch anatomische Merkmale) zu unterscheiden.
Die stark glänzenden, blaßgelben Eier werden in Haufen an der Blattunterseite von Wachtelweizen, Wegerich und anderen Kräutern abgelegt. Die schwarzen Raupen mit weißen Punkten und gelbgrünen Wärzchen tragen gelbbraune Scheindornen und sind dunkel behaart. Die halberwachsenen Raupen überwintern in einem gemeinsamen Gespinst.

▷ **Gewöhnliches Blutströpfchen** *(Zygaena filipendula).* Wegen ihrer keulenförmigen, geschwungenen Fühler nennt man die etwa 30 Angehörigen dieser Familie auch Widderchen. Es sind mittelgroße Falter mit langen, schmalen Vorder- und verhältnismäßig kleinen Hinterflügeln; letztere sind bei unserer Art rot mit blauem Saum. Alle Widderchen halten sich häufig auf Blüten auf, sind wenig scheu und lassen sich bei Störung oft zu Boden fallen. In der Ruhe legen sie die Flügel dachförmig zurück. Die Raupen fressen an Schmetterlingsblütlern; sie überwintern 1–2 mal.

▷▷ **Gewöhnlicher Heufalter** *(Colias hyale).* Die gelben Heufalter gehören zur Familie der Weißlinge. Diese Art nennt man wegen der Zeichnung auf den Hinterflügeln auch Goldene Acht. Sie tritt in 2–3 Generationen im Jahr auf. Flugzeit hauptsächlich Mai/Juni (Heuzeit). Die Raupen leben an verschiedenen Schmetterlingsblütlern. In Mitteleuropa 5–6 Arten, darunter die sehr ähnliche *C. australis.*

▷ **Hauhechel-Bläuling** *(Polyommatus icarus).* Zur Familie der Bläulinge gehören in Mitteleuropa etwa 45 oft schwer unterscheidbare Arten. Es sind kleine bis mittelgroße Tagfalter mit meist blauer, manchmal schillernder Flügeloberseite bei den Männchen (Foto rechts) und hellerer, zierlich gefleckter Flügelunterseite (Foto ganz rechts). Die hauptsächlich an Schmetterlingsblütlern lebenden Raupen haben bei manchen Arten interessante Beziehungen zu Ameisen, was im Zusammenhang steht mit ihren »Honigdrüsen«; manche werden von Ameisen gefüttert oder fressen Ameisenbrut.
Der Hauhechel-Bläuling ist mit einer Spannweite von 25 mm ein kleiner Falter. Nur das Männchen ist oberseits blau mit schwarzem Flügelsaum und weißen Fransen. Die Weibchen sind oberseits braun (wie bei den meisten Bläulingen) mit wenigen orangen und blauen Flecken. Die Art kommt häufig auf Grasland vor, bildet 3 Generationen und fliegt den ganzen Sommer über.

»Nur« Gras

Viele Menschen merken Ende Mai, Anfang Juni auf recht unangenehme Art, daß es »Heuzeit« ist: sie bekommen Heuschnupfen. Der eigentliche Grund für diese Allergie ist freilich weniger die Heuernte als vielmehr der in großen Mengen vom Wind verbreitete Blütenstaub der jetzt blühenden Gräser.
An der Bestimmung von Gräsern ist schon mancher botanisch Interessierte verzweifelt. Das liegt zum einen an der großen Artenzahl. Mit über 200 Arten ist die Familie der Süßgräser nach der Familie der Korbblütler (mit rund 330 Arten) die zweitgrößte Familie der heimischen Blütenpflanzen. Noch hinderlicher aber ist gewiß die Tatsache, daß Gräser in zwei der wichtigsten Erkennungsmerkmale ausgesprochen unansehnlich und wenig gestaltreich sind: Die Blüten sind als typische Windblüten so klein und unscheinbar, daß man sie meist nur in der Gesamtheit des ähren- oder rispenförmigen Blütenstandes wahrnimmt. Tatsächlich besitzen sie auch nur noch Staubblätter und Narben, die noch dazu hinter einem als Spelze bezeichneten Tragblatt ziemlich versteckt sind; Kelch- und Kronblätter fehlen. Und auch die Blätter der Gräser sind ausgesprochen »phantasielos«, wenn man sie mit dem Formenreichtum der Blätter der Zweikeimblättrigen vergleicht.
Unter den einkeimblättrigen Pflanzen sind die »Gräser« im weiteren Sinne in jeder Hinsicht die beherrschende, artenreichste Gruppe. Man kann sie ganz grob in

△ **Deutsches Weidelgras** *(Lolium perenne)*, Süßgräser (Poaceae), 10–60 cm, V–X. Dieses für die Landwirtschaft bedeutsame Gras heißt auch Englisches Raygras. Neben seinem guten Futterwert ist es auch sehr trittfest und daher für Sportplätze und Rasen geeignet.

⊲ **Wiesen-Rispengras** *(Poa pratensis)*, Süßgräser (Poaceae), 10–80 cm, V–VI. Dieses mehrjährige, graugrüne Gras bildet lange Ausläufer. Neben seinem Anbau als Futtergras wird es auch für Sportplätze und Rasen verwendet.

◁ **Knäuelgras** *(Dactylis glomerata)*, Süßgräser, (Poacea), 40–140 cm, V–VI. Ein landwirtschaftlich wichtiges, mehrjähriges Gras, das unkultiviert große Horste bildet. Es wird auch zur Befestigung von Straßenböschungen und Bahndämmen angesät. Kommt auch im Wald vor.

▽ **Wiesen-Lieschgras** *(Phleum pratense)*, Süßgräser (Poaceae), 20–100 cm, VI–VIII. Ein mehrjähriges, horstbildendes Gras mit kolbenförmigen Ähren und hohem Futterwert.

Sauergräser (mit Binsen und Riedgräsern) und Süßgräser unterteilen; hier sollen uns nur die letzteren interessieren. Neben den Holzgewächsen haben die Süßgräser für die Vegetation der Erde die größte Bedeutung. Man denke nur an die riesigen Prärien, Grassteppen, Savannen und Tundren, in denen Gräser mit ihrem weitverzweigten Wurzelsystem, mit ihrer Widerstandsfähigkeit gegen Wind, Kälte und Trockenheit und mit ihrer großen vegetativen Kraft landschaftsprägend und wichtigste Ernährungsbasis für die Tierwelt sind.
Auch für die menschliche Ernährung und damit als entscheidende Kulturgrundlage spielen die unscheinbaren Gräser von altersher eine hervorragende Rolle. Das hängt einmal damit zusammen, daß Grassamen die für die menschliche Ernährung notwendigen Kohlenhydrate (Stärke) und Eiweißstoffe in dem besonders günstigen Verhältnis von etwa 6:1 enthalten. Gräser wurden damit zum Ausgangsmaterial für alle Getreidearten von denen die Menschheit lebt: Weizen, Roggen, Gerste, Hafer, Reis, Mais, Hirse und andere. Zum andern bildet Gras (trotz zunehmender Verfütterung hochwertiger Kraftfutter) immer noch als unentbehrliches Rauhfutter die Grundlage jeder Viehzucht.
Die meisten Gräser sind ausdauernde Pflanzen, die dicht am Boden überwintern und schon bei geringen Temperaturen (also oft auch unter der Schneedecke, s. S. 12) assimilieren können.

▷ **Kartoffel** *(Solanum tuberosum)* **in Blüte.** Je nach Sorte blühen Kartoffeln weiß oder rosaviolett. In der Fruchtfolge wird die Kartoffel als Vorfrucht für Getreide und Rüben wegen ihrer bodenlockernden Eigenschaft sehr geschätzt. Als Vorfrucht für die Kartoffel eignen sich Stickstoffsammler, wie Luzerne und Klee. Um Kartoffelkrankheiten und -schädlinge zu vermeiden, sollten sie nur alle 4 Jahre auf derselben Fläche angebaut werden.

▽ **Früchte der Kartoffel.** Die kleinen, grünen Tomaten ähnlichen Beerenfrüchte der Kartoffelpflanze enthalten Solanin und sind schwach giftig. Die allein der Ernährung dienenden, stärkereichen Knollen sind keine Wurzelbildungen, sondern unterirdische Sproßknollen, die der vegetativen Vermehrung dienen.

Im Kartoffelfeld

Der weltweit verbreiteten Familie der Nachtschattengewächse verdanken wir wichtige Arzneipflanzen, wie Tollkirsche *(Atropa)*, Bilsenkraut *(Hyposcyamus)* und Stechapfel *(Datura)*, zahlreiche Zierpflanzen, wie Giftbeere *(Nicandra)*, Lampionpflanze *(Physalis)*, Bocksdorn *(Lycium)* und Petunie *(Petunia)*, Gewürzpflanzen, wie Cayennepfeffer oder Paprika *(Capsicum)* und schließlich so wichtige Kulturpflanzen, wie Aubergine *(Solanum melongena)*, Tomate *(S. lycopersicum)* und die Kartoffel *(S. tuberosum)*.

Die Kartoffel, von der es zahllose Sorten gibt, gedeiht besonders gut in nährstoffreichen, neutralen bis schwach sauren, sandig-lehmigen Böden in mäßig feuchten, aber nicht zu kühlen Lagen. Anfang Mai werden die Saatkartoffeln in 10–15 cm tiefe Furchen im Abstand von 30–40 cm gelegt; zwischen den Furchen, die anschließend zugeschüttet und Ende Mai angehäufelt werden, wird ein Abstand von 60 cm eingehalten.

Kartoffel und Tomate sind beides alte Kulturpflanzen der mittel- und südamerikanischen Indianerkulturen, die schon bald nach der Entdeckung der Neuen Welt nach Europa kamen. Während die Kartoffel rasch zu einem Hauptnahrungsmittel der westlichen Welt wurde, galt die Tomate lange Zeit nur als Zierpflanze (Liebesapfel) und kam erst im vorigen Jahrhundert als Gemüse in Gebrauch.

▷ **Kartoffelkäfer** *(Leptinotarsa decemlineata).* Wie viele Blattkäfer, ist auch dieser unangenehme Schädling ein besonders schönes Insekt. Die Käfer der letzten Generation überwintern tief im Boden. Im Frühsommer legen sie ihre gelben Eier auf die Blattunterseite der Kartoffelpflanzen.

▷ **Larve des Kartoffelkäfers.** Die ebenso gefräßigen wie raschwüchsigen Kartoffelkäfer-Larven können erhebliche Schäden anrichten. Sie verwandeln sich noch im selben Jahr zu Käfern, die sofort für die nächste Generation sorgen; so kann es zu 2–3 Generationen im Jahr kommen.

Futterpflanzen und Gründüngung

Unsere Landschaften werden großräumig durch die Landwirtschaft geprägt. Ein großer Teil der landwirtschaftlich genutzten Flächen ist Ackerland (um 1970 waren es in der Bundesrepublik Deutschland durchschnittlich rund 55%); der Rest besteht überwiegend aus Wiesen und Weiden, sogenanntem Dauergrünland. Der Ackeranteil wächst aber ständig, da bei dieser intensiveren Form der Nutzung höhere Erträge zu erzielen sind – freilich unter Einsatz von sehr viel mehr Energie, Technik und Chemie.

Zu den wichtigsten Feldfrüchten, die in Mitteleuropa angebaut werden, gehören die Getreidearten (Weizen, Roggen, Gerste, Hafer – s. S. 121 f.) sowie in großem und immer noch wachsendem Maße Mais. Zu den wichtigsten »Hackfrüchten« (die allerdings im Zeitalter der chemischen Unkrautvernichtung nicht mehr gehackt, sondern gespritzt werden) gehören Kartoffeln (s. S. 99) und Rüben (s. S. 103). Neben diesen Hauptkulturen werden als Vor-, Nach- oder Zwischenfrucht Ackerbohnen, Raps und Rübsen, Klee, Luzerne und Gras (auch im Gemenge) angebaut, teils als Futter, teils als Gründüngung.

Was ist Gründüngung und welchen Zwecken dient sie? Im Grunde ist Gründüngung eine Art Flächenkompostierung. Es werden für diesen Zweck vor allem solche Pflanzen angebaut, die in kurzer Zeit viel organische Substanz (Grünmasse

△ **Raps** *(Brassica napus)*, Kreuzblütler (Cruciferae). ◁ Ein blühendes Rapsfeld (links) ist ein überwältigender Eindruck. Die sehr nahe Verwandtschaft zur Kohlrübe (beide gehören derselben Art an) sieht man dieser eher zierlichen Pflanze kaum an (oben). Charakteristisch für die ganze Gruppe der Kohl- und Senfarten sind aber Form und Farbe der Blüten: Um Raps, Rübse, Senf und ihre vielen Zuchtsorten auseinanderzuhalten, muß man schon genauer hinschauen. Raps wird zum Teil als Zwischenfrucht zur Gründüngung und als Grünfutter angebaut, teils als Hauptfrucht, wobei dann die in den Schoten enthaltenen schwarzen Samen zur Ölgewinnung geerntet werden. Blühende Rapsfelder liefern reichlich Bienenhonig.

△ **Ackersenf** *(Sinapsis arvensis),* Kreuzblütler (Cruciferae). Nicht wenige unter den zahlreichen gelbblühenden Kreuzblütlern sehen sich sehr ähnlich. So steht der eher als Unkraut zu bezeichnende Ackersenf in der selben Gattung wie der Weiße Senf *(S. alba),* der zur Gründüngung, als Futterpflanze und zur Senf-Gewinnung gebaut wird. Der Schwarze Senf *(Brassica nigra)* hingegen ist näher mit dem Raps verwandt.

▷ **Wiesenklee** *(Trifolium pratense),* Schmetterlingsblütler (Papilionaceae). Unter den vielen Kleeartigen, die in der Landwirtschaft verwendet werden (Weißklee, Inkarnatklee, Alexandrinerklee, Perserklee, Gelbklee, Hornschotenklee, Bastardklee) spielt der Rot- oder Wiesenklee eine besondere Rolle, da er nicht nur (wie andere Leguminosen) Stickstoff in den Boden bringt und für eine gute Bodenbedeckung sorgt, sondern außerdem noch soviel oberirdische Grünmasse produziert, daß der viehhaltende Bauer davon reichlich Futter gewinnen kann. Klee wird oder wurde gerne als Untersaat ins Getreide angebaut, wo er dem Getreide als Bodenbedecker und Stickstoffsammler dient, während er nach der Getreideernte rasch Grünfutter produziert. Nur einen Nachteil hat der Rotklee: er ist mit sich selbst schlecht verträglich, d.h. leidet unter Pilzkrankheiten, wenn man ihn öfter als alle 5–8 Jahre auf derselben Fläche anbaut.

◁ **Luzerne** *(Medicago sativa),* Schmetterlingsblütler (Papilionacea). Diese alte Kulturpflanze ist eng verwandt mit den gelbblühenden Sichel-, Hopfen- und Schneckenklee. Wie die meisten Leguminosen oder Hülsenfrüchtler, vermag die Luzerne mit Hilfe von Knöllchenbakterien in ihren Wurzeln Luftstickstoff zu binden. Pro Hektar können dadurch bis 200 kg Reinstickstoff gewonnen werden. Eine weitere wichtige Eigenschaft der Luzerne ist ihre bis 2 m tief reichende Wurzel, die den Boden aufschließt und lockert. Allerdings muß man sie zu diesem Zweck wenigstens 3 Jahre wachsen lassen, wobei die oberirdischen Teile aber als Grünfutter verwendet werden können.

und Wurzeln) hervorbringen, möglichst in ihrem Wurzelbereich Luftstickstoff sammeln, mit ihren Wurzeln den Boden gut lockern und aufschließen und mit ihren Blättern die Bodenoberfläche gegen Austrocknung und Verschlämmung schützen (»Schattengare«). Nach einer gewissen Zeit wird der Pflanzenbestand entweder gemulcht (zerschlagen und oberflächlich liegengelassen) oder untergepflügt. Häufig wird auch die Grünmasse verfüttert und nur der Rest eingearbeitet.
Das Hauptziel der Gründüngung ist die Bodenverbesserung durch Humusbildung. Denn wie im Waldboden und wie im Komposthaufen des Gartens wird die in den Boden gebrachte organische Substanz unter geeigneten Bedingungen rasch von den Bodenorganismen zersetzt und teilweise in Humus verwandelt. Humus aber – erkennbar am typischen Erdgeruch und an der dunklen Farbe – ist für die Bodenstruktur der entscheidende Faktor: Er lockert schwere und bindet zu leichte Böden, er sorgt durch Krümelbildung für ein günstiges Verhältnis von wasserführenden Feinporen und luftführenden Grobporen und schafft dadurch die besten physikalischen und biologischen Bedingungen für eine Aufnahme der Niederschläge und für das Pflanzenwachstum. Gleichzeitig ist Humus eine milde, stetig fließende Nährstoffquelle, der die Pflanzen alle wichtigen Mineralstoffe und Spurenelemente entnehmen können.
Da eine einzige Pflanzenart in der Regel nicht alle Eigenschaften besitzt, die der Landwirt von seiner Zwischenfrucht erwartet (s. o.), werden häufig mehrere Gründüngungspflanzen gemeinsam angebaut. So haben nur die Leguminosen oder Hülsenfrüchtler die Fähigkeit, Luftstickstoff in größeren Mengen mit Hilfe von Wurzelsymbionten (Knöllchenbakterien) zu binden. Dazu gehören Ackerbohne, Wikke, Erbse, Luzerne und Klee. Mit solchen Gründüngungspflanzen können pro Hektar bis 200 kg Reinstickstoff gewonnen werden, der sonst teuer und umweltbelastend aus der Fabrik bezogen werden muß. Andere Pflanzen werden wegen ihrer reichen oder tiefen Durchwurzelung geschätzt. So reichen die Wurzeln von Rotklee, Lupine und Ölrettich 1,5 bis 2 m tief und verbessern damit die Wasser- und Mineralstoffnachfuhr aus der Tiefe. Andere Arten, wie Senf und Hafer, bilden besonders viele Feinwurzeln aus. Die nah verwandten Senf, Raps und Rübsen schützen außerdem rasch mit ihrem Laub den Boden vor Sonne und Regen und unterdrücken gleichzeitig das Aufkommen unerwünschter Wildkäuter, so daß spätere Unkrautbekämpfung unnötig ist oder reduziert werden kann. Durch ihr Senföl wirken diese Pflanzen auch krankheits- und schädlingsbekämpfend, sofern anschließend nicht wieder Kohlgewächse als Hauptfrucht angebaut werden.
Damit haben wir eine weitere Bedeutung des Anbaus von Zwischenfrüchten angesprochen: den Fruchtwechsel. Wenn auf einer Fläche Jahr für Jahr die gleiche Frucht angebaut wird, so treten – bei manchen Früchten sehr bald, bei anderen erst nach einigen Jahren – Ertragsminderungen, Krankheiten und Schädlinge auf. Das beruht zum Teil auf der einseitigen Beanspruchung der Nährstoffe und Spurenelemente des Bodens, zum andern auf einer »Kultivierung« artspezifischer

Krankheiten und Schädlinge. Zusätzlich muß in vielen Fällen aber auch mit einer Ansammlung wachstumshemmender Stoffe gerechnet werden, die von lebenden oder abgestorbenen Wurzeln ausgeschieden werden. In Dauerkulturen, wie Obst, kennt man diese Erscheinung als »Bodenmüdigkeit«. All das ist ein Hinweis auf die große Bedeutung der positiven wie negativen Beeinflussung zwischen verschiedenen Pflanzenarten am selben Standort: In natürlichen Pflanzengesellschaften treten entsprechende Phänomene entweder nicht auf, oder sie führen solange zu einem Wechsel des Artenspektrums (Sukzession), bis eine dauerhafte Lebensgemeinschaft (Klimax) gefunden wurde.

Den Nachteilen landwirtschaftlicher Monokulturen begegnet man schon seit Jahrtausenden durch Fruchtwechsel. In der klassischen Dreifelderwirtschaft folgte nach einer Hackfrucht eine Getreideart und als drittes Glied eine oft mehrjährige Brache, ggf. mit Grünlandnutzung (Weide). Heute geht die Entwicklung in zwei entgegengesetzte Richtungen. Im (viehlosen) Intensivanbau wird oft jahrelang nur noch Mais oder Getreide oder Rüben angebaut, allenfalls wechselt man zwischen zwei Früchten. Entsprechend negative Auswirkungen auf den Boden versucht man mit steigendem Einsatz von Mineraldüngern, Spritzmitteln und mechanischer Bodenbearbeitung wettzumachen. Im ökologischen Landbau dagegen wurde das Prinzip aufgrund wissenschaftlicher Erkenntnisse und praktischer Erfahrungen sehr weit ausgebaut, so daß vielfach 6–12gliedrige Fruchtfolgen die Regel sind.

Mais *(Zea mays)*, Süßgräser (Gramineae). Ein Maisfeld (Foto links) macht in seiner gewaltigen, grünen Pracht einen ausgesprochen tropischen Eindruck. Tatsächlich ist Mais eine tropische Pflanze, die ebenso wie Kartoffel und Tomate (s. S. 99) aus Mittelamerika stammt, wo sie den Indianern seit Urzeiten eine der wichtigsten Nutzpflanzen ist. In Mitteleuropa ist der Mais erst in den letzten 20 Jahren zu einer Hauptfutterpflanze geworden, deren Anbau allerdings erhebliche ökologische Probleme mit sich bringt.

Die Maisblüten (Foto oben) sind getrenntgeschlechtig. An der Sproßspitze sitzen die männlichen Blüten, die ihren Pollen dem Wind anvertrauen. Die weiblichen Blüten sitzen in großer Zahl in einem von Blättern umhüllten Blütenstand, der später zum Kolben (Foto unten) heranreift; nur die langen Narben hängen als gelbrötliches Haarbüschel aus der Blätterhülle, um den Pollen aufzufangen.

Im konventionell wirtschaftenden Mischbetrieb (mit Viehhaltung) bietet der Anbau von Gründüngungspflanzen eine gute Möglichkeit, die Fruchtfolge der Hauptfutterpflanzen (Mais und Weizen) zu bereichern und dabei noch Grünfutter zu bekommen oder sogar stärke- und eiweißreiche Produkte, wie Ackerbohnen und Sonnenblumen, die fast den gleichen Futterwert haben wie Mais. Da in viehhaltenden Betrieben ohnehin ein Teil der Nährstoffe und der organischen Substanz in Form von Mist und Jauche (heute meist Gülle) wieder auf die Felder kommt, tritt hier die Düngefunktion hinter den vielen anderen positiven Auswirkungen des Fruchtwechsels zurück.

Entscheidend für die Wahl der Gründüngungspflanzen ist auch die zur Verfügung stehende Kulturzeit. Bei kurzer Kulturzeit (z. B. Vor- oder Nachfrucht) kommen nur raschwachsende Arten, wie Gelbsenf und Ölrettich, in Frage. Die stickstoffsammelnden Leguminosen dagegen brauchen länger: Erbsen, Wicken und Ackerbohnen beginnen erst nach der Blüte richtig Stickstoff zu binden, Kleeuntersaaten im Getreide erst nach Ernte der Hauptfrucht. Die Luzerne und andere Tiefwurzler entfalten ihre beste Wirkung erst nach 2–3 Jahren.

Sehr wichtig für Maß und Geschwindigkeit der Verrottung ist die Art, wie die Grünmasse in den Boden gebracht wird. Bei zu tiefem Unterpflügen setzen Faulprozesse ein, die den Abbau verlangsamen und für Folgekulturen sehr schädlich sind.

Besonders bei schweren Böden muß daher darauf geachtet werden, daß die Gründüngung nur ganz oberflächlich eingearbeitet wird, und die neue Kultur keinesfalls früher als nach 2–3 Wochen in den Boden kommt, da die Abbauprozesse anfangs alles andere als pflanzenverträglich sind.

Von den Kulturpflanzen bedarf der Mais besonderer Erwähnung. Schon im 16. Jahrhundert kam der Mais nach Europa, wurde zunächst aber nur in den Mittelmeerländern angebaut, teils als Nahrungsmittel (Polenta), teils als Futterpflanze für Schweine und Geflügel. In Mitteleuropa begann der Siegeszug des Maises erst innerhalb der letzten 20 Jahre. Teils wird die ganze Pflanze mitsamt den Kolben zerkleinert und als Silofutter einem Gärungsprozeß unterworfen, teils werden nur die Körner mit dem Mähdrescher geerntet. Wegen seines hohen Eiweißgehaltes ist Mais ein konzentriertes Mastfutter.

Für die Böden und die Umwelt ist der Anbau von Mais allerdings sehr belastend. Da Mais als frostempfindliche Pflanze meist erst Mitte Mai gesät werden kann, und die weit auseinanderliegenden Reihen erst nach Wochen soweit sind, daß der nackte, von schweren Maschinen ohnehin verdichtete Boden vom Laub einigermaßen bedeckt und geschützt wird, kommt es zu weiteren Bodenverdichtungen und Verschlämmungen und selbst in leichten Hanglagen zu Erosion und Abschwemmung. All dies wird gefördert durch die erhebliche Unkrautempfindlichkeit des Maises: Mit chemischen Mitteln wird alles natürliche Grün so gründlich ausgerottet, daß der Boden nicht einmal den Schutz dieser Pflanzen genießt. Der außerordentlich hohe Nährstoffbedarf dieser Kulturpflanze erfordert hohe Gaben leichtlöslichen Stickstoffs, der zum erheblichen Teil in Grund- und Oberflächengewässer transportiert wird. In vielen Gegenden hat die Nitratbelastung des Trinkwassers die amtlich erlaubte Grenze von 50 mg pro Liter weit überstiegen. Eine zu hohe tägliche Nitratdosis verursacht bei Kleinkindern die oft tödlich verlaufende Blausucht und bewirkt bei Erwachsenen unspezifische Störungen und über die Bildung von Nitrosaminen Krebs.

Die Futterrübe war, ehe sie vom Mais verdrängt wurde, lange Zeit das wichtigste Kraftfutter in der deutschen Landwirtschaft. Als Hackfrucht war sie allerdings sehr arbeitsaufwendig. Zu dicht stehende Jungpflanzen mußten mit der Handhacke verzogen werden, dann mußte Unkraut gehackt werden und schließlich war auch die Ernte im Herbst – zuerst müssen die Blätter abgeschnitten und abtransportiert werden bevor die Rüben gerodet werden können – eine mühselige und zeitraubende Sache. Beim Mais lassen sich alle Arbeitsgänge leichter mechanisieren.

Die Zuckerrübe wurde erst im Lauf des 19. Jahrhunderts züchterisch so verbessert, daß sie zum Konkurrenten des Zuckerrohrs werden konnte. Inzwischen hat man einen Zuckergehalt von 20% erreicht, was bei Erträgen von 500 dz/ha einer Zuckerausbeute von 100 dz/ha entspricht.

Futterrübe und Zuckerrübe *(Beta vulgaris)*, Gänsefußgewächse (Chenopodiaceae). Manche Wildpflanzenarten sind die Stammeltern einer großen Zahl von Nutzpflanzen. So konnten im Lauf der Zeit aus der eher unscheinbaren, mediterranen und atlantischen Strandpflanze *Beta vulgaris maritima* so verschiedene Kulturpflanzen entwickelt werden, wie die Runkel- oder Futterrübe, die Rote Rübe (Rote Bete), die Zuckerrübe und der Mangold. (Überhaupt nicht verwandt mit diesen Rübenarten ist die Kohl- oder Steckrübe, die der noch fruchtbaren Gattung *Brassica* mit Raps und sämtlichen Kohlarten angehört; s. S. 100 f.) Alle Rüben brauchen beste Böden und viel Dünger. Als sogenannte Hackfrüchte machen sie viel Arbeit. Schon auf dem Feld kann man die beiden hier abgebildeten Rübenarten gut unterscheiden: Die dicke, rotgelbe Futterrübe (Foto oben) ragt meist weit aus dem Boden, die schlankere, weißliche Zuckerrübe (Foto unten) wächst dagegen fast ganz im Boden. Statt Futterrüben wird heute Mais angebaut.

Die Wegrand-Apotheke im Sommer

Es ist kein Zufall, daß so viele Heilpflanzen an Wegrändern vorkommen. Das hat heute vor allem damit zu tun, daß die intensive Nutzung der Fläche durch Land- und Forstwirtschaft nicht mehr viel Platz läßt für wildwachsende Kräuter. Früher waren sowohl die Äcker (hauptsächlich für einjährige Kräuter) als auch die kräuterreichen Wiesen Standorte für viele Heilpflanzen, ganz zu schweigen von den vielen extensiv genutzten Weiden (Hutungen), Feldrainen, Hecken usw., die das ganze Land mit einem Netz verschiedenstartiger Standorte überzogen.
Sehr viele Heilpflanzen bevorzugen sonnige Lagen und nährstoffarme Böden. Unter solchen Bedingungen bilden sich ätherische Öle (s. S. 32f.) und andere Wirkstoffe besonders reich und kräftig aus – wie jeder weiß, der Küchenkräuter im Garten hat und den duftenden Kräuterreichtum steiniger Sonnenhänge besonders der Gebirge und der Mittelmeerländer kennt. Und Weg- und Straßenränder entsprechen in unseren Landschaften solchen Standorten oft noch am meisten, was leider den Nachteil hat, daß die dort wachsenden Pflanzen durch Autoabgase, Reifenabrieb und Staub oft für Heilzwecke nicht mehr brauchbar sind.
Von den hier abgebildeten Heilpflanzen wird durchwegs das Laub gesammelt, entweder nur die Blätter, oder das ganze Kraut mit oder ohne Blüten. Auch das ist kein Zufall, da von den meisten Heilpflanzen die Blätter verwendet werden – aus denen man in der Regel Tees bereitet. Es gibt daneben aber eine ganze Reihe von Heilpflanzen, deren Wirkstoffe (s. S. 32f.) ausschließlich oder am konzentriertesten in anderen Organen vorkommen. Neben den Blättern sind es vor allem die Wurzeln, die vielfach verwendet werden; so etwa von Baldrian, Beinwell, Bibernelle, Engelwurz, Hauhechel, Kalmus, Klette, Schlüsselblume und Wegwarte. An den alten Volksnamen erkennt man häufig, daß die Menschen früher offenbar viel mehr, als wir das heute tun, die Wurzeln und andere unterirdische Organe der Pflanzen auch als wesentliches Gestaltmerkmal mitberücksichtigt haben. Viele Pflanzennamen enden auf -wurz und andere beziehen sich in anderer Weise auf unterirdische Organe, worauf wir schon beim Knabenkraut hinwiesen (s. S. 86f.).
An dritter Stelle steht wohl die Blüte in ihrer Bedeutung als wirkstofftragendes Organ. Bei vielen Pflanzen wird, wie gesagt, das blühende Kraut gesammelt; von den hier abgebildeten bei allen bis auf Brennessel, Frauenmantel und Spitzwegerich. Daneben gibt es Heilpflanzenarten, von denen ausschließlich die Blüten gesammelt werden: Arnika, Holunder, Kamille, Linde, Malve, Taubnessel und andere.
Schließlich seien noch jene Arten erwähnt, bei denen man vorzugsweise die Früchte sammelt, z. B. von Hagebutte, Hopfen, Sanddorn, Wacholder und Weißdorn, und jene Holzgewächse, deren Rinde als Heilmittel Verwendung findet, wie Eiche und Faulbaum.
Entsprechend den zu sammelnden Pflanzenteilen sind bei den meisten Arten bestimmte Entwicklungsstadien, bzw. Jahreszeiten bei der Ernte einzuhalten. Für

△ **Odermennig** *(Agrimonia eupatoria)*, Rosengewächse (Rosaceae), 30–130 cm, VI–VIII. Die gelben Blüten sind in langen Trauben angeordnet und erblühen von unten nach oben. Die Art kommt an Waldrändern und Hecken, an Rainen und in mageren Wiesen und Weiden vor und liebt lockere, nöhrstoffreiche und etwas trokkene Böden. Bildet Kletten zur Verbreitung der Samen aus. Das im Juni oder Juli gesammelte und getrocknete Kraut wirkt dank seiner Gerbstoffe gegen Durchfall und dank seiner Bitterstoffe gegen Magen- und Darmbeschwerden.

◁ **Große Brennessel** *(Urtica dioica)*, Nesselgewächse (Urticaceae), 60–150 cm, VI–VII. Der wissenschaftliche Artname weist darauf hin, daß es männliche und weibliche Pflanzen gibt; die hängenden Blütenstände mit den unscheinbaren Blüten sehen jedoch in beiden Fällen ähnlich aus. Windbestäubung. Die zur Blütezeit gesammelten Blätter regen als Tee den gesamten Körperstoffwechsel an.

△ **Wiesensalbei** *(Slavia pratensia),* Lippenblütler (Lamiaceae), 20–60 cm, V–VIII. Salbei kommt nur an kalkhaltigen, sonnig-warmen Standorten vor, dann aber oft in großer Zahl. Seine Wurzeln reichen bis zu 1 m tief. Im Gegensatz zum mediterranen Gartensalbei *(S. officinalis)* ist unsere Art weder Heil- noch Gewürzpflanze.

▷ **Wiesenschafgarbe** *(Achillea millefolium).* Korbblütler (Asteraceae), 15–50 cm, VI–IX. Die aromatisch riechende Pflanze mit den weißen oder rosa Blütendolden kommt an den verschiedensten Standorten vor, nur nicht an sehr feuchten. Sie ist reich an ätherischen Ölen, Bitterstoffen und Kalium und dient als Magenmittel, zur Appetitanregung und bei Darm-Gallen-Beschwerden. Gesammelt und getrocknet wird das ganze blühende Kraut.

▷ **Wegwarte** *(Cichorium intybus),* Korbblütler (Asteraceae), 30–100 cm, VII–IX. Das überirdische Blau ihrer Blüten steht in krassem Gegensatz zur Zähigkeit der übrigen Pflanze, die sich mit mächtiger Wurzel in die härtesten Böden gräbt, sich immer wieder plattfahren läßt und dennoch blüht. Aus ihren gerösteten Wurzeln macht man Zichorienkaffee, der die Verdauung günstig beeinflußt. Chicorée und Endivien sind Abkömmlinge der Wegwarte.

▷ **Wiesen-Augentrost** *(Euphrasia rostkoviana),* Braunwurzgewächse (Scrophulariaceae), 5–20 (–30) cm, V–X. Die einjährige Pflanze kommt als Halbschmarotzer auf Wiesen und Halbtrockenrasen, aber auch in lichten Wäldern, meist auf kalkfreien Böden vor. Sie enthält das für Insekten giftige Aucubin. Der Tee mit etwas Salz ist heilsam bei Bindehautentzündung und anderen Augenleiden

▷ **Gewöhnliches Stiefmütterchen** *(Viola tricolor),* Veilchengewächse (Violaceae), 5–20 cm, V–IX. Als ein- bis zweijähriges Kraut nicht besonders häufig an grasigen Hängen, Böschungen, Wegrainen auf nährstoffreichen Böden. Heilwirkung vor allem bei Kindern: Milchschorf, Ekzeme und andere Hautkrankheiten.

Wurzeln gilt im allgemeinen der Herbst als die günstigste Jahreszeit, wenn die Pflanzen viele Reservestoffe für die Überwinterung in ihren unterirdischen Organen gespeichert haben. Auch die meisten Früchte müssen im Herbst gesammelt werden – bevor sie die Vögel gefressen haben.

Die Blätter von Heilpflanzen sollten gepflückt werden, wenn sie noch jung, aber schon voll entfaltet sind. Das gleiche gilt für Blüten, die rasch an Wert verlieren, sobald sie bestäubt sind. Entsprechend sammelt man ganze Kräuter (ohne Wurzeln) zu Beginn der Blütezeit. Bei Blättern und Blüten spielt auch die Tageszeit eine Rolle. Am besten ist es, die Kräuter am frühen Vormittag zu sammeln, wenn die nächtliche Feuchtigkeit schon verdunstet ist, die Tageshitze aber noch nicht die ätherischen Stoffe ausgetrieben hat. Bei feuchtem Wetter sollte man nie sammeln, da die Pflanzen sonst leicht schwarz werden oder schimmeln und damit vollständig ihren Wert verlieren.

Getrocknet werden soll grundsätzlich nur an einem warmen, luftigen und schattigen Ort. Auf dem Speicher oder unterm Dach eines Schuppens ist der beste Platz. Ganze Kräuter hängt man in nicht zu großen Sträußen auf, Blätter und Blüten streut man lose auf Zeitungspapier oder noch besser auf hängende Gitter oder Roste. Sobald sie vollständig trocken sind, werden sie in Kartons oder Stoffsäckchen aufbewahrt. Pflanzen, die ihr Aroma verlieren, bewahrt man besser in Blechschachteln oder Weckgläsern auf.

Wurzeln sollte man grundsätzlich nur von ausgesprochen häufigen Pflanzen sammeln. Da es sich in den meisten Fällen um besonders kräftige Wurzeln handelt, tut man gut daran, sie nach dem Sammeln zunächst gründlich zu waschen (was man bei anderen Pflanzenteilen nie tun soll) und sie dann entweder längs oder quer mehrfach zu zerteilen, damit sie rascher trocknen und nicht schimmeln.
Neben den getrockneten Pflanzenteilen können auch verschiedenartige Auszüge aufbewahrt werden; am beliebten Johanniskraut-Öl sei dies kurz geschildert: Auf einen halben Liter Olivenöl nimmt man 25 Gramm frisches Kraut und Blüten von gerade erblühten Pflanzen. Den zerkleinerten Pflanzenteilen setzt man das Öl zu, mischt und füllt in ein Schraubglas und überläßt das Ganze offen und unter gelegentlichem Umrühren an einem warmen Ort der Gärung. Wenn diese nach 3–5 Tagen beendet ist, verschließt man das Glas und setzt es so lange der Sonne aus, bis das Öl eine leuchtend rote Farbe angenommen hat. Das dauert einige Wochen. Dann wird das Flüssige vom Festen abgesiebt und das Öl von möglicherweise vorhandenem Wasser abgegossen, in ein gut schließendes Glasgefäß abgefüllt und aufbewahrt. Das Öl wird hauptsächlich äußerlich als Einreibung bei Rheuma, Hexenschuß, zur Wundheilung sowie bei Verstauchungen und Blutergüssen angewendet, kann aber auch innerlich zur Verbesserung von Verdauung, Kreislauf und Niedergeschlagenheit genommen werden. Neben solchen Ölauszügen werden vor allem alkoholische Auszüge gemacht.

△ **Spitzwegerich** *(Plantago lanceolata)*, Wegerichgewächse (Plantaginaceae), 5–50 cm, V–IX. Häufig in Wiesen, an Weg- und Waldrändern auf tiefgründigen, sandigen Lehmböden. Dank der Schleimstoffe sind die Blätter ein gutes Hustenmittel, das man als Tee oder Sirup zu sich nimmt. Bei empfindlichen Bronchien-Lungen empfehlen sich wochenlange Kuren.

△ **Frauenmantel** *(Alchemilla vulgaris)*, Rosengewächse (Rosaceae), 15–50 cm, V–IX. Häufig auf Wiesen mit etwas feuchtem, kalkarmen Lehmboden. Heilmittel gegen Frauenleiden.

◁ **Johanniskraut** *(Hypericum perforatum)*, Hartheugewächse (Hypericaceae), 30–60 cm, VI–IX. An sonnigen Wald-, Gebüsch- und Wegrändern auf Böden aller Art. In den Blüten das rote, kristallisierte Hypericin. Wichtige Heilpflanze: Das blühende Kraut wird getrocknet oder in Öl gelegt. Der Tee regt Drüsen an, wirkt beruhigend und antidepressiv. Das Öl wird bei Rheuma und zur Wundheilung eingerieben.

Biene an Blüten. Rund 80% aller Blütenpflanzen in Mitteleuropa sind auf die Pollenübertragung (Bestäubung) durch Insekten angewiesen. Zur Anlockung dient der eiweißreiche Pollen selbst (der den Bienen vor allem als Larvenfutter dient) sowie bei vielen Arten eine zuckerreiche Absonderung der Blüte, die man als Nektar bezeichnet. Meist ist der Nektar in der Tiefe der Blüte (oft in einem Sporn) so versteckt, daß der Blütenbesucher möglichst sicher mit den Staubgefäßen und den weiblichen Narben in Berührung kommt. Beim Wiesensalbei (Fotos unten) senkt sich das hebelartige Staubblatt durch die Belastung des Insekts auf dessen Rücken. Durch ihre starke Körperbehaarung ist die Honigbiene zur Pollenübertragung besonders geeignet. Die wechselseitigen Anpassungen zwischen Blüte und Insekt gehören zu den großen und schönsten Naturwundern. Um 1 kg Nektar (der durch Bearbeitung zu Honig wird) zu sammeln, sind rund 75000 Blütenbesuche nötig.

Das kleinste und wundersamste Haustier – die Honigbiene

Die Bienen gehören mit den Wespen im weiteren Sinne und den Ameisen zu der großen Insektenordnung der Hautflügler, die im Gegensatz zu den zweiflügeligen Fliegen und Mücken vier durchsichtige Flügel tragen. Es gibt in Mitteleuropa rund 560 wildlebende Bienenarten, darunter etwa 40 staatenbildende. Alle Bienen, ob solitär oder staatenbildend, ernähren sich und ihre Larven mit Pollen und Nektar, sind also reine Vegetarier – im Gegensatz zu den Wespen, deren Larven ausschließlich mit Fleisch gefüttert werden.

Die Honigbiene wird in Mitteleuropa und in vielen anderen Teilen der Alten Welt schon seit Jahrhunderten als Haustier gehalten und kommt heute bei uns wild nicht mehr vor. Lange Zeit entnahm man Honig und Wachs den in hohlen Waldbäumen lebenden wilden Bienenvölkern, indem man die Tiere ausräucherte und damit das Volk zerstörte. In manchen Gegenden begann man aber schon sehr früh (möglicherweise schon vor 5000 Jahren) die Völker zu pflegen und ihnen künstliche Behausungen anzubieten. In der Lüneburger Heide sollen die vielfach heute dort noch verwendeten Strohkörbe schon vor 1000 Jahren benutzt worden sein. Da man auf diese Weise besser an die Honigwaben herankam, konnte man die Völker schonen, indem man (meist Ende des Winters) nur die übrigen Honigwaben herausschnitt. Heute verwendet man ganz allgemein Holzkästen (vereinzelt auch

Kunststoffkästen) mit herausnehmbaren, gerahmten Waben. Außerdem erntet man schon im Sommer oder Herbst nahezu den gesamten Honig und füttert für den Winter mit Zucker.

Sozialstaaten bei den Insekten sind für uns besonders interessant, weil wir hier eine Arbeitsteilung und ein »Kastenwesen« finden, die viel mit unseren eigenen Sozialstrukturen gemeinsam haben. Der erste Schritt zur Arbeitsteilung ist immer die Trennung von Fortpflanzung und Brutfürsorge. Insektenweibchen, die nur noch Eier legen und in der Regel einzeln oder nur zu wenigen in einem Volk vorhanden sind, nennt man Königinnen – bei Termiten, Ameisen und Wespen ebenso wie bei Hummeln und Bienen. Noch viel beschränkter ist der soziale Beitrag der männlichen Geschlechtstiere: nach der Begattung der Königin sterben sie.

Die große Masse des Insektenstaates besteht aus Arbeiterinnen, das sind Weibchen mit zurückgebildeten Geschlechtsorganen, die bei den Ameisen auch zeitlebens flügellos sind. Ihnen kommen der Nestbau, die Futterbeschaffung und die Brutpflege als Aufgaben zu. Auch hier gibt es weitere Arbeitsteilung, die bei manchen Arten auch zu weiteren Kasten mit speziellen Körpermerkmalen geführt hat. So findet man bei manchen Ameisenarten Verteidigungsspezialisten (»Soldaten«) mit besonders kräftig ausgebildeten Mundwerkzeugen, oder Vorratsspezialisten (»Honigtöpfe«), die mit prall gefüllten Leibern als lebende Fässer dienen.

Auch im Staat der Honigbiene gibt es Arbeitsteilung unter den Arbeiterinnen: Die Jungbienen bleiben die ersten 3 Wochen ihres Lebens im Stock, füttern die Maden mit Futtersaft, Pollen und Nektar, versehen deren Zellen vor der Verpuppung mit einem Wachsdeckel, beteiligen sich am Wabenbau, reinigen den Stock, lagern Futter ein, sorgen für Ventilation und anderes mehr. Erst nach dieser Zeit des Innendienstes werden sie Sammlerinnen. Ihren ersten Ausflug machen sie meist in den Mittagsstunden, wobei sie zunächst eine längere Zeit vor dem Stock herumfliegen – ganz offensichtlich, um sich alles für die Rückkehr gut einzuprägen.
Die Sammelbienen müssen die beiden Grundnahrungsmittel, den eiweißreichen Pollen und den kohlenhydratreichen Nektar, sowie das nötige Wasser herbeischaffen. Zu all dem sind sie anatomisch und von den Sinnesleistungen her bestens ausgerüstet. Für das Sammeln des Pollens besitzen sie eine Art »Körbchen« aus Borsten, die um eine Mulde der Schiene des letzten Beinpaares angeordnet sind. Mit Bürsten und Kämmen ihrer sechs Beine fegen sie den an ihren Körperhaaren anhaftenden Pollenstaub in dieses Körbchen. Es entstehen dadurch dicke gelbe Pollenpakete, die man als Höschen (Foto S. 107 rechts) bezeichnet. Den Blütennektar und die süßen Ausscheidungen bestimmter Nadelbaum-Blattläuse (den »Waldhonig«) sammeln die Bienen in ihrem Honigmagen, der durch ein Ventil mit dem Darm verbunden ist. Erst durch Wasserentzug und Fermentierung entsteht in den Waben aus diesen süßen Säften Honig.

▷ **Bienenkönigin.** Die Königin ist fast doppelt so groß wie die Arbeitsbienen und braucht nichts anderes zu tun, als zu legen: 1000–2000 Eier an Spitzentagen. Trotz dieser enormen körperlichen Leistung leben Königinnen viel länger als Arbeiterinnen und Drohnen, nämlich 3–5 Jahre. Drüsenausscheidungen (Königinsubstanz) dienen beim Hochzeitsflug als Sexuallockstoff, beim Schwärmen dem Zusammenhalt und im Stock dem Unterdrücken der Keimdrüsenentwicklung der Arbeiterinnen. Die Marke auf dem Rücken erleichtert das Finden der Königin und gibt ihr Alter an.

▽ **Bienenschwarm-Traube.** Im Mai/Juni vermehrt sich ein gesundes Bienenvolk so stark, daß die alte Königin mit einem großen Teil der Arbeiterinnen den Stock verläßt, sich eine neue Höhle sucht oder im Freien zu bauen beginnt. Fast immer läßt sich der nach Tausenden oder Zehntausenden zählende Schwarm zumindest vorübergehend irgendwo im Freien nieder, was dem Imker die Gelegenheit gibt, die ganze Traube einzufangen.

Ein Bienenvolk besteht aus bis zu 50000 Individuen. Man könnte es auch eine große Familie nennen, da ja alle Tiere die Nachkommen einer einzigen Königin sind. Bis zu 1000 Eier legt eine Königin an einem Tag, sogar über 2000 Eier wurden schon festgestellt. Am regsten ist die Vermehrung im Mai; von Oktober bis Januar ruht die Legetätigkeit. Im Jahresdurchschnitt kann eine Königin auf über 100000 Eier kommen. Daraus gehen schon die hohen Verluste hervor. Zur Haupttrachtzeit im Sommer werden die Arbeitsbienen meist nur wenige Wochen alt. Ebenfalls kurzlebig sind die Drohnen (Männchen). Die überwinternden Arbeiterinnen werden mehrere Monate alt; Königinnen leben 3–5 Jahre.

Wie entstehen nun die verschiedenen Kasten der Honigbiene? In den normalen Wabenzellen entwickeln sich die Eier der Königin unter den gewöhnlichen Pflegebedingungen zu Arbeiterinnen. Sie bekommen nur als ganz junge Larven den besonders wertvollen Futtersaft aus Kopfdrüsen der jungen Arbeiterinnen und werden dann mit Pollen und Nektar gefüttert. Braucht das Volk eine neue Königin, so werden vergrößerte Zellen gebaut, in denen die Larve besonders reichlich mit Futtersaft, unter Beigabe eines chemisch noch unbekannten Wirkstoffes, versorgt werden. Auch die Drohnen wachsen in speziellen, etwas größeren Zellen heran und zwar aus unbefruchteten Eiern.

Unter natürlichen Bedingungen vermehren sich Bienen durch Nachzucht junger Königinnen in den sogenannten Waiselzellen. Sobald diese Zellen zur Verpuppung

verschlossen werden, verläßt die alte Königin mit dem größten Teil der Flugbienen den Stock; zurück bleiben die jüngeren Stockbienen und die Brut. Der mehrere tausend Individuen zählende Schwarm läßt sich in der Regel zunächst in der Nähe der alten Wohnung in einem Baum oder Strauch als dichte Bienentraube nieder (s. Foto). Kundschafterinnen, sogenannte Spurbienen, suchen (oft schon Tage vorher) eine neue, geeignete Höhle, in die der Schwarm schließlich einzieht.

Über das Orientierungsvermögen und die Kommunikation der Bienen wurden aufsehenerregende Ergebnisse zutage gefördert. Durch verschiedene Laufrichtungen und Körperbewegungen können Sammlerinnen ihren Stockgenossen mitteilen, in welcher Richtung und Entfernung eine lohnende Trachtquelle liegt. Man bezeichnet dies als Tanzsprache. Mit dem Rundtanz veranlaßt eine Biene ihre Schwestern in allen Richtungen bis zu 100 m Entfernung nach Futter zu suchen; der mitgebrachte Blütenduft dient als Orientierungshilfe. Im Schwänzeltanz wird die genaue Richtung angegeben, wobei auf den senkrechten Waben der Winkel zwischen Schwänzellauf-Richtung und der Senkrechten dem Winkel zwischen Sonne und Flugrichtung entspricht. Die Entfernung wird durch die Laufgeschwindigkeit mitgeteilt: je schneller, desto näher ist die Futterquelle. Bei verdeckter Sonne werden Polarisationsmuster des blauen Himmels und UV-Strahlen zur Orientierung genutzt.

△ **Bienenpuppe.** Aus den Eiern entwickeln sich weiße, wurmförmige Maden, die von den Arbeiterinnen mit Futtersaft versorgt werden. 10 Tage nach der Eiablage werden die Larvenwaben verdeckelt, die Larve spinnt sich in ein dünnes Gespinst ein und verwandelt sich zur Biene, die nach weiteren 11 Tagen schlüpft. Die Entwicklung einer Königin dauert insgesamt nur 16 Tage, die der Drohne 24 Tage.

▷ **Drohne mit Arbeiterinnen.** Auf mit Pollen halb gefüllten Waben sieht man neben etlichen Arbeiterinnen im linken Bildteil eine männliche Biene (Drohne). Man kann sie recht gut von den Arbeiterinnen unterscheiden durch ihre Größe, die großen, zusammenstoßenden Augen und den schwanzartigen Haarsaum. Drohnen entstehen aus unbesamten Eiern, die in extra groß gebauten Waben (Drohnenbau) gelegt werden. Drohnen werden vom Volk nur zur Schwarmzeit herangezogen und danach oft abgestochen.

◁ **Landkärtchen** *(Araschnia levana)*, **Sommerform.** Nach der hellen Strichzeichnung auf der rostbraunen Flügelunterseite (s. letztes Foto der Entwicklungsserie) nennt man die zu den Nymphaliden zählenden Landkärtchen auch Gitter- oder Netzfalter. Mit einer Flügelspannweite von 30–40 mm gehören sie zu den kleineren Tagfaltern. Die Art kommt in Mitteleuropa stellenweise häufig vor, fehlt aber auch mancherorts. In den Alpen findet man die Falter selten über 1000 m. Ihr bevorzugter Lebensraum sind feuchte Waldränder, Hecken und Bachufer, man findet sie aber auch an vielen anderen Plätzen.
Das Landkärtchen ist ein auffälliges Beispiel für den sogenannten Saisondimorphismus: Die im Frühjahr aus überwinternden Puppen schlüpfenden Falter sind von rotbrauner Grundfärbung (s. S. 111 unten), während die 2. Generation auf schwarzem Grund weiße Bänder trägt (nebenstehendes Foto). Näheres dazu S. 111 untere Legende.

△ **Die Entwicklung vom Ei zur Raupe.** Die Weibchen des Landkärtchens legen ihre tonnenförmigen, gerippten, grünlichen Eier zu Türmchen übereinandergestapelt in Gruppen an die Unterseite von Brennesselblättern. Bei ausreichender Wärme schlüpfen schon nach wenigen Tagen die winzigen, bräunlichen Räupchen, kriechen an ihrem hängenden »Wohnturm« hinauf (Foto Mitte) und beginnen in Gemeinschaft zu fressen. Sie werden rasch dunkler und tragen nach der ersten Häutung zahlreiche Dornen, davon auch ein Paar auf dem Kopf.

Von der »häßlichen« Raupe zum »prächtigen« Schmetterling

Schmetterlinge gehören zu den Insekten mit vollständiger Verwandlung. Ihre Jugendstadien oder Larven sehen so grundsätzlich anders aus und leben auch so völlig anders als die erwachsenen Tiere, daß man meinen könnte, es handle sich bei Raupe und Schmetterling um gänzlich verschiedene Tierklassen. Die Verwandlung von der Raupe zum Schmetterling findet in der Puppe statt.
Die Schmetterlingsweibchen legen ihre Eier einzeln oder als Gelege an den Futterpflanzen der späteren Raupen ab. Viele Arten sind auf nur eine Wirtspflanzenart spezialisiert und haben ohne diese keine Chance zu überleben. In der Regel schlüpfen die Räupchen nach 14 Tagen, sofern nicht die Eier überwintern. Die Raupen fressen sehr viel und wachsen entsprechend schnell, wobei sie sich mehrmals häuten. Schmetterlingsraupen bestehen aus 13 Körpergliedern und dem Kopf. An den ersten 3 (Brust-) Gliedern tragen sie je ein Paar gegliederter Beine. Es folgen 10 (Hinterleibs-) Glieder, von denen das dritte bis sechste Glied sowie das letzte je ein Paar ungegliederter Beinstummel tragen. Die beißenden Mundwerkzeuge der Raupen unterscheiden sich völlig von dem Saugrüssel des Falters. Das Äußere der Raupe ist oft sehr farbenfroh und bizarr (Haare, Borsten, Fortsätze). Allerdings

▽ **Die Entwicklung von der Raupe zum Falter.** Die gefräßigen Raupen wachsen schnell, wenn das Wetter nicht zu kalt ist. Durch ihre verzweigten Dornen sind sie vor Vögeln einigermaßen gut geschützt. (Nur wenige Vögel, wie der Kuckuck, scheuen sich nicht vor dornigen und haarigen Raupen.) Gegen Ende der Raupzeit löst sich die Gruppe auf und jede Raupe sucht sich einen Platz, wo sie sich kopfüber aufhängt und sich zur Puppe häutet. Den Blikken entzogen, vollzieht sich darin die wunderbare Verwandlung zum Falter. Sie verläuft ohne Unterbrechung bei den Nachkommen der 1. Generation; die in Juli oder August schlüpfenden Falter gehören alle der dunklen Farbvariante an (s. S. 110 oben). Sie saugen an verschiedenen Blüten Nektar, paaren sich und legen wieder ihre Eier an Brennesseln. Im September/Oktober verpuppen sich die Raupen dieser 2. Generation und überwintern als Puppe. Sie vollenden ihre Verwandlung, wenn es wieder warm wird, und schlüpfen als rotbraune Falter (Fotos rechts und ganz unten).

verändert sich das Aussehen mancher Raupen von Häutung zu Häutung so sehr, daß man meint, es mit Larven verschiedener Arten zu tun zu haben.

Das Raupenstadium dauert bei den verschiedenen Arten nur wenige Wochen oder mehrere Jahre. Bei Schmetterlingsarten mit 2 Generationen im Jahr (wie das hier abgebildete Landkärtchen) wächst die Raupe der Frühjahrsgeneration sehr rasch, während die der Sommergeneration oft überwintert. Die ausgewachsene Raupe verpuppt sich. Im Innern der starren Puppenhaut (die gelegentlich noch von einem Kokon aus Spinnfäden umhüllt ist) vollzieht sich das Wunder der Umwandlung zum Schmetterling. Die Puppen hängen kopfüber oder sie sind mit einem Gürtelfaden in aufrechter Stellung befestigt; manche liegen frei im oder auf dem Boden.

Viele Schmetterlingsarten überwintern in der Puppe. Bei anderen, die als Raupen überwintern und sich erst im Frühjahr verpuppen, dauert das Puppenstadium nur 2–3 Wochen, dann platzt die Puppenhaut und der Falter kriecht heraus. Anfangs sind die Flügel noch klein und zusammengefaltet sowie weich und dehnbar. Indem der Falter Körperflüssigkeit in die Adern pumpt, dehnen sich die Flügel zu ihrer vollen Größe, trocknen dann und erhärten.

In Mitteleuropa gibt es rund 4000 Schmetterlingsarten, darunter 233 Tagfalter. (Die übrigen sind oft unscheinbare Kleinschmetterlinge, wie Motten, und Nachtfalter.) Nicht alle Tagfalter pflanzen sich hier fort; manche kommen alljährlich im Sommer aus Südeuropa zu uns und andere wandern im Herbst wieder nach Süden.

▷ **Landkärtchen** *(Araschnia levana)*, **Frühjahrsform.** Lange Zeit hat man sie als zwei verschiedene Arten angesehen, die hellen Frühjahrs- und die dunklen Spätsommerfalter des Landkärtchens. Die Farbunterschiede sind eine Folge der unterschiedlichen Temperaturen während des Puppenstadiums, bzw. der verschiedenen Tageslängen während der Raupenentwicklung. (Auch bei anderen Insektenarten können niedrige Temperaturen hellere Farbvarianten hervorbringen.) Diese Zusammenhänge lassen sich experimentell leicht nachweisen: Normalerweise unterbrechen die Puppen der Herbstraupen ihre Entwicklung und überwintern in Puppenruhe. Hält man sie jedoch in einem künstlichen 14-Stunden-Tag, so entwikkeln sie sich ohne Unterbrechung zu dunklen Faltern. Zur Ausbildung der hellen Farbvariante müssen die Puppen eine Zeit dem Frost ausgesetzt sein. Die 1. (helle) Generation fliegt im Mai/Juni, die 2. (dunkle) Generation im Juli/August.

Juli – August

Um Johanni (24. Juni) kommt die bis dahin sich stürmisch entwickelnde Tier- und Pflanzenwelt zu einem Höhepunkt, auf den eine Phase deutlicher Beruhigung folgt. Wenn der Holunder blüht, sagen die Bauern, werden die Eier weniger. Nicht nur den Kuckuck hört man immer seltener. Viele Vögel sind ganz mit der Jungenaufzucht beschäftigt und singen nur noch selten, andere beginnen schon mit dem Gefiederwechsel, leben versteckt und unauffällig. Viele Blüten sind verblüht, in der Sommerhitze reifen die Früchte. Das überquellende Grün der Bäume, Sträucher und Wiesen kann einem um diese Zeit fast zuviel werden, es hat etwas Erdrückendes. Schon beginnt aber die Getreideernte. Die gelben Stoppeln wirken wie Vorboten des Herbstes.

Die blühende Wiese

Im mitteleuropäischen Klima kommen baumlose Grasflächen auf natürliche Weise nur an wenigen Standorten vor (s. S. 93ff.). Aber auch die durch Bewirtschaftung entstandenen Wiesen sind, wie natürliche Pflanzengesellschaften, in ihrer Artenzusammensetzung das Ergebnis eines langen Entwicklungsvorganges (Sukzession), bei dem die Konkurrenz zwischen den verschiedenen Pflanzenarten um Platz, Licht, Wasser und Nährstoffe ein wichtiger Faktor ist. So ziehen manche Grasarten aus den Bedingungen des Mähens und Düngens besondere Vorteile und können dann andere Pflanzen regelrecht überwuchern und unterdrücken.
Recht gut halten sich in Mähwiesen auch einige rosettenbildende Kräuter, wie Löwenzahn, Sauerampfer, Hirtentäschel, Spitzwegerich und die meisten der hier abgebildeten Wiesenblumen, da sie mit der dichten Scheibe ihrer dem Boden anliegenden Blätter sich wenigstens einen kleinen Freiraum gegen allzu bedrängende Konkurrenten erhalten können und auch den Schnitt relativ gut überstehen. Grundsätzlich aber nimmt der Artenreichtum einer Wiese um so mehr ab, je häufiger geschnitten und gedüngt wird; der wöchentlich geschorene Rasen ist das Extrem in dieser Richtung. Die kräuter- und blumenreichsten Wiesen findet man daher auf mageren (trockenen und nährstoffarmen) möglichst kalkreichen Böden und dort, wo nur 1–2mal im Jahr gemäht oder geweidet wird (s. S. 93ff.).

△ **Wiesen-Storchschnabel** *(Geranium pratense)*, Storchschnabelgewächse (Geraniaceae), 30–60 cm, VI–VIII. Stiele der meist violetten Blüten nach der Blütezeit herabhängend. Wiesen und Gräben mit nährstoff- und kalkhaltigem, tiefgründigem Ton- und Lehmboden. Samenverbreitung durch einen Schleudermechanismus.

△ **Wiesen-Bocksbart** *(Tragopogon pratensis)*, Korbblütler (Asteraceae), 30–60 cm, V–VII. Blütenkörbe nur aus Zungenblüten bestehend. Blätter ohne Stiele. Formenreich. Wiesen mit nährstoffreichem und sommerwarmem Lehmboden. Mäßig häufig. Meidet Nässe.

◁ **Blühende Wiese.** Solche Mähwiesen sind vom Menschen geschaffene Ökosysteme, die bei mäßiger Düngung und nicht zu häufigem Schnitt im Verlauf der Zeit zu einer artenreichen Lebensgemeinschaft von Pflanzen und Tieren werden.

△ **Großer Wiesenknopf** *(Sanguisorba officinalis)*, Rosengewächse (Rosaceae), 30–100 (–150) cm, VI–VIII. Die dunkelroten Blüten bilden dichte Köpfchen. Moorwiesen, feuchte Tal- und Bergwiesen mit nährstoffreichem und humosem Lehm-, aber auch Torfboden. Recht häufig. Samenverbreitung durch Wind. Alte Heilpflanze, der unter anderem eine milchfördernde Wirkung für stillende Mütter zugeschrieben wird. Besonders der Wurzelstock enthält Gerbstoffe und Saponine.

▷ **Wiesen-Flockenblume** *(Centaurea jacea)*, Korbblütler (Asteraceae), 20–80 cm, VI–X. Die Blüten bilden rotviolette Körbchen. Innere Blüten kleiner als äußere. Stengel kantig. Wiesen und Weiden, Halbtrockenrasen mit lockerem, tiefgründigem und nährstoffreichem Lehmboden. Bei Berührung der Staubblätter reagieren diese mit einer Kontraktion, wodurch der zentrale Griffel den Pollen herausdrückt und am Insekt abstreift.

▷ **Wiesen-Glockenblume** *(Campanula patula)*, Glockenblumengewächse (Campanulaceae), 30–60 cm, V–VII. Die blauvioletten Blüten sind in wenigblütigen Rispen angeordnet und bis zur Mitte gespalten. Verwechselung mit anderen Arten möglich. Vorwiegend in niedrigwüchsigen Wiesen und an Wegen mit etwas feuchtem, nährstoffreichem, kalkarmem und sandigem Lehmboden wobei im allgemeinen sonnige Plätze bevorzugt werden. Im Nordwesten Europas meist fehlend.

▷ **Kuckuckslichtnelke** *(Lychnis flos-cuculi)*, Nelkengewächse (Caryophyllaceae), 30–70 cm, V–VII. Die rosafarbenen, tief gespaltenen Blüten bilden eine lockere Trugdolde. Feuchte und nasse Wiesen mit nährstoffreichem und humushaltigem Boden. Häufig. Die Bestäubung erfolgt hauptsächlich durch Tagfalter. Oft lassen sich an den Stengeln speichelartige Schaumklümpchen entdecken, in denen sich Larven der Schaumzikade verbergen (s. S. 120). Der Volksmund bezeichnet sie als »Kuckucksspeichel«.

Die Wiese ist ein Ökosystem oder eine Lebensraumgemeinschaft mit einer sehr arten- und individuenreichen Tierwelt. Vor allem in einem guten Wiesenboden ist der Reichtum an Mikroorganismen und Tieren oft nicht geringer als in einem Laubwaldboden. Die wichtigsten Artengruppen im Boden sind Springschwänze, Fadenwürmer, Milben, Regenwürmer, Räder- und Bärtierchen, Tausendfüßer und die Larven vieler Insektenarten.

In der oberirdischen Vegetation der Wiese und auf der Bodenoberfläche stellte der Ökologe Boness durch Fänge folgende Tiergruppen fest (die Zahlen geben die Arten an): 500 Fliegen, 490 Käfer, 403 Hautflügler, 219 Wanzen, 60 Schmetterlinge, 20 Springschwänze, 43 Spinnen, 80 Milben, 15 Asseln, Hundert- und Doppelfüßer, 33 Schnecken, 42 Wirbeltiere. Die Tiere wurden mit Fanggläsern am Boden und mit Fangnetzen (Käschern) in der Krautschicht gefangen, wobei in der Krautschicht die Fliegen weit überwogen. Viele von ihnen leben als Larven im Innern von Blättern und Pflanzenstengeln. Mit anderen pflanzenfressenden Tierarten (z. B. Grillen und Heuschrecken) bilden sie die Nahrungsgrundlage für viele räuberisch oder parasitisch lebende Tierarten, wie Spinnen, Schlupfwespen, verschiedene Fliegenarten, Libellen, Vögel, Spitzmäuse, Igel und Fledermäuse. Typische Wiesenvögel sind Brachvogel, Rebhuhn, Braunkehlchen, Wiesenpieper, Schafstelze, Grauammer. Da sie in der Regel nur auf einschürigen Wiesen ihre Brut hochbringen, und es solche Wiesen kaum noch gibt, sind fast alle diese Arten selten und bedroht.

Viele Tiere der Wiesen zeigen ein deutliches tagesperiodisches Aktivitätsmuster. Zu den tagaktiven Tieren gehören fliegende Käfer, Zikaden, Heuschrecken, Blasenfüße, Tagfalter, Schwebfliegen, Hautflügler (Ameisen, Wespen, Bienen, Hummeln), Fliegen und Singvögel. Zu den dämmerungsaktiven Arten zählen verschiedene Schmetterlings- und Mückenarten. Vor allem nachts treten Fasanen, Rehe, Hasen, Schnecken und in der Bodenstreu lebende Tierarten in Erscheinung.

Selbstverständlich wird auch die Tierwelt der Wiese tiefgreifend durch die Mahd beeinflußt (vgl. auch S. 54f.). Nach der ersten Mahd, Ende Mai/Anfang Juni, geht die Arten- und Individuenzahl stark zurück. Zweiflügler (Fliegen und Mücken) der bodennahen Schicht dominieren. Auch Erwachsenenstadien von Zikaden sind dann zu finden. Mit dem Nachwachsen der Vegetation erreichen die Grasminierer (z. B. Fritfliegen) ihr Maximum. Wenn dann die Doldenblütler (s. S. 117f.) zu blühen beginnen, findet eine Massenentfaltung vieler Insektenarten statt, insbesondere von Zikaden und Geradflüglern (Heuschrecken, Grillen); Tagfalter, Bohrfliegen und Blattkäfer kommen dazu. Nach der zweiten Mahd verändert sich die Wiesenfauna weniger stark, da Zikaden und Heuschrecken nicht abwandern. Für viele Insektenarten geht aber nun die Flugzeit zu Ende. Pflanzenbewohnende Spinnen haben jetzt ihr Maximum (»Altweibersommer«), ebenso einige von Streu lebende Insektenarten, wie die Wiesenfliegen und die im Herbst oft große Tanzschwärme bildenden Tanzmücken (Chironomiden).

◁ **Margerite** *(Chrysanthemum leucanthemum)*, Korbblütler (Asteraceae), 20–70 cm, V–IX. Halbtrockenrasen, Wiesen, Brachland und sonnige Hänge mit nährstoffreichen Böden aller Art. Häufig.

△ **Mohrenfalter** *(Erebia ligea)*. Ein auffallend dunkler, mittelgroßer Falter, dem man zwischen Juli und September auf Waldwiesen und an Waldrändern begegnet. Raupen an Gräsern, sie überwintern; 1 Generation.

▽ **Großes Ochsenauge** *(Maniola jurtina)*. Die Weibchen haben im Augenbereich eine undeutliche rostgelbe Flügelbinde. Spannweite 50–60 mm; Flugzeit Juni bis August. Raupe an Gräsern, überwintert; 1(–2) Generationen.

◁ **Schachbrett, Damenbrett** *(Melanargia galathea)*. Ab Juli kann man diesen mittelgroßen Falter noch recht häufig in blütenreichen Wiesen antreffen. Die Raupen leben an Gräsern und überwintern; 1 Generation.

Tankstelle Doldenblütler

Manche gutgedüngte Wiese ist im Sommer ganz weiß von den schirmförmigen Blütenständen (Dolden) des Wiesenkerbels. Aber auch an anderen Stellen dominieren oft ausgesprochen stattliche Doldenblütler, so in der zweiten Sommerhälfte der Bärenklau in Wiesen und an Wegrändern, der Pastinak mit gelblichen Blüten und die Wilde Möhre an Feld- und Straßenrändern, Wasserschierling und Engelwurz an sumpfigen Stellen, der im Garten so ungeliebte Giersch, der Kümmel und viele andere. Über 2000 Doldenblütlerarten sind in den gemäßigten Gebieten der nördlichen Erdhälfte als Steppen-, Sumpf-, Wiesen- und Waldpflanzen verbreitet; über 100 Arten davon sind heimisch.
Doldenblütler sind als solche immer leicht zu erkennen, voneinander aber oft schwer zu unterscheiden. Charakteristisch ist – neben den namengebenden Blütenständen – der hohe Gehalt an ätherischen Ölen, der den meisten Arten einen kräftigen, würzigen Geruch verleiht. Darum finden wir in dieser Gruppe besonders viele Gewürzkräuter: Kümmel, Dill, Fenchel, Anis, Petersilie, Koriander, Sellerie ... und Heilpflanzen: Engel- oder Brustwurz, Mutterwurz, Augenwurz, Bärwurz, Heilwurz, Pimpinelle, Wasserfenchel ... Auch eine überaus giftige Art ist dabei, nämlich der Schierling, der an den rötlichen Flecken am Stengel erkennbar ist und der früher benutzt wurde, um unliebsame Menschen aus dem Weg zu räumen.

△ **Bärenklau** *(Heracleum sphondylium)*, Doldengewächse (Apiaceae), 30–150 cm, VI–IX. Die äußeren der in Dolden angeordneten Blüten sind größer als die inneren. Stengel kantig und gefurcht. Häufig in Fettwiesen, Unkrautfluren und Auenwäldern mit feuchtem, oft überdüngtem und tiefgründigem Lehmboden.

▷ **Wiesen-Kerbel** *(Anthriscus sylvestris)*, Doldengewächse (Apiaceae), 70–150 cm, V–VIII. Die Blüten bilden eine 8–16strahlige Dolde. Der Stengel ist hohl. Wiesen, Hecken- und Wegränder mit feuchtem, stickstoffreichem und tiefgründigem Lehmboden. Bevorzugt frisch gejauchte Wiesen. Sehr häufig.

▽ **Wilde Möhre** *(Daucus carota)*, Doldengewächse (Apiaceae), 30–80 cm, VI–IX. In der Mitte der Blütendolde findet sich oft die schwarzpurpurne »Mohrenblüte« (Name). In Wiesen, Unkrautfluren und Steinbrüchen mit nährstoffreichem Lehmboden. Wildform der Gartenmöhre; enthält ätherische Öle und reichlich Vitamine. Heilpflanze.

Typisch für die ganze Familie sind kräftige, innen hohle, durch Knoten (wie Grashalme) gegliederte Stengel, die außen meist gerieft sind. Die Blätter der Doldenblütler sind, mit Ausnahme nur weniger Arten, geteilt, oft mehrfach, so daß sie trotz ihrer Größe sehr filigran erscheinen können. Die Blütenstände bestehen meist aus »Doppeldolden«, stellen also gewissermaßen einen Strauß aus mehreren Sträußchen dar. Die fast immer weißen, seltener gelben Einzelblüten sind so klein, daß sie nur in der großen Zahl der Dolde ins Auge fallen. Der Kelch ist fast immer stark zurückgebildet. Besonders auffällig an den Einzelblüten ist ein grünlichgelber, oft glänzender Wulst am Grund der Griffel. Diesem reichlich Nektar spendenden und dabei leicht zugänglichen Organ verdanken die Doldenblütler ihre große Beliebtheit bei den verschiedensten Insektenarten, auch bei solchen, die keine saugenden Mundwerkzeuge haben, wie die Käfer, die sonst an Blütennektar kaum herankommen und sich mit süßen Baumsäften begnügen müssen. Das Griffelpolster erzeugt bei den Doldengewächsen auch den stark süßlichen Duft.
Bei manchen Gattungen entwickeln sich die unscheinbaren Einzelblüten in auffälliger Weise als Teile der »Überblüte«, als die die Dolde offenbar nicht nur dem menschlichen Auge erscheint. (Ähnlich der Sammelblüte der Korbblütler ziehen die großen weißen Doldenteller viele Insekten schon aus großer Entfernung optisch an.) So sind die nach außen gerichteten Kronblätter der einzelnen Bärenklau-

◁ **Insektenvielfalt auf einer Doldenblüte.** Doldenblütler werden scharenweise von allen möglichen Insekten besucht. Auf dieser Bärenklau-Dolde erkennt man in der Mitte die Kaisergoldfliege *(Lucilia caesar)*; alle anderen sind Schwebfliegen, nämlich: daneben rechts *Syrphus balteatus*, daneben links *S. luniger* und *Scaeva pyrastri*, im übrigen Arten der Gattung *Sphaerophoria*.

▽ **Schwebfliege** *(Tubifera trivittata)*. In Europa gibt es mehrere hundert Schwebfliegenarten, von denen viele an der auffälligen Schwarz-Gelb-Zeichnung des Hinterleibes und an ihrem rasanten Schwirrflug erkennbar sind. Als echte Fliegen haben sie immer nur ein Paar Flügel und sind daran von Wespen- und Bienenartigen zu unterscheiden. Während die Alttiere eifrige und wichtige Blumengäste sind, leben die Larven teils von frischen oder modernden Pflanzenteilen, Jauche oder Kot, teils räuberisch. Unter den räuberischen Larvenarten sind wirksame Blattlausvertilger – eine Larve kann bis zu 100 Blattläuse am Tag verzehren.

Blüte viel größer, als die zum Zentrum der Dolde weisenden – und zwar um so mehr, je weiter außen – sowohl im einzelnen Döldchen, als auch in der ganzen Dolde – die Blüte steht. Bei anderen Arten wird der Eindruck des Blütenstandes als Gesamtblüte, oder besser: als »Schaueinrichtung«, durch gefärbte Hochblätter verstärkt, zum Beispiel durch die weiße Hülle der einfachen Dolden der Sterndolde, oder durch gelbe Hüllblättchen beim Hasenohr.
Viele Blütenpflanzen verstecken ihren Nektar in so tiefen und engen Blütenteilen (im Blütenschlund, in Spornen usw.), daß nur besonders langrüsselige Insekten, wie Schmetterlinge oder Hummeln drankommen. Das hat den Vorteil für die Blüte, daß eine besonders enge Bindung zwischen diesen Insekten und diesen Blüten entsteht, wodurch die Wahrscheinlichkeit einer artgemäßen Bestäubung größer wird; außerdem braucht die Pflanze nicht unnötig viel Nektar zu produzieren. Die Doldengewächse machen es gerade umgekehrt: Sie bieten viel Nektar für jedermann. Deshalb findet man auf Doldenblüten häufig so besonders viele Insekten, darunter vor allem kurzrüsselige Arten, wie Schwebfliegen und andere Fliegen, sowie Insekten, die normalerweise andere Nahrung zu sich nehmen und entsprechend etwa beißende Mundwerkzeuge besitzen, wie Käfer und Wespen. Daß trotz dieser unspezifischen Art der Nektardarbietung die Pollenübertragung von einer Blüte zur anderen derselben Art offenbar gut funktioniert, macht wieder einmal deutlich, daß es in der Natur fast immer viele Wege zum gleichen Ziel gibt.

◁ **Roter Blumenbock** *(Leptura rubra)*. Bockkäfer zeichnen sich durch einen schmalen Körper und lange Fühler aus. Die Flügeldecken dieser Art sind leuchtendrot, was man als Schreckfarbe erklärt. Die 18 mm langen Käfer sind häufig auf Doldenblüten in Waldnähe zu finden. Die Larven leben mehrere Jahre in holzigen Pflanzen.

◁ **C-Falter** *(Polygonia c-album)*. Das C bezieht sich nicht auf die stark gebuchteten Flügelränder, sondern auf ein silbriges Zeichen auf der Unterseite der Hinterflügel. Der mittelgroße Falter (Spannweite 50–55 mm) überwintert und ist daher in 1. Generation schon früh im Jahr in Buschland und Gärten anzutreffen. Die 2. Generation fliegt ab August.

▷ **Feldgrille** *(Gryllus campestris).* An sonnigen, trockenen Wiesenböschungen kann man sie mit etwas Vorsicht und Geduld von Mai bis Juli vor ihren Röhreneingängen sitzen sehen und singen hören. Bei einer unvorsichtigen Bewegung verschwinden sie allerdings schnell in ihrer Röhre; mit einem Grashalm kann man sie wieder herauskitzeln.
Grillen gehören zu den Langfühlerheuschrecken und erzeugen wie diese ihren schwirrenden Gesang nur mit den Flügeln. Am eifrigsten lassen die Männchen ihren Lockgesang nachmittags und abends, oft bis in die Nacht hinein, hören. Nähert sich ein Weibchen, so stimmt das Männchen einen leisen Werbegesang an. Die Eier werden in den Boden gelegt, die Larven schlüpfen nach 2–3 Wochen und machen, bis sie erwachsen sind, mindestens 10 Häutungen durch. In einem der letzten Larvenstadien wird in einem selbstgegrabenen Gang überwintert. Nahrung teils pflanzlich, teils tierisch. Ähnlich sind die kleinere Waldgrille und das hellere, in Häusern lebende Heimchen.

△ **Feldheuschrecke** *(Corthippus parallelus).* Feldheuschrecken (es gibt etwa 80 Arten in Mitteleuropa) sind immer an ihren weniger als körperlangen Fühlern zu erkennen. Die meisten der im Spätsommer und Herbst oft zahlreich auftretenden, mittelgroßen Heuhüpfer gehören hierher. Die Flügel sind meist gut ausgebildet, können aber sogar innerhalb der Art auch in verschiedenem Maße reduziert sein. Die Färbung vor allem der Weibchen variiert und ist oft der Umgebung angepaßt. Der Gesang wird erzeugt, indem die Hinterbeine an den Vorderflügeln gerieben werden.

▷ **Grünes Heupferd** *(Tettigonia viridissima).* Unsere größte Heuschrecke, die zur Gruppe der Langfühler- oder Laubheuschrecken gehört. Weibchen mit langem Legebohrer. Ab Juli findet man erwachsene (geflügelte) Tiere in höherer Vegetation, vorher die ähnlichen Larvenstadien. Nahrung sind kleine Tiere. Gesang durch Aneinanderreiben der Vorderflügel.

Wiesenmusikanten

Zwar finden sich Lautäußerungen bei einer ganzen Reihe von Insekten (bei Käfern, Ameisen, Bienen, Faltern und Zikaden); die meisten sind aber so leise, daß man sie nur aus nächster Nähe vernimmt. Wenn unsere Grillen und Heuschrecken auch nicht annähernd einen solchen Spektakel machen, wie die Singzikaden in wärmeren Ländern, so ist ihr Gesang doch laut genug, daß das rhythmische Geigen, Zirpen und Schwirren an einem heißen Sommernachmittag die ganze Luft erfüllen kann und damit akustisch zur Stimmung einer Landschaft beiträgt, wie sonst nur Vogelgesang und Froschquaken.
Es ist ihnen manches gemeinsam, all diesen Wiesenmusikanten aus der Gruppe der Geradflügler. In mancher Beziehung unterscheiden sie sich aber so, daß man zwei Gruppen bilden kann: die Langfühlerschrecken mit Grillen und Laubheuschrecken (Beispiel Heupferd) und die Kurzfühler- oder Feldheuschrecken. Bei der ersten Gruppe sind die Fühler mindestens so lang wie der Körper, oft erheblich länger. Außerdem singen die Langfühler, indem sie die beiden Vorderflügel schnell aneinanderreiben, während die Feldheuschrecken mit den Hinterbeinen an den Vorderflügeln entlangstreichen. Auch die »Ohren« liegen an ganz verschiedenen Stellen: bei den Langfühlern an den Vorderbeinen, bei den Kurzfühlern zu beiden Seiten des ersten Hinterleibsringes.

Der Gesang wird ausschließlich oder hauptsächlich von den Männchen vorgetragen – die Grillen sitzen dabei vor dem Eingang ihres Erdlochs – und dient in erster Linie der Anlockung von Weibchen. Jede der zahlreichen Arten hat ihren eigenen Gesang, der von den Weibchen nicht nach der Tonhöhe, sondern nur nach dem Rhythmus unterschieden wird. So spielt der Gesang eine wichtige Rolle nicht nur zum Finden der Geschlechter, sondern auch um Fehlpaarungen nahverwandter Arten im gleichen Biotop zu verhindern. Mit einiger Übung kann man auch als Nicht-Heuschrecke die Gesänge einiger Arten unterscheiden; im allgemeinen dürfte es aber wohl genügen, den mehr schwirrenden Gesang der Laubheuschrecken vom abgehackteren Gesang der Feldheuschrecken zu unterscheiden.

Schaumschläger

Jeder hat schon einmal an Grashalmen oder Blumenstengeln, oder auch an Weiden- oder Pappelzweigen die im Volksmund als Kuckucksspeichel bezeichneten Schäumchen gesehen. Wer nicht so recht an den Kuckuck glauben mag (dem so manches zugeschoben wird), der kann die eigentliche Ursache rasch feststellen, indem er den »Speichel« auseinanderzieht. Da kommt ein kleines, weißes, madenartiges Geschöpf zum Vorschein, die Larve einer der zahlreichen Kleinzikaden, die es in Mitteleuropa gibt.
Zikaden sind Insekten mit unvollständiger Verwandlung (ohne Puppenstadium), die unter- oder überirdisch Pflanzen anstechen und deren Säfte saugen. Die meisten der etwa 30000 Zikadenarten leben in den Tropen und Subtropen. Jeder Besucher der Mittelmeerländer kennt die zum Teil außerordentlich lauten, mechanisch klingenden Gesänge der dort vorkommenden Groß- oder Singzikaden; sie werden nach dem Blechfrosch-Prinzip erzeugt, indem ein Muskel eine runde Chitinplatte nacheinander eindellt und wieder losläßt. Das geht so schnell, daß sich der »Gesang« mancher Arten wie das Surren von Modellflugzeugen anhört.
In Mitteleuropa gibt es nur 2 Arten von Singzikaden, deren Gesang (scherenschleiferartig im einen und summend im andern Fall) vor allem in Weinbaugebieten gelegentlich zu hören ist. Alle anderen der rund 500 Zikadenarten Mitteleuropas gehören zu den Kleinzikaden, die freilich zu Unrecht den Singzikaden gegenübergestellt werden, da man auch hier Lautäußerungen feststellen konnte, wenn auch zum Teil für das menschliche Ohr nicht wahrnehmbare.
Die Schaumzikaden, 5–15 mm lange, meist unscheinbare, manchmal aber auch auffällig gezeichnete Insekten, legen ihre Eier in ein vom Weibchen erzeugtes kleines Schaumpaket in Risse und Spalten von Pflanzen, wo sie überwintern. Im Frühjahr und Sommer stechen die Larven dann reichlich saftführende Pflanzenteile an und erzeugen den Schaum, indem sie in eine aus dem After austretende Flüssigkeit ihre verbrauchte Atemluft blasen. Der Schaum dient dem Schutz der Larve gleichermaßen vor Feinden wie vor Austrocknung.

▲ **»Kuckucksspeichel«.** Diese mit Atemluft vermischte Ausscheidung der Zikadenlarve dient dem Schutz vor Feinden und vor Austrocknung.

△ **Larve der Wiesenschaumzikade** *(Philaenus spumarius).* Diese 5–6 mm große Art kann recht verschieden gefärbt sein: hellbraun mit undeutlich dunklen Querbändern oder kräftigeren Längsstreifen, oder aber auch mit auffälliger Schwarz-Gelb-Zeichnung. Die Art ist weltweit verbreitet. Die Larven sitzen in ihrem Schaum an verschiedensten krautigen Pflanzen und können an Kulturpflanzen zuweilen schädlich werden.

◁ **Blutzikade** *(Gercopis sanguinolenta).* Diese als Imago 8–10 mm lange Schaumzikade zeigt die typische Stromlinienform vieler Zikaden sowie die ebenfalls typischen kleinen Augen und kurzen Fühler. Die Larven der Blutzikade leben unterirdisch im Schaum an den Wurzeln krautiger Pflanzen.

▷ **Gerste** *(Hordeum vulgare).* Gerste ist immer an den hängenden Ähren mit langen Grannen zu erkennen. Auch von weitem ist ein Gerstenfeld mit seinem seidigen, goldgrünen Glanz kaum zu verwechseln. Die hier abgebildete Gewöhnliche oder Sechszeilige Gerste wird bei uns häufig als Wintergetreide angebaut; sie ist dann die am frühesten reife Getreideart, die schon im Juli geerntet wird. Die Spelzen sind mit dem Korn verwachsen. Die Halme werden 50–100 cm hoch. Die Jungpflanzen erkennt man an der hellgrünen Farbe und den gut entwickelten, kahlen »Öhrchen«, die am Grund der Blätter den Halm umschließen.
Diese mindestens seit 6000 Jahren kultivierte Getreideart ist äußerst genügsam. Sie war vor der Zeitwende als »Nacktgerste« (Spelzen nicht mit Korn verwachsen) das wichtigste Nahrungsgetreide in Europa. Heute verwendet man die Sechszeilige Gerste nur noch als Viehfutter und für Graupen und Malzkaffee. Die wesentlich anspruchsvollere Zweizeilige Gerste wird vor allem als Braugerste zur Malzgewinnung angebaut.

▽ **Roggen** *(Secale cereale).* Auch Roggenähren tragen (wie die Gerste) lange Grannen; die Ähren sind auch oft gebogen, hängen aber nie fast geknickt, wie bei der Gerste. Der Gesamteindruck eines Roggenfeldes ist silbern-bläulichgrün. Roggen wird bis 150 cm hoch. Die kleinen Blattröhrchen sind wie bei der Gerste kahl. Die Körner sitzen in 2 Doppelreihen an der Ährenachse wie beim Weizen. Roggen wird meist als Wintersaat im Herbst zuvor angebaut. Blütezeit (mit erkennbaren Blütenstaubwolken) im Juni, hauptsächlich Fremdbestäubung. Die silbern-blaugrauen schmalen Körner sind etwas gerunzelt und sitzen locker in den Spelzen.
Roggen verträgt Kälte gut, stellt geringe Ansprüche an den Boden und wird darum auch noch in höheren Berglagen angebaut. Roggen dient zur Herstellung von Vollkornbrot, Mischbrot, Knäckebrot, in geringem Maße auch als Viehfutter. Wildroggen findet man noch heute in Kleinasien. Da mit dem Weizen nah verwandt, gibt es »Weizenroggen« als Kreuzung.

Getreide – wer kennt sich aus?

Es ist wirklich keine Kunst, unsere vier wichtigsten Getreidearten zu unterscheiden – wenigstens, wenn sie Ähren tragen. Da haben wir es mit unserem grannenlosen Kolbenweizen leichter, als etwa die Amerikaner, bei denen vor allem Bartweizensorten angebaut werden, deren Ähren mit ähnlich langen Grannen bestückt sind wie unsere Gersten- und Roggensorten.
Die Geschichte des Getreides ist so alt wie die Ackerbaukulturen. Denn Getreide war und ist aus zwei Gründen ein ideales Nahrungsmittel: Es läßt sich leicht und lange aufbewahren und es enthält alle wichtigen Nährstoffe, zumal Kohlenhydrate und Eiweißstoffe in einem für die menschliche Ernährung besonders günstigen Mengenverhältnis.
Die Entwicklung der Kulturformen aus Wildgräsern begann bei den meisten Arten schon vor 6000 bis 10000 Jahren. Weizen und Gerste wurden schon im alten Ägypten und sicher auch schon von den Sumerern und Babyloniern angebaut. Hafer und Roggen dagegen sind mehr Getreidearten kühlerer Länder; sie wurden vom Kaukasus bis nach Westeuropa wenigstens seit der Eisenzeit kultiviert.
Neben den damals über weite Teile der »kultivierten« Welt verbreiteten Hauptgetreidearten, gab es eine Vielzahl teils lokaler, teils für besondere Zwecke angebau-

◁ **Weizen** *(Triticum aestivum).* Weizenähren erkennt man bei uns immer an ihrer 4kantigen Form (Körner in 2 Doppelreihen) und am Fehlen langer Grannen. Ein reifes Weizenfeld hat die Farbe goldbraun gebackenen Weißbrotes. Auch diese Art wird überwiegend im Herbst gesät und überwintert als kleine Pflänzchen. Die Halme werden 60–120 cm hoch. Die den Stengel umfassenden Blattröhrchen sind (im Gegensatz zu Roggen und Gerste) lang behaart. Die Körner sind prall-rundlich und goldgelb mit einem kleinen Haarschopf an der Spitze, und sie lösen sich leicht von den Deckspelzen.
Weizen braucht gute Böden und bringt dann hohe Erträge (40–50 dt/ha). Neben Reis ist Weizen weltweit das wichtigste Getreide. Weizen wurde in Pyramiden gefunden und ist seit mindestens 6000 Jahren in Kultur. Seine guten Backeigenschaften beruhen auf dem Gehalt an Kleber, einem Eiweißstoff, der den Teig klebrig macht. Sommerweizen enthält mehr Kleber; Winterweizen wird verfüttert.

ter Getreide, wie die Hirse, die seit der Steinzeit in Mitteleuropa verbreitet ist, und in vielen Arten und Sorten auch in Afrika und anderen Tropenländern noch heute ein wichtiges Grundnahrungsmittel ist (z. B. Sorghum). Auch der aus Nordostasien kommende Buchweizen muß hier als wichtiges Nahrungsmittel unserer Ahnen erwähnt werden, obwohl es sich bei ihm ausnahmsweise nicht um eine Grasart, sondern um ein (zweikeimblättriges) Knöterichgewächs handelt. Weltweit haben außerdem die Grasgetreidearten Reis und Mais große Bedeutung.
Aber auch von jeder Getreideart gibt und vor allem gab es zahllose Sorten, allein vom Weizen etwa 10000. Die ursprünglichste Weizensorte ist das Einkorn, das früher weit verbreitet war und heute noch in Kleinasien kultiviert wird. Aus einer Kreuzung des Einkorns mit einer Wildgrasart ging der Emmer oder das Zweikorn hervor, mit flacher Ähre und langen Grannen. Diese Art soll in Abessinien entstanden sein und war im alten Ägypten das wichtigste Getreide und auch bei uns zur Bronzezeit verbreitet. Heute wird der Emmer nur noch in entlegenen Berggegenden angebaut. Der Hartweizen, der für die Herstellung von Teigwaren verwendet wird, ist ein Abkömmling des Emmers. In die Gruppe des Gemeinen Weizens hingegen gehört der Dinkel, dessen Spelzen das Korn fest umschließen. Dinkel wurde bis in die fünfziger Jahre in Süddeutschland (Dinkelsbühl) angebaut; während der Milchreife geerntet und getrocknet, wird Dinkel noch heute als Grünkern verwendet.

△ **Hafer** *(Avena sativa).* Hafer bildet keine geschlossenen Ähren, wie die drei anderen Getreidearten, sondern lockere Rispen mit hängenden Doppelkörnern. Die jungen Pflanzen erkennt man daran, daß die Blätter keine Öhrchen am Stengel bilden. Die Halme werden 60–120 cm hoch. Blütezeit Juni/Juli; die Blüten sind (wie bei Weizen und Gerste) überwiegend selbstbestäubend. Die hellen Deckspelzen bleiben auch nach dem Dreschen am Korn, obwohl sie nicht (wie bei der Gerste) mit diesem verwachsen sind.
Hafer stellt geringe Anspürche an Boden und Klima. Seit Hafer als Pferdefutter kaum noch gefragt ist, wird nur noch wenig angebaut, teils als Futter, teils zur Herstellung von Haferflokken. Verschiedene Wildhafer-Arten kommen in unseren Wiesen vor; der Windhafer, von dem der Saathafer wohl abstammt, ist ein verbreitetes Getreideunkraut. Den Mittelmeerkulturen war der Hafer unbekannt; im germanischen Bereich liegen jedoch Funde aus der Bronze- und Eisenzeit vor.

Die »Unkraut-Rabatte« der Felder – vom Aussterben bedroht

Die Bezeichnung »Unkraut« sagt zunächst mehr über den Standort einer Pflanze als über ihre Art etwas aus. Denn die gleiche Pflanze, die in einem Acker als Unkraut gilt, würde an einem natürlichen Standort von niemand so bezeichnet werden. Immerhin gibt es eine ganze Reihe von Pflanzenarten, die so überwiegend auf Feldern vorkommen, daß die Bezeichnung »Unkraut«, oder besser noch »Ackerunkraut«, auch in die Sprache der Pflanzensoziologen Eingang gefunden hat – obwohl ökologisch der Un-wert dieser Pflanzen zumindest teilweise stark angezweifelt werden muß. So hat man festgestellt, daß bei vollständiger Ausschaltung von Unkräutern (z. B. im Maisanbau, im mehrjährigen Feldgemüseanbau und im Weinbau) der Boden schwer geschädigt wird, außerordentlich verdichtet und kaum noch Regenwürmer enthält. Neben den Nachteilen durch die Konkurrenz um Licht, Wasser und Nährstoffe, haben Unkräuter auch viele Vorteile:
– Sie durchwurzeln und beschatten den Boden zwischen den Reihen und fördern Mikroorganismen und Krümelstruktur.
– Sie dienen – besonders in Hanglagen – der Bodenbefestigung gegenüber Erosion und der Gründüngung.

▽ **Kornblume** *(Centaurea cyanus),* Korbblütler (Asteraceae), 30–80 cm, VI–X. Die blauen Blüten bilden große, einzelnen Körbchen. Der Stengel ist aufrecht und verzweigt. Das einjährige Kraut bevorzugt Getreidefelder aber auch Schuttplätze mit nährstoffreichem und kalkarmem Sand- oder Lehmboden. Es konnte nachgewiesen werden, daß die ursprünglich nur in Südosteuropa beheimatete Kornblume im nördlichen Europa seit der Jüngeren Steinzeit existiert. Die Bestäubung erfolgt durch Bienen. Für die Verbreitung der Samen sorgen Ameisen und Wind. Durch den Einsatz von Unkrautbekämpfungsmitteln ist die Kornblume vielerorts stark zurückgegangen und in ihrem Bestehen gefährdet.

– Sie sind Wirtspflanzen für zahlreiche Nutzinsekten und damit eine wichtige Grundlage für die biologische Schädlingsabwehr.
– Sie stellen ein Gen-Reservoire für zukünftige Züchtungen dar.
Unter ihnen befinden sich zahlreiche Heilpflanzen, wie Echte Kamille, Huflattich, Ackerschachtelhalm usw. (s. S. 32f. und 104ff.).
Die Pflanzensoziologen unterscheiden zwei Arten von Ackerunkraut-Gesellschaften: die Gänsefuß-Gesellschaften auf Hackfruchtfeldern und die Getreideunkraut-Gesellschaften insbesondere auf Wintergetreidefeldern. Den Pflanzen beider Gesellschaften gemeinsam ist die ausgeprägte Fähigkeit, mit wiederholten Störungen im Jahreslauf durch Bodenbearbeitung und Düngung fertigzuwerden.

Es lassen sich hier zwei verschiedene »Strategien« beobachten: Die meisten Ackerunkräuter sind einjährige Pflanzen (Therophyten) mit kurzer Generationendauer und bis zu 3 Generationen im Jahr. Ihre Samenproduktion ist so hoch, daß sie zu den verschiedensten Bedingungen und Zeiten fast stets aus einem großen Reservoire z. T. ruhender Samen im Boden neu keimen können. Man hat in 1 m^2 Oberboden bis zu 10 000 Unkrautsamen auf Äckern festgestellt. Die andere Strategie beruht auf dem Besitz rasch regenerierender, unterirdischer Organe ausdauernder Pflanzen (Wurzelunkräuter). Manche von ihnen wurzeln 2–3 m tief und entziehen sich damit zumindest der mechanischen Bekämpfung. Die Quecke und der Große Ampfer sind daher gefürchtete Ackerunkräuter.

▷ **Feld mit Klatschmohn.** So farbenprächtige Getreidefelder trifft man im Zeitalter der chemischen Unkrautvernichtungsmittel gar nicht mehr oft an. Die Nachbarschaft von Mohn, Kamille und Kornblume (hier mit Gerste und Weizen) ist einerseits typisch für Getreideäcker, andererseits aber auch für sogenannte Rohböden: Tatsächlich findet man Mohn und Kamille heute eher an frisch geschütteten Straßenrändern und anderen Baustellen als in Kornfeldern. Die Ähnlichkeit beider Standorte ist offensichtlich: Wo der Boden bearbeitet wird, ist zunächst einmal die Konkurrenz aller mehrjährigen Pflanzen ausgeschaltet, so daß rasch keimende Einjährige zum Zuge kommen. Mohn und Kamille zeigen außerdem nährstoffreiche Böden an.

◁ **Kornrade** *(Agrostemma githago),* Nelkengewächse (Caryophyllaceae), 30–100 cm, VI–VIII. Kelchzipfel auffallend länger als die roten Blütenblätter. Getreidefelder mit nährstoffreichem und sandigem Lehmboden. Wegen der giftigen Samen früher ein gefürchtetes Getreideunkraut. Heute durch Saatgutreinigung sehr selten. Enthält giftige Saponine.

◁ **Echte Kamille** *(Matricaria chamomilla),* Korbblütler (Asteraceae), 15–30 cm, V–VII. Stengel ästig, Pflanze oft mit zahlreichen Blüten; bei älteren Blüten hängen die weißen Blütenblätter; Blütenboden hohl, die ganze Pflanze duftet kräftig aromatisch – in diesen beiden Merkmalen unterscheidet sie sich von der Acker-Hundskamille *(Anthemis arvensis)* und der Falschen oder Strandkamille *(Tripleurospermum inodorum).* Getreidefelder, Wegränder, Rohbodengesellschaften vor allem auf nährstoffreichen, kalkarmen Lehmböden. Alte Heilpflanze mit ätherischen Ölen. Häufig, jedoch zurückgehend.

Für den sorgsam beobachtenden Landwirt haben die verschiedenen Ackerunkräuter eine wichtige Funktion als Zeiger oder Indikatoren für den Zustand seiner Böden. Bei den unterschiedlichen Bedürfnissen dieser Kräuter zeigt ihre Artenzusammensetzung recht genau, ob der Boden zu sauer ist, wie es mit dem Wasserhaushalt steht, wie mit der Durchlüftung, bzw. Verdichtung, wie mit Stickstoff- und Phosphatgehalt, wie mit dem Humusgehalt und mit der Temperatur.
Nun noch ein kurzer Überblick über die wichtigsten Arten der beiden Unkrautgesellschaften. Charakterarten der Gänsefuß-Gesellschaften auf mehrjährigen Hackfrucht- und Maisfeldern sind: Fuchsschwanz, Hirtentäschelkraut, Weißer Gänsefuß, Kleiner Storchschnabel, Gemeines Greiskraut, Gewöhnliche und Rauhe Gänsedistel, Vogelmiere usw.. Zu den wichtigen Unkräutern der Wintergetreidefelder gehören: Kornrade, Ackerfuchsschwanz, Windhafer, Kornblume, Klatschmohn, Ackerhahnenfuß, Ackersenf. Andere Getreideunkräuter kommen nur auf sauren oder nur auf basischen Böden vor. Auf sauren Böden: Gemeiner Windhalm, Hederich, Viersamige Wicke und Zitterlinse, Sauerampfer, Ackerspergel. Auf basischen (meist kalkreichen) Böden: Sommer-Teufelsauge, Acker-Rittersporn, Kleine Wolfsmilch, Erdnuß-Platterbse, Acker-Wachtelweizen, Echter Venusspiegel. Viele Ackerunkräuter sind heute sehr selten geworden, so Kornrade, Sommer-Adonis, Rittersporn und Venusspiegel. Andere Unkräuter hingegen gedeihen um so massenhafter.

△ **Klatschmohn** *(Papaver rhoeas),* Mohngewächse (Papaveraceae), 30–80 cm, V–VII. Die leuchtend roten Blüten sitzen einzeln auf langen Blütenstielen mit abstehenden Borstenhaaren. Hauptsächlich in Getreidefeldern, auch auf Schuttplätzen und Bahndämmen mit warmem, etwas trockenem, nährstoff- und kalkreichem Lehmboden. Die Samen rieseln nach und aus den Fruchtkapseln und werden durch den Wind verbreitet. Der Klatschmohn geht neuerdings durch den Einsatz von Unkrautbekämpfungsmitteln stark zurück.

◁ **Feld-Rittersporn** *(Consolida regalis),* Hahnenfußgewächse (Ranunculaceae), 10–50 cm, V–IX. Die langgespornten Blüten sind in einer wenigblütigen Traube angeordnet. Der Stengel ist stark verästelt. Getreidefelder, seltener Wege und Schuttplätze mit etwas trockenem, meist kalkhaltigem und lockerem Lehmboden. Selten und stark abnehmend. Heilpflanze; wegen der in ihr enthaltenen Alkaloide schwach giftig.

Die Staaten der Wehrhaften

Es gibt etwa 30 Hummelarten in Mitteleuropa; sie sind alle rundlich und pelzig, viele bunt behaart. Aber es ist schwierig, die einzelnen Arten zu bestimmen, da die Färbung innerhalb einer Art erheblich variieren kann, oft Farbunterschiede zwischen Männchen und Weibchen bestehen und auch die Größe je nach Jahreszeit zumindest bei den Arbeiterinnen schwankt. In der Regel dürfte es sich aber bei den dikken Blütenbesuchern mit dem langen Rüssel um Erdhummeln oder um Feldhummeln handeln – unsere häufigsten Arten.

An Hummeln läßt sich sehr schön der Werdegang von der solitären Lebensweise zur Staatenbildung beobachten. Die im Herbst begatteten großen Weibchen überwintern in frostgeschützten Verstecken. Sobald es im Frühjahr etwas wärmer wird, kommen sie hervor und suchen nach einem geeigneten Nistplatz. Dabei fliegen sie besonders dunkle Stellen im Erdreich und Löcher aller Art an. Das Nest wird von manchen Arten im Boden gebaut (so von Stein-, Erd- und Gartenhummel), andere Arten errichten es über dem Boden, im Gras, in Baumstubben oder auch in alten Vogelnestern (so Wiesen-, Feld- und Waldhummel).

Wenn das Weibchen einen geeigneten Nestplatz gefunden hat, schleppt es unermüdlich Moos und alte Pflanzenreste herbei und baut daraus ein dichtes Nest mit engem Eingang. Das Dach des Nestes wird innen mit einer Wachsschicht überzogen, damit von oben keine Feuchtigkeit eindringen kann. Dem von allen Hinterleibssegmenten ausgeschiedenen Wachs wird häufig Pollen und Baumharz beigemischt. Sobald das Nest fertig ist, formt das Hummelweibchen nahe dem Nesteingang einen Napf aus Wachs und füllt ihn mit einem kleinen Vorrat an Nektar für Schlechtwettertage. Dann beginnt es auf die gleiche Weise wie Honigbienen (s. S. 107 ff.) Pollen und Nektar zu sammeln, stellt daraus eine haltbare Mischung her, das sogenannte »Bienenbrot«, und legt darauf einige Eier ab. Das Ganze wird dann mit einer Wachshaube verschlossen.

Die Larven werden, sobald der Vorrat an Bienenbrot zur Neige geht, teils flüssig durch ein Loch im Wachsdeckel, teils mit weiterem Bienenbrot gefüttert. Trotzdem bleiben sie relativ klein und verpuppen sich bald in einem selbstgesponnenen Kokon. Die daraus schlüpfenden und erheblich kleineren Arbeiterinnen erweitern im folgenden das Nest und nehmen dem nun zur »Königin« gewordenen Weibchen Brutfürsorge und Nahrungsbeschaffung immer mehr ab; schließlich beschränkt sich deren Tätigkeit – wie im Staat der Honigbiene – nur noch aufs Eierlegen.

Die immer zahlreicher und dank besserer Larvenernährung auch größer werdenden Arbeiterinnen – in großen Völkern können es bis 500 sein – legen auch Vorräte von Pollen und Nektar an und zwar in speziellen Wachstöpfen oder in leeren Kokons. Auch unter den Arbeiterinnen kann mit wachsendem Volk eine zunehmende

▲ **Erdhummel** *(Bombus terrestris).* Wie einige andere Hummelarten auch, baut die Erdhummel ihr Nest aus Moos und Pflanzenfasern, wobei in der Regel Feldmausgänge besiedelt werden, die später, wenn sich das Hummelvolk entwickelt hat, weiter ausgebaut werden. Erdhummeln gehören zu den kurzrüssligeren Arten, die diesen Nachteil bei unerreichbarem Nektar oft dadurch wettmachen, daß sie den Blütenbehälter einfach aufbeißen.

△ **Nest der Feldhummel** *(Bombus agrorum).* Feldhummeln legen ihr Nest meist dicht über dem Boden im Bewuchs an. Neben den hell erscheinenden Wachskammern, in denen sich die Larven entwickeln, erkennt man auch dunklere Zellen, in denen die Larven bereits ihren Verpuppungskokon gesponnen haben. Die leeren Kokons dienen zusammen mit extra angefertigten Wachstöpfen der Vorratshaltung von Nektar und Pollen. Als langrüsselige Art sind Feldhummeln besonders wichtig für die Bestäubung langröhriger Blüten.

Arbeitsteilung festgestellt werden, die sich ähnlich wie bei der Honigbiene auf Innen- und Außendienst, auf Wachdienst und Verteidigung und ähnliches erstreckt. (Hummeln sind wenig aggressiv, können aber schmerzhaft stechen.)

Im Spätsommer werden einige Larven besonders gut mit Futter versorgt. Aus ihren Puppenhüllen schlüpfen dann wieder fruchtbare Weibchen, die Königinnen des nächsten Jahres. Sie werden befruchtet von Männchen, die aus unbesamten Eiern stammen. Bis auf die neuen Königinnen sterben alle anderen Hummeln mit dem zuendegehenden Jahr.

Ganz ähnlich verläuft der Generationenzyklus der Wespen, bei denen man zwischen Langkopfwespen und Kurzkopfwespen unterscheidet. Zur ersten Gruppe, deren Nester immer freihängend und länglich-oval sind, gehören Waldwespe, Sächsische und Norwegische Wespe; zur zweiten Gruppe mit Nestern in selbstgegrabenen Erdhöhlen gehören die Gewöhnliche Wespe und die Deutsche Wespe. Auch bei den Wespen gründet ein einzelnes Weibchen im Frühjahr Nest und Volk. Im Unterschied zu Hummeln und Bienen besteht das Nest aber aus zerkautem Holz und die Larvennahrung aus zerkautem Fleisch.

Alle hier genannten Wespen gehören zu den Faltenwespen, so genannt, weil die Vorderflügel in der Ruhe längs gefaltet sind. Sie alle leben in mehr oder weniger großen Gemeinschaften, im Gegensatz zu den einzeln lebenden Lehm-, Grab- und Keulenwespen.

△ **Erdnest der Deutschen Wespe** *(Paravespula germanica).* Diese Art gehört zu den Kurzkopf-Wespen, die ihre Nester meist – manche Arten ausschließlich – im Boden bauen. In der Regel wird am Ende einer längeren Eingangsröhre, z.B. eines Mäuseganges, eine Höhle gegraben, in die das kugelförmige Nest mit den horizontalen Brutwaben eingehängt wird. Das Baumaterial besteht aus frischem oder vermodertem Holz, das mit Speichel vermischt wird. Die Larven werden ausschließlich mit zerkauten Raupen und anderen Kleintieren gefüttert.

▽ **Sächsische Wespe** *(Vespa saxonica)* beim Nestbau. Die Langkopfwespen, zu denen diese Art gehört, bauen ihr Nest nie im Boden, wie die Kurzkopfwespen, sondern immer freihängend. Auch hier beginnt die spätere Königin allein mit dem Nestbau. Später erweitern ihre unfruchtbaren Töchter (Arbeiterinnen) den Bau ständig, indem sie ein Zellenstockwerk unter das andere hängen und die mehrschichtige Pappmachéhülle darum ständig erweitern.

▷ **Goldlaufkäfer** *(Carabus auratus)*. Die überwiegend räuberisch lebende Familie der Laufkäfer (Carabidae) ist in Mitteleuropa mit etwa 500 Arten vertreten, darunter etwa 25 Arten von Großlaufkäfern *(Carabus)*, zu denen auch der Goldlaufkäfer oder Goldschmied gehört. Er hat eine Länge von 20–27 mm und ist, wie alle Laufkäfer, besser zu Fuß als im Flug. (Manche Arten können überhaupt nicht fliegen). Die Tiere gehen nachts auf die Jagd nach Würmern, Schnecken, Raupen und anderen Insektenlarven. Dadurch können sie beim Kurzhalten von Schädlingen nützlich sein. Die Beute wird durch Injektion von Verdauungssaft außerhalb des Körpers verdaut und dann aufgesaugt. Auch die recht behenden Larven des Goldschmieds leben nächtlich und räuberisch. Alle Laufkäfer sondern in Afternähe ein stinkendes Drüsensekret aus, das auch gezielt auf Feinde gespritzt werden kann.

Wegelagerer

Schon der große französische Insektenforscher Fabre begeisterte sich am Verhalten von Grabwespen. Sie leisten in der Tat erstaunliches. Die Bezeichnung Grab- oder Wegwespen ist nicht ganz glücklich, denn in dieser artenreiche Familie der Sphecidae mit über 260 Arten in Mitteleuropa gibt es auch etliche, die ihre Brutkammern nicht in den Boden graben, sondern in markhaltigen Pflanzenstengeln oder Gallen anlegen. Bemerkenswert ist, daß die einzelnen Arten meist auf nur eine Beutetierart spezialisiert sind, so der Bienenwolf *(Philanthus)* ausschließlich auf Honigbienen, die Kurzstielsandwespen *(Podalonia)* auf große Erdeulenraupen, die Heuschreckensandwespen *(Sphex)* auf Heuschrecken(larven), die Wegwespen *(Trypoxylon)* auf Spinnen. Sie haben eine staunenswert gute Kenntnis von der Anatomie ihrer Beutetiere. Der Bienenwolf findet blitzschnell mit seinem Giftstachel die kleine, weiche Stelle hinter den ersten Beinen der Biene. Andere Arten treffen zielgenau bestimmte Nervenzentren (Ganglien), deren Vergiftung durch den Stich die Beute in Sekundenschnelle lähmt.
Die Weibchen der Grabwespen graben mit ihren Mundwerkzeugen, bzw. Vorderbeinen (mit Grabkamm) in Sand oder Lehm z. T. lange Gänge (beim Bienenwolf bis fast 1 m lang). Seitlich von diesem Gang werden oft mehrere Kammern angelegt, in die das Weibchen die paralysierte Beute schleppt. So kann der Erdbau des Bie-

△ ▷ **Sandwespe** *(Ammophila sp.)* **mit Raupe.** Die 3 in Mitteleuropa vorkommenden Sandwespen-Arten sind äußerlich schwer, an ihrem Verhalten aber recht gut zu unterscheiden. Das Weibchen von *A. pubescens* gräbt in sandigen Boden einzellige Nester. Der Sand wird unter dem »Kinn« im Flug abtransportiert. Wenn ein Nest fertig ist, sucht die Wespe eine nackte Schmetterlingsraupe, lähmt sie durch mehrere Stiche in die Bauchseite (wo die Nervenzentren liegen), transportiert sie dann im Flug oder zu Fuß zum Nest, legt sie dort ab, entfernt das Verschlußsteinchen vom Eingang, legt es zur Seite, schlüpft zur Inspektion ins Nest, kommt wieder heraus, packt die Raupe und zieht sie rückwärts ins Nest. Nach Ablage eines Eies auf die Raupe beginnt die Wespe mit dem Bau eines zweiten Nestes. Das erste Nest wird immer wieder kontrolliert und mit neuen Raupen versorgt. Die ähnliche Art *A. campestris* versorgt hingegen jedes Nest sofort mit der endgültigen Menge an Nahrung und öffnet es danach nicht wieder.

nenwolfes bis zu 30 Kammern mit insgesamt über 100 Bienen enthalten. Auf der Beute legt das Grabwespenweibchen ein Ei ab. Der Nesteingang wird häufig mit einem genau passenden Steinchen verschlossen, das noch mit Sand überdeckt werden kann, den die Wespe mit dem Kopf feststampft. Die Nester, die an geeigneten Stellen kolonieartig gehäuft vorkommen, werden in erster Linie optisch nach Geländemarken wiedergefunden. Die erwachsenen Grabwespen leben hauptsächlich von Pflanzensäften und Honigtau.

Ebenfalls auf sandig-sonnigen Wegen findet man die Trichter des Ameisenlöwen, der Larve der zu den Netzflüglern zählenden, libellenähnlichen Ameisenjungfer. (Von den 4–5 Arten in Mitteleuropa ist *Myrmeleon formicarius* die häufigste.) Die überwiegend dämmerungs- und nachtaktiv lebenden geflügelten Tiere ernähren sich vermutlich ebenfalls räuberisch wie ihre Larven. Die Weibchen legen ihre Eier einzeln in den Sand. In welcher Weise die Larve ihren Trichter baut und ihre Beute fängt, ist in der Bildlegende beschrieben. Nach 2 Jahren verpuppt sich das dritte Larvenstadium im Sand in einem Kokon. Die Puppe öffnet kurz vor dem Schlüpfen selbst den Kokon, schiebt sich halb heraus und entläßt dann das Vollinsekt.

Eine ökologisch wichtige räuberisch lebende Gruppe ist die der Spinnen – zu denen im weiteren Sinne auch Weberknechte und Milben gehören. Es gibt etwa 800 heimische Spinnenarten. Wichtiger aber noch ist, daß einige Arten überaus zahlreich vorkommen. Im Tau sieht man oft erst, in welchem Ausmaß eine ganze

Ameisenlöwe und Ameisenjungfer *(Myrmelon formicarius).* Die in ausgewachsenem Zustand etwa 10 mm lange Larve der Ameisenjungfer (Foto oben) – die übrigens stets rückwärts geht – gräbt sich in sandigen Boden ein, möglichst an etwas regengeschützten Stellen. Dazu wird erst ein ringförmiger Graben ausgehoben. Die Trichter selbst (Foto oben links) entstehen in »Kopfarbeit«, indem die Larve den Sand mit einer schnipsenden Bewegung hinausschleudert. Schon nach 15–30 Minuten kann der Trichter fertig sein. Dann vergräbt sich das Tier und läßt nur noch seine klauenartigen Saugzangen herausragen, die jedes hereinstürzende Tier (Foto unten links) packen, ihm erst Gift, dann Verdauungssaft einspritzen und es schließlich aussaugen. Nach 2 Jahren verwandelt sich der Ameisenlöwe in die Ameisenjungfer (Foto unten). Dieses stattliche Insekt mit einer Körperlänge von 35 mm und einer Flügelspannweite von 60–80 mm ist an seinen Fühlern von Libellen zu unterscheiden. Über seine Lebensweise weiß man wenig.

Wiese oder ein ganzer Jungwald mit den Netzen von Webspinnen verziert sind. Manche dieser Fangnetze sind wahre Kunstwerke, schön und zweckvoll zugleich, wie alte Handwerkskunst.

Die Kreuzspinne beginnt den Bau ihres Radnetzes, indem sie an einer ihr geeignet erscheinenden Stelle einen Faden frei in die Luft spinnt und wartet, bis ein Luftzug ihn irgendwo anheftet. Auf diesem locker durchhängenden Hochseil läuft sie dann bis zur Mitte, heftet hier einen neuen Faden an und seilt sich damit ab. Der erste Faden wird dadurch gespannt. Dann werden um die ersten drei Speichen Rahmenfäden gezogen, danach weitere Speichen eingebaut. Im Mittelpunkt entsteht dann eine enge Spirale (die Warte) mit einer nur als Baugerüst dienenden Hilfsspirale darum herum. Zuletzt wird die große Spirale aus klebenden Fangfäden gezogen und die Hilfsspirale wieder beseitigt. Für ein Netz von 18 cm Durchmesser braucht eine Kreuzspinne etwa 18 m Faden und 40 Minuten Zeit.

Ganz anders jagen die sogenannten Krabbenspinnen, die mit ausgebreiteten Vorderbeinen – was ihnen eine gewisse Ähnlichkeit mit Krabben verleiht – und einer oft hervorragenden farblichen Tarnung in Blüten oder auf Blättern ihre Beute belauern. Sie spinnen nur als Jungspinnen im Herbst Fäden, die sie weit hinaus flattern lassen und mit deren Hilfe sie sich bei geeignetem Wind schließlich selbst in die Lüfte erheben, um neue Lebensräume zu erobern. An manchen Tagen im Herbst ist die ganze Luft voll solch glitzernder Flugfäden: Altweibersommer!

△ **Krabbenspinne** *(Misumena vatia)*. Sie spinnen weder Fangnetze noch Wohngespinste. Stattdessen lauern sie mit weit ausgebreiteten Vorderbeinen – was an Krabben erinnert – in Blüten oder an Blättern auf Insekten. Ihre Körperfärbung ist oft hervorragend auf die jeweilige Umgebung abgestimmt, was bei vielen Arten auf erblicher Anpassung beruht (sie suchen sich den zu ihnen passenden Untergrund aus); manche Krabbenspinnen-Arten sind aber zum Farbwechsel fähig. Im Spätsommer lassen die jungen Spinnen sich an langen Fäden mit dem Wind verdriften (»Altweibersommer«).

▷ **Kreuzspinne** *(Araneus diadematus)*. Im Gegensatz zu den 6beinigen Insekten haben Spinnen 8 Beine, und die Webspinnen tragen an ihrem Körperende mehrere Spinnwarzen, mit denen sie einen sehr dünnen und leichten, aber überaus zähen Faden spinnen. Neben Radnetzen (wie hier von der Kreuzspinne) gibt es eine Vielfalt anderer Fangvorrichtungen bei den einzelnen Arten; das reicht von Baldachinen und Trichtern bis zu einzeln geworfenen Fangleinen.

Die Weibchen sind fast immer wesentlich größer als die Männchen, und es bedarf oft eines langen Balzvorspiels, bei dem das Männchen gelegentlich »beschwichtigend« Beute überreicht, damit es nicht selbst zur Beute wird. (Nach der Begattung kommt es dann allerdings doch gelegentlich zu dieser merkwürdigen Art von Kannibalismus.) Als Nahrung dienen hauptsächlich kleinere Insekten, die durch Einspritzen von Verdauungssaft verdaut und dann ausgesaugt werden. Spinnen können lange hungern, nicht aber lange dursten.

Ameisen – haufenweise

Über das hochinteressante Sozialleben der Ameisen könnte man Bücher schreiben. Die Vielfalt an Lebensformen ist erstaunlich. Insgesamt sind rund 6000 Arten bekannt, davon in Mitteleuropa »nur« 200, die im wesentlichen den beiden Familien der Schuppenameisen *(Formicidae)* und der Stachelameisen *(Myrmicidae)* zu etwa gleichen Teilen angehören.
Alle Ameisen sind soziale Insekten, die ganz ähnliche Staaten bilden, wie Bienen (s. S. 107 ff.) und Wespen (s. S. 125 f.). Auch im Ameisenstaat findet man gewöhnlich drei Kasten: das eierlegende Weibchen (die Königin), die Männchen und die Arbeiterinnen. Sehr viel häufiger als bei den anderen sozialen Hautflüglern findert man bei den Ameisen Arten, die bei anderen Ameisenarten parasitieren, insbesondere, indem sie sich die Dienst von deren Arbeiter zunutze machen – echte Sklavenhaltung also.
So etwas finden wir z. B. bei den Schwarzen Holzameise *(Lasius fuliginosus)*, deren Arbeiterinnen etwa 5 mm groß sind und deren Nester wir im morschen Holz von Weiden und Pappeln finden. Im Juni/Juli machen die geflügelten jungen Weibchen der Holzameise ihren Hochzeitsflug. Die begattete junge Königin ist jedoch nicht mehr in der Lage, wie andere Ameisen, selbst eine neue Kolonie zu gründen. Sie dringt deshalb in ein Nest der eigenen oder einer fremden Art ein, tötet die

Rote Waldameise *(Formica rufa)*. Aus zusammengetragenen Pflanzenmaterial baut die Rote Waldameise über einem unterirdischen Nest bis zu 1 m hohe Nesthaufen (Foto links), die durch Ausnutzen der Sonneneinstrahlung und situationsgemäßes Öffnen und Schließen der Eingänge eine hervorragende Temperaturregelung im Innern gestatten.
Die Königin kann bis zu 20 Jahre alt werden. Ein mittelstarkes Volk umfaßt bis zu 800 000 Individuen. Die Hauptnahrung sind Insekten und andere Kleintiere. Dadurch kommt dieser Art große Bedeutung bei der Abwehr von Forstschädlingen zu. Waldameisennester stehen deshalb unter Schutz. Außerdem wird der Honigtau von Blatt- und Schildläusen geerntet. Durch Verjagen von Blattlausfeinden und andere Maßnahmen schützen und hegen sie »ihre« Kolonien (Foto oben). Aus einer Giftblase können sie Feinde und Beutetiere bespritzen (Foto ganz oben); die dabei verdampfende Ameisensäure ist für Kleintiere tödlich, für den Menschen recht schmerzhaft.

▷ **Rote Waldameisen überfallen Mistkäfer.** Obwohl viel kleiner als Roßameise, ist diese Art äußerst kämpferisch. Besonders, wenn sie in großer Zahl sind, wagen sie sich an Tiere heran, die im Vergleich zu ihnen gepanzerten Riesen gleichen. Ihre Hauptwaffe sind dabei weniger die kräftigen Mundzangen, als das Gift, das sie, mit Ameisensäure vermischt, mit vorgestrecktem Hinterleib auf ihre Beute sprühen. Man kann die typische Haltung der Ameisen auf diesem Foto erkennen.

▷ ▽ **Roßameise** *(Camponotus herculaneus).* Diese in Wäldern lebende Ameise gehört zu unseren größten Arten (Arbeiterinnen bis 14 mm, Königinnen bis 18 mm). Die Tiere nagen ihre Nestanlage in das Weichholz der Jahresringe lebender Stämme und – wie auf nebenstehendem Foto – in die Borke der Kiefer. Die Zwischenwände sind oft nur noch papierdünn. Trotz ihres martialischen Aussehens leben Roßameisen hauptsächlich von Honigtau und süßen Pflanzensäften, daneben auch von Insekten und geraubten Puppen anderer Ameisenarten.

Es ist meist diese im Holz lebender Bäume wohnende Roßameise, nach deren Brut Schwarzspechte suchen, indem sie oft ganze Reihen von Löcher in die von Ameisen besiedelten Bäume schlagen (Foto unten). Der Forstmann schätzt daher die Roßameise nicht sehr.

rechtmäßige Königin, fängt selber an Eier zu legen und bedient sich des fremden »Hofstaates«. Sofern sie ein artfremdes Nest besetzt hat (z. B. das von *Lasius umbratus*), entsteht nach dem Ausschlüpfen der ersten *Lasius-fuliginosus*-Arbeiterinnen eine gemischte Kolonie. Allmählich sterben dann die Tiere der ursprünglichen Art weg, und es wird eine reine Kolonie der Schwarzen Holzameise.

Auch das Nest dieser Art ist bemerkenswert. In Hohlräume des alten Holzes ziehen die Arbeiterinnen Querwände ein aus einer Mischung von Holzteilchen und ausgewürgtem Honigtau, den sie als Nahrung von Blattläusen beziehen. Der Zukker in diesem kartonartigen Baumaterial ist Nahrungsgrundlage für einen wahrscheinlich nur in diesen Ameisennestern vorkommenden Pilz. Zwar dient der Pilz den Ameisen offenbar nicht als Nahrung, wie dies von den tropischen Blattschneiderameisen bekannt ist, aber seine Fäden (Hyphen) erhöhen allem Anschein nach die Festigkeit der Wände – eine bemerkenswerte Art des biologischen Bauens.

Die Schwarze Holzameise ernährt sich teils tierisch (gelegentlich sogar von der Brut anderer Ameisen, deren Nester sie überfällt), teils von den als Honigtau bezeichneten süßen Ausscheidungen von Blattläusen – die ja auch die Quelle des besonders schmackhaften Waldhonigs sind (s. Honigbiene). Diese Art der Ernährung ist typisch für die meisten Ameisenarten. Die Liebe zu den zuckerspendenden Blatt- und Schildläusen geht so weit, daß manche Arten praktisch nur davon leben; so etwa die Gelbe Wiesenameise *(Lasius flavus),* die unterirdisch lebende

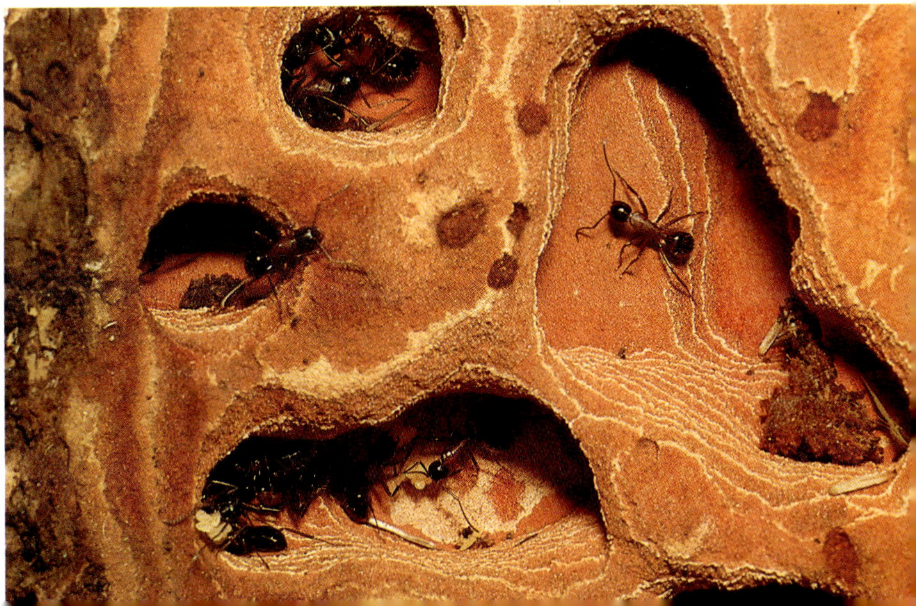

◁ **Schwarze Wegameise** *(Lasius niger)*. Diese ▽ häufigste heimische Ameisenart kommt in den verschiedensten Lebensräumen vor. Die Arbeiterinnen werden nur etwa 4 mm groß. Das Nest ist meist unterirdisch, häufig unter Steinen. Auf grasigem Boden wird mit dem »Aushub« meist ein gekammerter Oberbau von zuweilen beachtlicher Höhe errichtet, der vor allem der Temperaturregelung dient (Foto links). Das Innere des Erdbaues ist von einem Labyrinth von Gängen und Kammern durchzogen; die Gänge erstrecken sich unterirdisch oft weit in die Umgebung. Die Arbeiterinnen schleppen die Brut nach oben, wenn es dort in der Sonne warm wird. Die Larven werden mit einem Sekret einer Kopfdrüse ernährt. Die Hauptnahrung der Wegameisen ist der Honigtau von Schild- und Blattläusen, zu deren Kolonien offene oder überdeckte Straßen führen. Zwischen Mai und Juli schwärmen die geflügelten Geschlechtstiere (Foto unten). Gelegentlich findet man Nester der Wegameise auch unter Rinde (Foto ganz unten links).

Wurzelläuse hegt. Die Ameisen heben die Wintereier dieser Läuse in ihrem Nest auf und bringen im Frühling die schlüpfenden Tiere an geeignete Wurzeln.
Die Kolonien der Gelben Wiesenameise (die fast ausschließlich unterirdisch lebt) können bis zu 20000 Ameisen umfassen. Sie leben in einem weitreichenden unterirdischen Bau, dessen »Aushub« meist zu oberirdischen Erdkuppeln von der Größe eines Maulwurfshaufens aufgetürmt wird. (Auf solchen meist von Gras durchwachsenen Hügeln siedeln sich übrigens gerne wärmeliebende Pflanzen an, wie der Thymian.) Die Nester dieser Art sind oft auf einer größeren Fläche durch unterirdische Gänge zu einer Kolonie verbunden. Die jungen Königinnen sind zu unabhängiger, also selbständiger Koloniegründung fähig. Die begatteten Weibchen gehen allerdings nicht selbst auf Nahrungssuche. Vielmehr zehren sie solange von körpereigenen Reservestoffen (u.a. dient hierzu die nach Abwurf der Flügel nicht mehr benötigte Flugmuskulatur), bis die ersten Arbeiterinnen schlüpfen, die dann eine Wurzellaus-»Viehhaltung« gründen und auch für die Königin Zuckersaft herbeischaffen. Diese Leistung der jungen Königinnen ist um so erstaunlicher, als sie ja nicht nur die Eier produzieren müssen, sondern auch (aus einer Kopfdrüse) den Futtersaft für die ersten Larven. Die jungen Königinnen der Roßameise (Foto S. 131) müssen auf diese Weise bis zu 1 Jahr ohne Nahrung auskommen.
Aufgrund ihrer vielseitigen Ernährung sind Ameisen teils nützlich, teils schädlich in Haushalt und Pflanzenkulturen.

◁ **Nest der Rasenameise** *(Tetramorium caespitum)*. Die Erdnester dieser etwa 3 mm großen, meist schwarzen, manchmal aber auch gelbrot oder anders gefärbten Ameisenart sind ähnlich angelegt, wie die der Wegameise. Auch hier findet man in Grasland oberirdische Hügelbaue aus Erde. Die Kolonien können mehrere zehntausend Tiere umfassen. Die Nahrung ist meist tierisch, es werden aber auch Wurzelblattläuse gepflegt und gelegentlich Pflanzensamen gesammelt. Auf dem Foto erkennt man neben einigen Arbeiterinnen zahlreiche weiße Puppenkokons, die landläufig als »Ameiseneier« bezeichnet werden; schon am Größenverhältnis kann man sehen, daß es sich nicht um Eier handeln kann.

Schwimmer und Taucher im Pflanzenreich

Stehende Gewässer befinden sich immer in einem mehr oder weniger raschen Prozeß der Verlandung. Je nach Größe und Tiefe werden sie im Verlauf weniger Jahrzehnte oder vieler Jahrhunderte immer seichter durch Ablagerungen (Sedimente) von Einschwemmungen (Kies, Sand, Erde, Ton) oder durch Ablagerungen organischen Ursprungs. Sogenannte biogene Verlandungen durch die Überreste von Wasser- und Sumpfpflanzen finden wir vor allem in nährstoffreichen Weihern und in den stillen Buchten großer Seen. So entstehen zunächst Niedermoore, die unter bestimmten Bedingungen zu Hochmooren anwachsen können.

Die Pflanzensoziologen unterscheiden zwischen Wasserschweber- und Schwimmblatt-Gesellschaften. Besonders merkwürdig sind die im Wasser frei schwebenden Wasserpflanzen, die also nicht mit Wurzeln im Boden verankert sind und demzufolge alle Nährstoffe mit frei ins Wasser hängenden Wurzeln aus dem Wasser aufnehmen. Die charakteristische Art dieser Pflanzengesellschaft ist die oft in großen Mengen als »Entengrütze« auftretende Wasserlinse (Foto S. 135), die man von der selteneren, aber ebenfalls weltweit verbreiteten Teichlinse *(Spirodela polyrhiza)* leicht daran unterscheiden kann, daß ihre Blättchen (besser: blattartigen Sprosse) nur eine Wurzel tragen, während an den etwas größeren Blättchen der Teichlinse ein ganzes Wurzelbüschel hängt.

△ **Seerose** *(Nymphaea alba),* Seerosengewächse (Nymphaeaceae), je nach Wassertiefe bis 300 cm, V–VIII. Die Narben der weißen, weit geöffneten Blüten sind hellgelb. Die großen Schwimmblätter sind mit seilartigen Stielen mit dem Wurzelstock verbunden und entfalten sich erst nach dem Auftauchen auf der Wasseroberfläche. Stehende oder langsam fließende, nährstoffreiche Gewässer wie Teiche, ruhige Seebuchten oder Altwässer mit humosem Schlammgrund. Bevorzugt in wärmeren Gewässern. Selten, jedoch meist größere Bestände bildend. Insekten- und Selbstbestäubung; die Samen werden auf dem Wasser schwimmend verbreitet. Die Seerose enthält Alkaloide und ist deshalb schwach giftig. Außerdem enthält der Wurzelstock reichlich Gerbstoffe, weswegen er früher zum Gerben von Leder verwendet wurde.

▷ **Teich mit Seerosen.** Auf lange Sicht sind natürliche Teiche, Weiher und Seen nur Durchgangs-Lebensräume. Denn schneller oder langsamer verlanden sie alle, sei es durch Zufuhr von Kies, Sand und Schlamm mit den Zuflüssen, sei es durch Ablagerung pflanzlicher Stoffe. Besonders in flachen, nährstoffreichen Teichen entwickelt sich eine tropisch anmutende Wasservegetation. Dabei können bestimmte Pflanzengesellschaften den verschiedenen Uferbereichen zugeordnet werden. An den tiefsten Stellen mit dem geringsten Licht findet man Rasen aus Armleuchteralgen (in klaren Seen bis zu 15 tief), dann uferwärts anschließend eine Zone aus Laichkräutern und Tausenblatt (Unterwasserpflanzen, 2–5 m tief), dann die sogenannten Schwimmblatt-Gesellschaften; im Übergangsbereich Wasser-Land schließt meist ein Binsen-Schilf-Röhricht-Gürtel an, auf den weiter landeinwärts noch Seggenried und Erlenbruchwald folgen können. Durch Menschen einigermaßen ungestörte Teiche und Tümpel gehören zu den artenreichsten Ökosystemen unserer Klimazone – leider werden sie immer seltener.

In die Gruppe der Wasserschweber gehört auch ein Pflänzchen, das wie eine Miniaturausgabe einer Seerose aussieht: der auf sauberen, kalkarmen, windgeschützten Gewässern treibende Froschbiß *(Hydrocharis morsus-ranae).* Und es gehört hierher die interessante Krebsschere *(Stratiotes aloides),* die sich mit einer schönen Rosette aloeartiger, glasbrüchiger Blätter etwas über die Wasserfläche erhebt und leuchtend weiße Blüten hervorbringt. Beide Arten, Froschbiß und Krebsschere, sind zweihäusig, und häufig findet man rein weibliche oder rein männliche Krebsscherenbestände. Die Ausbildung von Samen ist nicht unbedingt nötig, da sich beide Arten auch durch Winterknospen vermehren, die im Herbst auf den Seeboden absinken und dann wieder an die Oberfläche steigen.
Auch der als Tierfänger bereits geschilderte Wasserschlauch (s. S. 92) gehört zu den Wasserschwebern. Leider ist er wegen der zunehmenden Wasserverschmutzung recht selten geworden. Generell kommen Wasserschweber nur auf windgeschützten Wasserflächen, oft zwischen Röhricht vor.
Im Gewässerboden wurzelnde Wasserpflanzen gehören den Fluthahnenfuß-, Laichkraut- und Schwimmblatt-Gesellschaften an, wobei zwischen untergetaucht lebenden (submersen) Arten und solchen mit schwimmenden Blättern zu unterscheiden ist. Beide Gruppen bilden oft sehr große Bestände, vor allem in seichten, stehenden Gewässern, aber auch in nährstoffreichen Fließgewässern, sofern die Fließgeschwindigkeit gering ist.

△ ◁ **Gelbe Teichrose** *(Nuphar lutea),* Seerosengewächse (Nymphaeaceae), bis 400 cm, je nach Wassertiefe, VI–VIII. Die gelben Blüten haben einen starken, alkoholartigen Duft. Blattstiele seilartig. Verwechslungsmöglichkeit mit der seltenen Zwerg-Teichrose *(Nuphar pumila).* Stehende oder langsam fließende, kühle Gewässer mit humosem Sand- oder Kiesgrund. Selten, jedoch meist in größeren Beständen. Insekten- und Selbstbestäubung; die Samen werden schwimmend verbreitet. Schwach giftig; enthält Alkaloide.

▽ ◁ **Flutender Hahnenfuß** *(Ranunculus fluitans),* Hahnenfußgewächse (Ranunculaceae), 100–600 cm, VI–VIII. Blätter untergetaucht, gezipfelt und mit der Strömung flutend. Bäche und Flüsse mit schnell fließendem, ammoniumhaltigen, sauerstoffreichem und kühlem Wasser über meist sandig-schlammigem Grund. Häufig und meist große Bestände bildend. Die Samen werden schwimmend oder durch Wasservögel verbreitet.

▷ **Wasser-Knöterich** *(Polygonum amphibium),* Knöterichgewächse (Polygonaceae), 30–100 (250) cm, VI–IX. Bei der Schwimmform Stengel im Wasser flutend; obere Blätter schwimmend; kahl. Die Landform ist oft blütenlos und behaart. Meist stehende Gewässer oder nasse Wiesen und Äcker mit meist kalkfreiem, nährstoffreichem und schlammigem Boden. Die Samen werden auf dem Wasser schwimmend verbreitet.

▷ **Kleine Wasserlinse** *(Lemna minor),* Wasserlinsengewächse (Lemnaceae), IV–VI. Die Laubglieder sind 2–3 mm breit und tragen unterseits nur eine Wurzel. Stehende oder langsam fließende, windgeschützte Gewässer mit nährstoffreichem, mildem oder saurem Wasser. Verbreitung im Wasser oder durch Wasservögel. Tritt oft massenhaft auf und bildet dann einen grünen Teppich auf dem Wasser. Die Wasserlinse soll bei jungen Enten das Wachstum steigern (»Entengrütze«).

▽ **Spitzschlammschnecke** *(Lymnaea stagnalis).* Die Gehäuse der Schlammschnecken, von denen es in Mitteleuropa 8 Arten gibt, sind immer rechtsgewunden. Die abgebildete Art ist die häufigste. Sie kommt in pflanzenreichen, stehenden oder langsam fließenden Gewässern vor. Erwachsene Tiere werden 45–60 mm lang und 20–30 mm breit. An den verschiedensten Standorten kommen oft unterschiedlich aussehende Formen vor. Als Nahrung dienen vor allem Algenüberzüge an Pflanzen; auch die Wasseroberfläche wird, von unten daran hängend, abgeweidet.

▷ **Spiegelkarpfen** *(Cyprinus carpio).* Die vollbeschuppte Wildform des Karpfens ist in Mitteleuropa nicht anzutreffen. Der Spiegelkarpfen ist eine von 4 Zuchtschlägen. Karpfen lieben warme und nährstoffreiche Gewässer, in deren Schlamm sie nach Kleintieren wühlen; auch pflanzliche Kost wird genommen. Jungkarpfen ernähren sich von Plankton. Mit der Forelle ist der Karpfen der wirtschaftlich wichtigste Süßwasserfisch.

Oft in Massen treten das submerse Tausendblatt *(Myriophyllum)* und das Hornkraut *(Ceratophyllum)* auf, die wie viele Unterwasserpflanzen sehr fein zerschlitzte Blätter haben. Auch der abgebildete Flutende Hahnenfuß (und andere Hahnenfuß-Arten) gehören zu den untergetaucht lebenden Wasserpflanzen mit feingeschlitzten Blättern. Beim Wasserhahnenfuß *(Ranunculus aquatilis)* sind die untergetauchten Blätter geschlitzt, die Schwimmblätter ganzrandig, was zeigt, daß es sich dabei um funktionelle Anpassungen handelt. Auch die oft wuchernden Laichkraut-Arten *(Potamogeton)* gehören zu dieser Pflanzengesellschaft, die für die Reinigung des Wassers ebenso bedeutsam ist wie für das Laichgeschäft vieler Fischarten.
Selbstverständlich recken auch die untergetaucht lebenden Wasserpflanzen ihre Blüten stets über die Wasseroberfläche zur Bestäubung hinaus, womit sie dokumentieren, daß sie keine ursprünglichen Wasserpflanzen sind, wie etwa die Tange, die auch ihre Fortpflanzung unter Wasser besorgen.
Viel auffälliger und daher allgemein bekannt sind die Schwimmblatt-Gesellschaften, zu denen allen voran See- und Teichrose gehören. In Flachwassern (bis zu 2–3 m Tiefe) können sie große Flächen bedecken – vorausgesetzt, sie werden nicht ständig durch Wassersportaktivitäten zerstört. Auch der Wasserknöterich (Foto) gehört zu den bestandsbildenden Schwimmblattarten. An ihm läßt sich besonders schön die Anpassungsfähigkeit der Blattformen betrachten, da er auch als Landform mit kürzer gestielten und schmäleren Blättern vorkommt.

⊲ **Breitblättriger Rohrkolben** *(Typha latifolia)*, Rohrkolbengewächse (Typhaceae), 90–200 cm, VI–VII. Die Blüten bilden zwei Kolbenteile: Männliche Blüten oben; die unteren, braunen Blüten sind weiblich. Verwechslungsmöglichkeit mit dem Schmalblättrigen Rohrkolben *(T. angustifolia)*. Im Röhricht meist stehender, nährstoffreicher Gewässer auf humosem Schlammgrund. Häufiger Verlandungspionier mit Kriechsprossen.

◁ **Schilf** *(Phragmites communis)*, Süßgräser (Poacese), 100–400 cm, VII–IX. Die rispig angeordneten Blüten sitzen auf langen, knotigen Halmen, die aus dem weit verzweigten Wurzelstock aufsteigen und sehr biegsam sind. Im Röhricht meist stehender Gewässer, auf nassen Moorwiesen und in Weidenauenwäldern mit nährstoffreichem, humosem und oft sandigem Schlammboden. Häufig große Bestände bildend. Samenverbreitung durch den Wind. In der Hauptsache jedoch ungeschlechtliche Verbreitung durch Wurzelkriechsprossen.

▽ **Ästiger Igelkolben** *(Sparganium erectum)*, Igelkolbengewächse (Sparganiaceae), 30–60 cm, VI–IX. Männliche und weibliche Blüten bilden kugelige Kolben; oben männliche und unten weibliche, welche die stachelige (Name) Frucht ausbilden. Stengel ästig. Ähnlich ist der Einfache Igelkolben *(S. emersum)*. Gräben und Ufer, Röhrichte stehender oder langsam fließender Gewässer mit nährstoffreichem und schlammigem Grund. Häufig.

Die Liebe der Libellen

Libellen, diese schnellen, eleganten Flieger kann man auch weitab vom Wasser antreffen. Trotzdem gehören stehende Gewässer – ähnlich wie bei vielen Amphibien – unverzichtbar zu ihrem Lebensraum. Nur hier legen die Weibchen ihre Eier ab, nur hier können sich die Larven entwickeln. Wichtig sind dabei über das Wasser aufragende Wasser- und Uferpflanzen, wie die hier abgebildeten, an deren Stengeln die erwachsenen Larven über die Wasserfläche emporklettern, wenn es Zeit ist, daß das geflügelte Insekt aus der Larvenhülle schlüpft.
Die Larven der Schlanklibellen leben meist in stehenden Gewässern, wo sie an Wasserpflanzen auf Beute lauern. Zum Fang der Beute dient ein vorschnellbarer Apparat, der in der Ruhe unterm Kopf liegt. Manche Arten sind sehr gefräßig, wenn sie sich auch nicht, wie die Larven der Großlibellen, an Kaulquappen, Jungmolchen und Jungfischen vergreifen. Bei den meisten Arten überwintern die Larven. Nach weiteren Häutungen im Frühling klettern sie im Mai oder Juni an Pflanzen aus dem Wasser heraus, und aus ihrer unscheinbaren braunen Hülle schlüpft das oft prächtig gefärbte, geflügelte Insekt.
Zwischen Mai und Juli sieht man die zierlichen Wasserjungfern über die spiegelnden Flächen von Weihern und Tümpeln fliegen, blauen oder grünen Blitzen gleich,

△ **Kleine Pechlibelle** *(Ischnura pumilio)* **bei der Paarung.** Der Hinterleib dieser nicht häufigen Kleinlibelle ist oberseits pechschwarz, der 8. Hinterleibsring auffallend hellblau, ein wichtiges Signal, nach dem sich die Geschlechter finden. Die als Paarungsgrad bezeichnete Stellung (Foto) kommt dadurch zustande, daß das Männchen das Weibchen mit seinen Hinterleibszangen im Nacken festhält, während das Weibchen den in einem vorderen Segment des Männchens deponierten Samen aufnimmt. Nach der Paarung legen die Weibchen (ohne Männchen) die Eier in verschiedene Wasserpflanzen.

▽ **Azurjungfern** *(Agrion puella)* **bei der Eiablage.** Vor allem die Männchen dieser Gattung sind durch viel Blau gekennzeichnet. Die recht häufige Art fliegt von Mai bis August. Typisch für Kleinlibellen ist die als Tandem bezeichnete Verbindung des Paares wobei das Männchen das Weibchen im Nacken festhält (s.o.). Das Paar fliegt auch so und besorgt bei dieser Art auch die Eiablage gemeinsam.

dann wieder gemächlich, oder schwerelos sich auf einem Blatt niederlassend. Dann sieht man, daß die Kleinlibellen ihre beiden gleichgestalteten Flügelpaare dachförmig über dem Hinterleib tragen, während Großlibellen ihre verschieden geformten Flügelpaare über der Brust schräg nach oben gespreizt haben.

Recht kompliziert ist das Paarungsverhalten der Libellen. Die Ausgänge der samenproduzierenden Keimdrüsen liegen bei den Männchen auf der Bauchseite am Ende des Hinterleibes (9. Segment), das Kopulationsorgan jedoch auf der Bauchseite des 2. und 3. Hinterleibsegmentes, also dicht hinter dem Brustteil. Sie müssen daher vor der Paarung das Kopulationsorgan erst mit Samen füllen, wozu sie das Hinterleibsende untenherum nach vorne biegen. Nach einem bei den Arten verschiedenen Balzvorspiel ergreift dann das Männchen das Weibchen zuerst mit den Beinen von oben und packt es dann mit den Zangen, die es am Hinterleibsende trägt, in einer Vertiefung des Brustteils, in der ein klebriges Sekret des Weibchens den Halt verbessert. Das als Tandem bezeichnete Paar ist nun fest verbunden und fliegt auch gemeinsam. Die eigentliche Kopulation wird durch ziehende Bewegungen des Männchens eingeleitet, worauf das Weibchen seinen Hinterleib zwischen den Beinen nach vorne biegt, bis es mit seinem Hinterleibsende das brustnahe Kopulationsorgan des Männchens berührt. Man nennt diese Haltung Kopulationsrad, obwohl die aus den beiden Leibern gebildete Form eher einem Herz gleicht – was der Sache ja auch viel mehr entspricht.

Die Eiablage folgt bald nach der Kopulation, wobei die Männchen mancher Kleinlibellen das Weibchen weiterhin im Griff behalten. Zur Eiablage gehen manche Kleinlibellen an Pflanzenstengeln unter Wasser, wo das Weibchen seine Eier an Pflanzenteilen anheftet; das Paar kann bis zu einer halben Stunde unter Wasser bleiben. Andere Arten, wie die hier abgebildeten Azurjungfern, bleiben über dem Wasser, und das Weibchen streckt bloß seinen Hinterleib ins Wasser, um die Eier irgendwo anzuheften. Andere Libellen legen die Eier gar im Flug, häufig durch Auftupfen des Hinterleibs auf die Wasseroberfläche.

Nach wenigen Wochen schlüpfen aus den Eiern die Larven, die entweder träge im Schlamm leben (Federlibellen), oder recht beweglich von Pflanzen aus auf die Jagd nach Kleintieren gehen. Von ihren Schwimmfähigkeiten machen sie in der Regel nur bei Störungen Gebrauch. Kleinlibellen-Larven tragen am Hinterleibsende drei Fortsätze, die teils als Tracheenkiemen der Atmung dienen, teils beim Schwimmen eingesetzt werden. Die Tiere kommen aber auch ohne sie aus – sie brechen nämlich sehr leicht ab, wachsen allerdings auch wieder nach.

Alle Libellen ernähren sich von lebender Beute, die sie als Vollinsekten meist im Flug fangen und auch gleich verzehren ohne zu landen. Dabei nützen ihnen ihre ungewöhnlich großen Komplexaugen, die bei manchen Arten aus bis zu 30000 Einzelaugen bestehen. Der an einem dünnen Stiel sitzende Kopf ist sehr beweglich. Ihre Flugkünste sind bekannt; bei ihren unwahrscheinlichen Manövern können sie beide Flügelpaare unabhängig voneinander bewegen.

◁ **Wasserfrosch** *(Rana esculenta)*. Die sogenannten Grünfrösche sind nicht leicht voneinander zu unterscheiden, zumal es Bastarde zwischen allen 3 Arten gibt. Neuerdings wird der mittelgroße Wasserfrosch (8–10 cm) sogar als Kreuzung zwischen dem großen Seefrosch (10–17 cm) und dem kleinen Teichfrosch (4,5–7 cm) angesehen. Allen gemeinsam ist, neben der überwiegend grünlichen Farbe, das Vorhandensein von zwei seitlichen Schallblasen beim Männchen, die beim lauten Quaken mächtig hervortreten, und das monatelange Verweilen an und in Gewässern.

▽ **Laubfrosch** *(Hyla arborea)*. Ganz unverwechselbar hingegen ist der kleine Laubfrosch (4–5 cm), der bevorzugt in Büschen und Bäumen lebt und nur zum Laichen ins Wasser geht. Tagsüber sitzt er unbeweglich und flach angedrückt in erhöhter Vegetation (Foto) und wird erst abends und nachts aktiv. Dann lassen auch die Männchen ihr schnelles rab-rab-rab hören. Wie die meisten Amphibien, wird auch der Laubfrosch immer seltener.

Amphibien-Sommer

Unsere häufigeren Amphibienarten lassen sich ganz gut in eine Gruppe von Frühlaichern und eine von Spätlaichern unterteilen – obwohl es, wie immer in der Natur, Überschneidungen gibt. Zu den Frühesten am und im Laichgewässer gehören Bergmolch, Geburtshelferkröte, Erdkröte und Grasfrosch. Sie sind in milden Jahren schon im Februar, spätestens aber im März zugange (s. S. 37 ff.). Zu denen, die vor April/Mai so gut wie nie mit Paarung und Ablaichen beginnen, gehören Gelbbauchunke, Kreuz- und Wechselkröte, Laubfrosch und die Grünfrösche. Einige Amphibienarten scheinen keine eng begrenzte Laichzeit zu kennen, so findet man laichende Unken, Kreuz- und Geburtshelferkröten oft den ganzen Sommer über bis in den August oder sogar September.
Im allgemeinen ist jetzt (im August) aber die Zeit, da sich die Larven der meisten Arten in winzige Frösche oder Molche verwandeln und an Land gehen. Man hält es kaum für möglich, daß so winzige, feuchte Lebewesen in einer so harten Landwelt überhaupt die geringsten Überlebenschancen haben sollen. Sehr viele kommen auch nicht durch, werden von den verschiedensten Tieren gefressen oder vertrocknen. Deswegen müssen die meisten Lurcharten jährlich so viel Nachwuchs produzieren: 1000 Eier je Weibchen sind üblich, der Wasserfrosch bringt es sogar auf das Zehnfache.

◁ **Gelbbauchunke** *(Bombina variegata)*. Sie sind nur 4–5 cm groß, von untersetzter und flacher Gestalt und gefärbt wie Schlamm und Erde (Foto ganz links). Man kann sie tatsächlich leicht übersehen. Tagsüber verstecken sie sich im und am Wasser, selten fern davon. Ihre Rufe sind wohlklingend und gar nicht laut (uh – uh – uh), an einem stillen Abend sind sie aber weit zu hören.
Die Paarungs- und Laichzeit liegt zwischen April und Juni, dauert aber manchmal bis in den August hinein. Das Gelege besteht aus etwa 100 Eier, die einzeln oder in Klumpen an Wasserpflanzen abgesetzt werden oder einfach zu Boden sinken. Nach 8 Tagen schlüpfen die Larven, die bis zu 5 cm groß werden können, bevor sie sich (ab Ende Juli) verwandeln. Fühlen sich Unken bedroht, so werfen sie sich auf den Rücken und zeigen ihre grell gezeichnete Bauchseite (Foto links). Schwarz-Gelb-Muster sind im Tierreich als Warn- und Schreckfarben weit verbreitet.

Entwicklung des Grasfrosches *(Rana temporaria).* Der Grasfrosch (s. Foto S. 39) gehört mit Spring- und Moorfrosch zu den Braunfröschen. Er ist einer der noch am häufigsten Lurche Mitteleuropas. Die höchstens 10 cm großen Frösche leben den größten Teil des Jahres außerhalb und oft fernab vom Wasser. Nur zur Laichzeit, die mit der der Erdkröte zu den frühesten im Jahr zählt (März), gehen die Grasfrösche für einige Tage ins Wasser. Dann hört man auch die leisen, tief knurrenden Laute der rufenden Männchen, deren zwei innere Schallblasen äußerlich nur durch einen etwas aufgeblasenen Kehlsack zu erkennen sind (s. Wasserfrosch auf gegenüberliegender Seite).

Die Weibchen legen 2000–4000 Eier in Teichen, Sümpfen und Wassergräben ab. Die 2–3 cm großen Eier fallen zunächst zu Boden, steigen aber nach dem Quellen bald wieder an die Wasseroberfläche, wo sie große, schwimmende Fladen bilden (s. Foto S. 39). Die daraus schlüpfenden kleinen, schwarzen Kaulquappen schwimmen anfangs in dichten Schwärmen (Foto oben links), die bevorzugt erwärmte Flachwasserbereiche aufsuchen. Sie leben hauptsächlich von den Algenüberzügen an Pflanzen und Steinen, die sie mit ihren scharfen Mundkanten abschaben.

Das Schwanzende der Larven ist im Gegensatz zu anderen Froschlarven nicht spitz, sondern etwas abgerundet. Zuerst entwickeln sich die Hinterbeine (Foto oben Mitte), dann die Vorderbeine (Foto oben rechts), schließlich wird der Schwimmschwanz zurückgebildet (Foto Mitte) und im Juli ist es dann soweit, daß die winzigen, nur etwa 10–15 mm großen Fröschchen an Land gehen (Foto unten), was einhergeht mit der Umstellung von Haut- und Kiemenatmung auf Haut- und Lungenatmung. Die kleinen Frösche hüpfen oft in solchen Mengen durch den Bewuchs in der Umgebung des Laichgewässers, daß die Leute früher von einem »Froschregen« sprachen.

Leben und Lieben im Schneckentempo

Mit den Muscheln gehören die Schnecken zu den Weichtieren oder Mollusken. Ihr ursprünglicher Lebensraum ist das Meer. Im Lauf der Zeit haben sie aber viele andere Lebensräume besiedelt, was sich in dem großen Artenreichtum (über 130000 Arten) widerspiegelt. In Mitteleuropa gibt es fast 500 Schneckenarten, die im Meer, im Brackwasser, im Süßwasser und auf dem Land leben.
Betrachten wir eine Schnecke, z. B. eine Weinbergschnecke, von außen, so erkennen wir von den vier Hauptabschnitten des Körpers ohne große Schwierigkeit Kopf und Fuß. Der große Fuß ist auf der Unterseite sohlenartig abgeplattet. Vorne geht er allmählich in den rundlichen Kopf über, der die beiden Fühlerpaare trägt. Die gemächliche, gleitende Fortbewegung der Schnecken kommt durch kleine, wellenförmige Muskelbewegungen der Fußsohle zustande, die man hübsch beobachten kann, wenn man eine Schnecke auf einer Glasscheibe kriechen läßt. Dabei wird ständig etwas Schleim abgesondert, so daß sich die Schnecke gewissermaßen auf einer selbst gezogenen Bahn – die man oft im Gras oder auf der Erde glänzen sieht – fortbewegt. Übrigens kann sie auf diese Weise auch unbeschadet über die scharfe Kante der Glasscheibe kriechen. Charakteristisch für den Körperbau der Schnecken sind weiterhin der in der Schale verborgene Eingeweidesack und der die Schale ausscheidende Hautbezirk, den man als Mantel bezeichnet.

Weinbergschnecke *(Helix pomatia)*. Unsere größte Gehäuseschnecke kommt in den verschiedensten Landschaften vor. Schnecken kriechen mit wellenförmigen Bewegungen ihrer Fußsohle auf einer Schleimschicht, die von einer unter dem Kopf liegenden Drüse abgesondert wird. Mit einer raspelartigen »Zunge« schabt die Schnecke saftige Pflanzenteile ab (Foto oben rechts).
Höchst merkwürdig ist die Paarung dieser zwittrigen Tiere. In einem Drüsensack bildet sich ein etwa 1 cm langer, scharf-vierkantiger Dolch aus Kalk. Diesen sogenannten »Liebespfeil« stoßen sich die Partner beim Vorspiel gegenseitig in die Fußsohle. Erst nach diesem Reiz findet die eigentliche Kopulation statt, bei der jeder Partner dem anderen eine Spermatophore in die weibliche Geschlechtsöffnung setzt. Die Paarung kann sich über Stunden hinziehen (Foto unten links). Aus der am Kopf liegenden Geschlechtsöffnung werden die ziemlich großen Eier in eine selbstgegrabene Erdhöhle abgelegt (Foto unten rechts).

▷ **Hain-Schnirkelschnecke** *(Cepaea nemoralis).* Zu unseren häufigsten landlebenden Gehäuseschnecken gehören die Hain- und die Garten-Schnirkelschnecke. Die Färbung ihrer Gehäuse ist ähnlich, aber überaus variabel und reicht von Weißgelb oder Rosa bis Dunkelbraun. Bis zu 5 dunkle Bänder kommen vor, können aber auch ganz fehlen. Die beiden Arten lassen sich dennoch leicht unterscheiden: Der Saum des Gehäuses ist bei der Hain-Schnirkelschnecke immer dunkel, bei der Garten-Schnirkelschnecke dagegen immer hell.
Wie alle landlebenden Gehäuseschnecken, zieht sich auch diese Art bei Trockenheit in ihr Haus zurück und verschließt den Eingang mit einer pergamentartigen Haut. Die Tiere versammeln sich dann oft zu mehreren an schattigen Stellen und warten auf Regen. Im Winter vergraben sie sich und verschließen das Gehäuse mit einem Kalkdeckel. Sie werden mehrere Jahre alt.

▽ **Rote Wegschnecke** *(Arion rufus).* Diese bis 15 cm lange, allgemein verbreitete Nacktschnecke tritt in vielerlei Farbvarianten auf, von ziegelrot oder braun bis schwarz (Fotos unten). Der Fußsaum ist jedoch fast immer rötlich. Junge Tiere bis 3 cm Größe sind grüngrau mit schwarzem Kopf (nicht zu verwechseln mit den kleinen grauen Ackerschnecken).
Wegschnecken sind Allesfresser; neben frischen und faulenden Pflanzenteilen nehmen sie auch Tierleichen und Kot an. Dadurch besteht die Gefahr der Übertragung von Eiern parasitischer Würmer auf Salat und Gemüse. Die zwittrigen Tiere besamen sich gegenseitig, indem sie um einen Schleimpfropfen einen Kreis bilden und die an der rechten Kopfseite liegende Geschlechtsöffnung zum Austausch der Spermatophoren zusammenlegen; männliche Begattungsorgane und Liebespfeile, wie bei den Gehäuseschnecken, fehlen. Lebensdauer nur 1 Jahr.

Die 4 Fühler der Landschnecken dienen vor allem als Tastorgane: wenn sie irgendwo damit anstoßen, werden sie nach innen gestülpt zurückgezogen und notfalls dreht das ganze Tier ab. An den Enden der beiden oberen, längeren Fühler sitzen einfach gebaute Augen, mit denen nur Hell-Dunkel-Unterschiede und einfache Umrisse zu erkennen sind. Die kleineren unteren Fühler tragen Geruchsorgane, sie spielen vor allem bei der Nahrungssuche eine Rolle. Die Atemöffnung, die bei den Nacktschnecken deutlich zu sehen ist, liegt bei den Gehäuseschnecken unter dem Gehäuserand.
Ein auch für die Bestimmung der Arten wichtiges Organ ist die mit vielen (bis 25000) nach hinten gerichteten Zähnchen besetzte »Zunge«, die Radula, der Schnecken. Die Form der Zähnchen läßt auch Rückschlüsse auf die Art der Ernährung zu. Die in regelmäßigen Längs- und Querreihen stehenden Zähnchen wachsen entsprechend ihrer Abnutzung ständig nach.
Neben den hier abgebildeten Arten findet man an Felsen, Gemäuer und Buchenstämmen häufig eine Schnecke mit flach-tellerförmigem Gehäuse; es ist der Steinpicker. Besonders auffällig sind die sehr langgezogenen, spitzen Gehäuse der Schließmundschnecken, die man vor allem an der Wetterseite von Waldbäumen findet, wo sie den Flechtenbelag der Baumrinde abraspeln. Im Gehäuse den Schnirkelschnecken ähnlich ist die in feuchten Wäldern, Gebüsch und Wiesen lebende Baumschnecke, deren Körper aber fast schwarz ist.

Blütenschätze im Sommerwald

Die Bodenvegetation unsere Wälder ist so verschieden wie die Wälder selbst. In einem dichtstehenden Fichtenforst kommt so wenig Licht auf den Boden, daß man außer einigen Moosen und Farnen, Heidekraut und Sauerklee, nur noch solche Pflanzen findet, die auf Licht verzichten können, da sie wie Tiere von anderen Pflanzen und deren Überresten leben: Pilze und Schmarotzer, wie Fichtenspargel oder Nestwurz (s. S. 87). In lockeren Laubwäldern hingegen kann die Bodenvegetation recht artenreich sein.

Pflanzensoziologisch betrachtet, gehören die Pflanzen des Waldbodens zu verschiedenen Formationen: Heidekraut und Blaubeeren gehören zu den Zwergstrauchgesellschaften, Weidenröschen und Blutstorchschnabel zu den Hochstaudengesellschaften der Schlagfluren, Vorwald- und Waldsaumgesellschaften. Als eigene Klasse werden vielfach die artenreichen Sommerwälder betrachtet, die man wiederum unterteilen kann in Laubmisch- und Buchenwälder einerseits und wärmeliebende Flaumeichen- und Eichenmischwälder andererseits. Letztere haben vor allem in Südeuropa ihren Schwerpunkt. Bei der Gruppe der Laubmischwälder kann man unterscheiden zwischen Weich- und Hartholz-Auenwäldern, Eichen-Hainbuchen-Mischwäldern und Rotbuchenwäldern. Sie alle haben auch ihre charakteristische Bodenvegetation, über die wir teilweise schon im Zusammen-

△ **Akelei** *(Aquilegia vulgaris),* Hahnenfußgewächse (Ranunculaceae), 30–80 cm, V–VII. Die violetten Blüten haben gebogene, hinten hakige Sporne. Die unteren Blätter und die Blüten sind lang gestielt. Eichen- und Buchenmischwälder, Bergwälder und -wiesen mit etwas trockenem, mullreichem und lockerem, nährstoffreichem und kalkhaltigem Lehmboden. Zerstreut. Die Blüten werden hauptsächlich von Hummeln bestäubt. Der Name »Akelei« rührt von der indogermanischen Sprachwurzel »ak« her, was »spitz«, »scharf« bedeutet und sich auf den Blütensporn bezieht. Alte Heilpflanze, die ein schwach giftiges Blausäure-Glykosid enthält. Geschützt.

◁ **Roter Fingerhut** *(Digitalis purpurea),* Braunwurzgewächse (Scrophulariaceae), 30–120 (–150) cm, VI–VIII. Die Blüten sind in einer einseitswendigen Traube angeordnet. In ihrem Inneren sind sie bärtig und haben dunkelrote, weiß umrandete Flecken. Die Grundblätter sind rosettenförmig angeordnet. Waldränder und -lichtungen, Kahlschläge und lichte Wälder mit kalkarmen, sandigem und stickstoffhaltigem Lehmboden. Zerstreut, an seinen Standorten jedoch vermehrt auftretend. Voraussetzung für die Entwicklung der mehrjährigen Pflanze ist ein feuchtes und wintermildes Klima. Die Bestäubung der Blüten wird durch Hummeln besorgt. Die nur im Licht keimenden Samen werden durch den Wind verbreitet. Alte und wichtige Heilpflanze; enthält ein Glykosid, das Digitalin, welches bei Herz- und Kreislaufbeschwerden eingesetzt wird. Giftig.

hang mit den Frühblühern (S. 34 f.), den Blumen des Auwaldes (S. 40 ff.) und dem Maiwald (S. 73 ff.) berichteten.
Im Hochsommer beherrschen mehr blühende Hochstauden das Bild, denn dicht am Boden, wo wir die Blüten vieler Frühblüher fanden, ist es jetzt eng geworden oder sehr schattig. In feuchteren Wäldern blüht mit kleinen weißen Blüten reichlich die Hain-Sternmiere, der Blaue Eisenhut, die duftig-rosafarbene Akeleiblättrige Wiesenraute und der ebenso duftig-weiße Waldgeißbart. Wo es schattiger und weniger eng ist, blühen die halbhohen Weißwurz-Arten. An ähnlichem Standort auf kalkreichem Boden kann man da und dort unserer größten Orchidee, dem Frauenschuh (s. S. 87), begegnen.
In lichten, warmen Eichenwäldern und an Waldrändern blüht mit großen kräftig-rosa Blüten der Blutstorchschnabel und der recht seltene, aromatisch duftende Diptam, von dem es heißt, er ströme in der Sonnenhitze soviel ätherische Dämpfe aus, daß man sie anzünden könne (»brennender Busch«). Eine auffällige Erscheinung um diese Zeit ist an feuchteren Waldrändern das aus Indien eingeschleppte, große, rosablühende Drüsige Springkraut, dessen schotenförmige Fruchtkapseln bei Berührung aufspringen. Weniger auffällig, trotz stattlicher Höhe, ist die Engelwurz, die ihren Namen von der Sage hat, ein Engel hätte die heilkräftige Pflanze gebracht. Auch die Weiße Schwalbenwurz, die man in warmen Laubwäldern auf Steinschutt findet, fällt wegen ihrer relativ kleinen, weißen Blüten wenig auf.

»Nachtschwärmer«

Die Bezeichnungen »Tag- und Nachtfalter« sagen wenig über die natürliche Verwandtschaft eines Schmetterlings aus. Viele Falter aus den verschiedensten Familien fliegen in der Dämmerung oder nachts. In der Regel denkt man aber speziell an zwei Familien, wenn man von Nachtfaltern spricht, an die Eulen *(Noctuidae)* und an die Schwärmer *(Sphingidae)*. Auch die hier abgebildeten Arten gehören zu den beiden Familien, wobei das zu den Schwärmern zählende Taubenschwänzchen zeigt, daß nicht alle Arten im Dunkeln fliegen.
Zu den Eulen gehören die Ordensbänder, die sich insofern von allen anderen Eulen unterscheiden, als bei ihnen die Hinterflügel mit blauer, roter oder gelber Zeichnung viel lebhafter gefärbt sind als die unscheinbar gemusterten Vorderflügel; bei den übrigen Eulen ist die Zeichnung der Vorderflügel durchweg lebhafter als die der Hinterflügel, allerdings nie in grellen Farben. Leuchtende Farben auf den Hinterflügeln sind fast immer mit einer Verhaltensweise verbunden, die deren Funktion als Schreck- und Warnfarben nahelegt: Werden die ruhenden, gutgetarnten Tiere gestört, so öffnen sie blitzschnell die Vorderflügel, so daß die grellfarbigen Hinterflügel aufleuchten. Ein Freßfeind wird dadurch zumindest vorübergehend zögern, was dem Falter eine bessere Fluchtchance gibt.

△△ **Türkenbund-Lilie** *(Lilium martagon)*, Liliengewächse (Liliaceae), 30–100 cm, VI–VII. Diese schöne und recht seltene Lilie mit den turbanartigen, gefleckten Blüten kommt zerstreut in Laub- und Nadelwäldern vor. Sie entspringt einer großen, goldgelben Zwiebel. Geschützt.

△ **Weidenröschen** *(Epilobium angustifolium)*, Nachtkerzengewächse (Onagraceae), 50–120 (–150) cm, VII–VIII. Eine typische Kahlschlagpflanze, die überall dort – oft in großer Zahl – auftaucht, wo der Wald gelichtet wurde. Die Art liebt frische, nährstoffreiche, kalkfreie Böden.

▷ **Mittlerer Weinschwärmer** *(Deilephila elpenor)*. Dieser schön gezeichnete Falter ist von Mai bis Juni kein seltener Dämmerungsflieger. Wie viele Nachtfalter saugt er mit seinem langen Rüssel Nektar aus röhrenförmigen Blüten, indem er wie ein Kolibri im Schwirrflug davorsteht. Seine Raupe frißt vor allem an Weidenröschen, Labkraut, Echtem und Wildem Wein.

◁ **Wolfsmilchschwärmer** *(Celerio euphorbiae).* Seinen Namen hat er von der Futterpflanze der Raupen, die vor allem die häufige Zypressenwolfsmilch ist. Die Falter fliegen in der Dämmerung zwischen Mai und Juli und legen in dieser Zeit ihre Eier an Wolfsmilchgewächse. Die schlüpfenden Räupchen sind zunächst schwarz, werden aber nach der ersten Häutung bunt; erwachsene Raupen tragen auf dunkelgrünem Grund einen roten Rückenstreifen, viele kleine, gelblichweiße Pünktchen und größere gelbliche Seitenflecken. Sie verpuppen sich dann in leichtem Gespinst in der obersten Bodenschicht. In diesem Ruhezustand können sie mehrere Jahre verharren.
Die Falter zeigen die typische Form und Färbung vieler Schwärmer: vergleichsweise unscheinbar gefärbte, aber schnittige Vorderflügel und lebhaft gefärbte Hinterflügel. Trotz der kräftigen Flugmuskulatur neigt aber diese Art nur zu kürzeren Wanderungen; ob Wolfsmilchschwärmer aus Südeuropa zu uns kommen, ist unbekannt. Bis zu 2 Generationen im Jahr.

Über 25000 Eulenarten gibt es auf der Welt, darunter der größte überhaupt bekannte Falter, eine südamerikanische Eule mit einer Flügelspannweite von 27–30 cm. Auch in Mitteleuropa kommen über 500 Eulenarten vor, die kleinste nur mit einer Spannweite von 9 mm, die größte – das Blaue Ordensband – mit einer Spannweite von 90 mm.
Die Eulen sind allesamt Dämmerungs- und Nachtflieger, doch sind manche Arten auch tagsüber unterwegs (z. B. die Gamma-Eule). Das Flugvermögen ist meist gut, und manche Arten legen als aus dem Süden zufliegende Wanderfalter große Strekken zurück (z. B. Gamma-Eule). Obwohl Eulen selbst keine Geräusche erzeugen, besitzen sie ein Hörorgan, das bereits auf 30 m Entfernung auf die Ultraschall-Laute von Fledermäusen (s. S. 145 ff.), ihren Hauptfeinden, anspricht. Als Reaktion ändern die Falter blitzschnell ihre Flugbahn oder lassen sich fallen.
Noch bessere Flieger mit meist schmalen und schnittigen Vorderflügeln finden sich in der Familie der Schwärmer. Viele Arten legen als Wanderfalter jährlich große Strecken von Afrika und Südeuropa nach Mittel- und Nordeuropa zurück, wobei auch die Wüsten und die Alpen überflogen werden. Die oft stattlichen Raupen sind durch einen hornartigen Fortsatz auf dem hinteren Körperende gekennzeichnet. Von den etwa 30 Schwärmerarten in Mitteleuropa sind, neben den abgebildeten, besonders auffallend: Abendpfauenauge, Totenkopf (Spannweite bis 13 cm!), Winden-, Liguster-, Kiefern-, Linden- und Pappelschwärmer.

△ **Taubenschwänzchen** *(Macroglossum stellatarum).* Diese Art, die wie ein kleiner Kolibri von Blüte zu Blüte schwirrt, gehört zu den vor allem dämmerungsaktiven Schwärmern, ist selbst aber tagaktiv und wird daher häufiger als andere seiner Familie beobachtet. Die Art übersteht unsere Winter höchstens ausnahmsweise. Die meisten Falter kommen ab Ende Mai aus Südeuropa zu uns. Ihre Nachkommen schlüpfen im August oder September aus der Puppenhülle, sterben aber bei den ersten Frösten oder wandern ins Mittelmeergebiet zurück.

◁ **Rotes Ordensband** *(Catocala nupta).* Diese Art gehört zur großen Familie der Eulen (Noctuidae), die bei den Ordensbändern unter der Tarntracht ihrer Vorderflügel eine lebhaft gefärbte Warntracht der Hinterflügel verbergen. Auch die Raupen, die vor allem an Weiden und Pappeln leben, besitzen eine astähnliche Tarntracht mit entsprechender Haltung. Die Falter fliegen zwischen Juli und September.

▽ **Mausohr-Fledermaus** *(Myotis myotis).* Mit einer Körperlänge von 7–8 cm ist das Mausohr die größte europäische Fledermausart. Die Ohren haben 7–8 Querrunzeln. Die Flügel sind breit, die Armflughaut reicht bis zur Hinterfußzehenwurzel. Die Art lebt vor allem in Siedlungen und Weilern und ihr Sommerquartier in Dachstühlen, Gewölben, Grotten, Fels- und Baumhöhlen. Die gelegentlich bis zu 300 km weit entfernten Winterquartiere sind Grotten, Felshöhlen, Stollen und Keller. Dort halten die Tiere oft zu Hunderten gemeinsam Winterschlaf; ihre Körpertemperatur sinkt dabei (wie bei allen Fledermäusen) auf die Umgebungstemperatur. Die meist gesellig lebenden Tiere fliegen abends relativ spät aus, halten sich im Flug in mittleren Höhen (5–8 m) und fliegen langsam und gerade.

Die Jäger mit der Radarfalle

Schon Ende des 18. Jahrhunderts war dem italienischen Naturforscher Spallanzani aufgefallen, daß Fledermäuse auch dann noch Hindernissen ausweichen und Insekten im Flug fangen können, wenn sie blind sind, daß sie aber hilflos in der Gegend herumtorkeln, wenn man ihnen die Ohren verstopft. Damals konnte sich das niemand erklären, zumal man keinerlei Lautäußerungen der Fledermäuse feststellen konnte. Man lachte über Spallanzani und war mit irgendwelchen Schreibtischerklärungen schnell bei der Hand.

Erst Anfang der dreißiger Jahre unseres Jahrhunderts fand der holländische Verhaltensforscher Dijkgraaf heraus, daß ganz schwach zu hörende, sehr hohe, von den Fledermäusen ausgestoßene Laute im Zusammenhang stehen mit dem Vermeiden von Hindernissen. Der Gedanke, daß es sich hier um eine Orientierung nach dem Echolotprinzip handle, wurde bestätigt durch orientierungslos gewordene Fledermäuse, denen man im Experiment den Mund verklebt hatte.

In die erstaunlichen Feinheiten dieser ungewöhnlichen Sinnesleistungen drang dann vor allem der amerikanische Zoologe Griffin ein, nachdem an der Harvard-Universität ein Gerät zur Wahrnehmung von Ultraschall entwickelt worden war. Griffin fand heraus, daß alle untersuchten Fledermausarten sehr kurze, sehr hohe Klick- oder Zirplaute ausstoßen, die im Bereich zwischen 10 und 150 Kilohertz lie-

◁ **Mausohr-Kolonie.** Die in ganz Mittel- und in Südeuropa vorkommende Mausohr-Fledermaus (sie fehlt in Großbritannien und Nordeuropa) verbringt den Tag gerne gesellig in Dachstühlen. Die Tiere hängen sich an den Beinen auf und halten die Flügel eng an den Körper. Alle Fledermäuse sind wärmeliebend und äußerst empfindlich gegen Zug. So dichte Schlafgesellschaften wie auf diesem Foto dienen auch dem gegenseitigen Warmhalten. Vor allem auch Weibchen mit kleinen Jungen, die sich am Bauch der Mutter festklammern, brauchen die »Nestwärme« einer größeren Gesellschaft. Schlafplätze wie diese sollten unbedingt geschützt werden, da alle Fledermausarten stark abnehmen und viele kurz vor der Ausrottung stehen.

gen. (Das menschliche Gehör reicht bis etwa 10 Kilohertz. Griffin konnte drei Gruppen unterscheiden:

– die Hufeisennasen, die ziemlich laute und durch ihre rosettenförmigen Bildungen um Nase und Mund scharf gebündelte Töne mit einer Dauer von 50–100 Millisekunden (Tausendstelsekunden) ausstoßen;

– die fruchtfressenden und blutsaugenden Arten der Tropen, die viel schwächere und extrem kurze (2–3 Millisekunden) Töne erzeugen (Griffin nennt sie flüsternde Fledermäuse);

– die Großzahl der insektenfressenden Arten mit ebenfalls sehr kurzen, aber fast so lauten Tönen wie denen der Hufeisennasen.

Der dritten Gruppe gehören die meisten unserer Fledermausarten an. Sie sind akrobatische Flieger, die sich blitzschnell einem fliegenden Insekt zuwenden können, was den Eindruck eines taumelnden, kraftlosen Fluges erwecken kann. Die von dieser Gruppe verwendeten Töne sind so kurz, daß – mit gleichlangen Pausen dazwischen – 150 bis 250 davon in 1 Sekunde Platz haben. Trotz ihrer Kürze bestehen die Töne nicht wie bei den Hufeisennasen aus nur einer Tonhöhe, sondern jeder Ton beginnt hoch und endet tief, würde sich also etwa wie ziu anhören. Dadurch können die Tiere beim Echo des nur 2–3 Millisekunden dauernden Signals auf die Größe des reflektierenden Gegenstandes schließen, da sehr kleine Objekte die tieferen Töne kaum zurückwerfen. Man nennt das Frequenzmodulation.

△ **Mausohr vor dem Abflug.** Die spitzen Zähne
◁ der Fledermäuse weisen sie (wie Spitzmäuse, Igel und Maulwurf) als Insektenfresser aus. Mausohr-Fledermäuse fangen vor allem Käfer und Nachtschmetterlinge, die sie teils an deren eigenem Fluggeräusch erkennen, teils durch Schallortung finden. Hindernisse werden nur durch Echolot wahrgenommen und zwar so genau, daß die Tiere bei absoluter Dunkelheit auch dichtes Geäst sicher und ohne Anstoßen durchfliegen. Als Signal dienen Schreie im Ultraschallbereich. Manche Nachtschmetterlinge, wie die Eulen (s. S. 143 f.), können die Fledermausschreie hören und reagieren blitzschnell darauf – die Fledermäuse sind meist aber noch schneller.

△ **Großer Abendsegler** *(Nyctalus noctula).* An Größe steht der Abendsegler dem Mausohr kaum nach (7–8 cm Körperlänge). Kennzeichnend ist die rotbraune Körperbehaarung. Die Ohren sind kurz und abgerundet. Die langen, schlanken Flügel lassen den guten Flieger erkennen. Der Lebensraum des Abendseglers sind Wälder und Parklandschaften. Er fliegt ausgesprochen früh, oft schon vor Sonnenuntergang und nicht selten auch am Tage. Die Flughöhe ist ungewöhnlich hoch, normalerweise 5–25 m, manchmal aber auch wesentlich höher. Der Flug ist gerade und schnell, unterbrochen von wiederholten Sturzflügen und knappen Wendungen. Zwischen Sommer- und Winterquartier werden oft große Entfernungen zurückgelegt (500–800 km). Die sehr geselligen Tiere sind im Sommer manchmal in Schwärmen anzutreffen, die durch die schrillen Rufe besonders auffallen. Als Sommerquartiere werden Baumhöhlen, Nistkästen, Dachstühle und Ställe aufgesucht; Winterschlaf in Baumhöhlen, Gebäuden und Dachstühlen, nicht in Felshöhlen.

▷ **Große Hufeisennase** *(Rhinolophus ferrumequinum)* **in Ruhehaltung.** Hufeisennasen haben ein ziemlich helles, fast weißliches Fell. Ihren Namen verdanken sie einer merkwürdig und kompliziert geformten Nase, die der gerichteten Ausstoßung der Ultraschallaute dient. Die Art lebt in Wäldern sowie in baum- und buschreichen Landschaften. Als Schlafquartier im Sommer werden Felshöhlen, Bergwerkstollen, Keller, Ruinen und Dachböden aufgesucht. Zum Winterschlaf ziehen sich die Tiere meist weit in Felshöhlen zurück. Hufeisennasen fliegen spät abends aus, sind aber dann meist die ganze Nacht unterwegs, fliegen niedrig (0,5–3 m hoch), schwerfällig und schmetterlingshaft-flatternd, wobei sie wiederholt segeln und gleiten.

Man nahm lange an, Fledermäuse würden Insekten nach deren Fluggeräusch orten und ihr Sonar nur zur Vermeidung von Hindernissen verwenden. Griffin konnte aber nachweisen, daß selbst Mücken durch Schallortung ausgemacht werden, nachdem man schon vorher festgestellt hatte, daß Drähte von nur 0,12 mm Durchmesser (ein menschliches Haar hat 0,7 mm) noch wahrgenommen und umflogen werden. Daß eine Fledermaus auf ein Objekt in ihrer Flugbahn reagiert, erkennt man an einer Steigerung der Klickhäufigkeit pro Zeit. Eine im freien Raum fliegende Fledermaus hört sich an, so schreibt Griffin, wie ein tuckernder Dieselkahn (etwa 12 Impulse pro Sekunde). Wenn sich die Fledermaus einem Objekt auf 1–2 m nähert, erhöht sich die Tonfolge auf 20–50 Impulse pro Sekunde und kann so schnell werden, daß die hörbar gemachten Töne zu einem Summen verschmelzen.

Was die winzigen Tierchen (Zwergfledermäuse wiegen nur 3–8, Abendsegler 15–40 Gramm) mit diesem System leisten, ist ganz enorm. Mit einer nur 3,5 Gramm wiegenden Fledermausart stellte Griffin im Versuch fest, daß sie in einem Raum mit Schnaken innerhalb von 15 Minuten 0,35 Gramm zugenommen hatte. Da jede Schnake nur 0,002 Gramm wog, ließ sich leicht errechnen, daß die Fledermaus 175mal, oder alle 6 Sekunden erfolgreich zugestoßen hatte.

Fledermäuse sind nicht nur faszinierende Tiere, sie sind auch ökologisch unersetzlich, da sie nahezu die einzigen Tiere sind, die nächtlich fliegende Insektenarten in Schach halten, darunter manche Forstschädlinge. Sie verdienen jeglichen Schutz! Leider hegen immer noch viele Menschen eine abergläubische Abneigung gegen Fledermäuse. Wenn daher irgendwo hinter Fensterläden, unterm Dach, hinter Holzverschalungen, in Kirchtürmen oder Kellern Schlafplätze oder Überwinterungsplätze gefunden werden, wird sicher häufig versucht, die kleinen Nachtgespenster loszuwerden. Aufgeklärtere Menschen, die wissen, wie bedroht diese kleinen Flugsäuger sind, sollten darum alles tun, um den kälte- und zugempfindlichen Tieren neue Verstecke zu schaffen.

Als besonders wichtig und wirksam haben sich Bemühungen herausgestellt, alte Stollen, Weinbergkeller, Höhlen, Bierkeller und dergleichen durch schmale Einflugschlitze den Fledermäusen zugänglich zu machen. Hier haben sie alles, was sie brauchen: gleichmäßige, frostfreie Temperatur, keinen Luftzug und hohe Luftfeuchte. Vor allem für gebärende und säugende Mütter sind solche Plätze wichtig. Sehr gut sind aber auch Fledermaus-Nistkästen aus Holzbeton, die man gruppenweise im Garten aufhängen kann. Auch Bretter, auf einem Lattenrahmen von 3 cm Stärke zugfrei an einer Südwand des Hauses befestigt, mit einem Einschlupf von unten, werden gern als Tagesversteck angenommen. Auskünfte in allen Fragen des Fledermausschutzes erteilen die Arbeitsgemeinschaft für Fledermausforschung und -schutz, Adenauerallee 150, 5300 Bonn 1, oder der Arbeitskreis Fledertierschutz NRW, Germanenstraße 26, 5650 Solingen sowie alle Natur- und Vogelschutzverbände. Jeder sollte dazu beitragen, daß möglichst viele dieser interessanten Tiere unserer heimischen Fauna erhalten bleiben.

◁ **Walderdbeere** *(Fragaria vesca),* Rosengewächse (Rosaceae), 5–20 cm, V–VII. Ihr Aroma ist unübertrefflich, die volle Süße erreicht sie aber nur an sonnigen Standorten. In der Kulturform der Monatserdbeere blieb ihr Erbgut auch für den Garten erhalten. Botanisch betrachtet, ist die Erdbeere keine Beere, sondern eine Sammelfrucht, gewissermaßen eine umgestülpte Hagebutte: Während der Blütenboden der Rose einen Napf für die Samen bildet, ist er bei der Erdbeere fleischig aufgewölbt, und die winzigen Samen sitzen obendrauf. Sie werden durch Ameisen, Schnecken, Vögel und andere Erdbeerliebhaber verbreitet. Im übrigen aber breiten sich Erdbeeren vor allem durch oberirdische Ausläufer aus.

Lockende Beeren

Beeren sind Lockfrüchte. Mit ihren meist leuchtenden Farben ziehen sie vor allem Vögel an, die durch ihre bewegliche Lebensweise für die Verbreitung der Samen die beste Gewähr bieten. Und die Farbe ist keine leere Versprechung. Die meisten Beeren sind reich an wichtigen Nähr- und Wirkstoffen. Manche sind besonders reich an Stärke und Zucker (Kohlenhydraten), andere an Eiweiß und Ölen und fast alle sind reich an Wirkstoffen, an Vitaminen und Gerbsäuren, aber auch an Glykosiden, Alkaloiden und anderen Stoffen, die für den Menschen oft stark giftig sind. Dabei ist höchst erstaunlich, daß Beeren, die bereits in wenigen Exemplaren ein Kind in Lebensgefahr bringen können, von Vögeln in beliebigen Mengen verzehrt werden können. Man sollte sich also durch solche Vorbilder nicht verleiten lassen.

Neben Beeren, die für den Menschen ausgesprochen giftig sind (viele von ihnen werden in der Heilkunde verwendet), gibt es andere, die wegen ihres Gehalts an Bitterstoffen praktisch ungenießbar sind, so etwa die Vogelbeere der Gewöhnlichen Eberesche. (Die Beeren der Böhmischen oder Mährischen Eberesche sind jedoch nicht bitter und wegen ihres Reichtums an Vitamin C und organischen Säuren für Marmeladenmus und Tee gut geeignet; beides regt den Appetit an und hilft bei Magenverstimmungen.) Andere »Beeren«, wie die Steinfrüchte der Schlehe, haben einen so herben Geschmack, daß sie roh erst nach Frost oder aber nach Kochen mit Zucker genießbar werden. Hierher gehören auch die Früchte der Kornelkirsche *(Cornus mas),* deren scharfe Säure sich erst durch Kochen mit Zucker in einen angenehmen Geschmack verwandelt.

Wir haben den Begriff Beere hier in einem volkstümlichen Sinn sehr weit gefaßt. Botaniker sind da viel strenger. Sie teilen die Früchte in drei große Gruppen ein, in Einzelfrüchte, Sammelfrüchte und Fruchtstände. Die Beeren gehören zu den Einzelfrüchten, bei denen man wiederum zwischen Öffnungsfrüchten (Balg, Hülse, Schote, Kapsel) und Schließfrüchten unterscheidet. Mit Nüssen und Steinfrüchten gehören die Beeren zu den Schließfrüchten, da die Fruchthülle um die Samen sich nicht öffnet. Kennzeichnend für die Beere (im Gegensatz zu Nuß und Steinfrucht) ist eine in allen Teilen fleischige Fruchthülle. Bei den Nüssen wird die Fruchthülle (um meist nur einen Samen) zu einem harten Gehäuse, bei den Steinfrüchten wird sie innen hart und außen fleischig (Pflaume, Kirsche), oder außen ledrig-fasrig (Walnuß, Mandel). So ist also die Walnuß keine Nuß (wie die Hasel), sondern eine Steinfrucht, wie die beerenartig aussehenden Früchte von Schlehe und Kornelkirsche auch. Hingegen müssen nach dieser Definition Kürbisse, Tomaten und Gurken als echte Beeren bezeichnet werden. Brombeeren, Himbeeren und Erdbeeren sind dagegen Sammelfrüchte.

Schauen wir uns noch einige der in den Fotos und auf S. 160 f. nicht behandelten Beeren von Gehölzen an. Da sind einmal zwei Nahverwandte der Vogelbeere: die

▷ **Himbeere** *(Rubus idaeus),* Rosengewächse (Rosaceae), 80–180 cm, V–VI. Die wilde Himbeere ist eine typische Pflanze der Schlagfluren: mit Weidenröschen, Wurm- und Adlerfarn, verschiedenen Gräsern und Traubenholunder tritt sie überall dort sofort in großer Zahl auf, wo durch Kahlschläge plötzlich Licht auf den Waldboden fällt. Durch unterirdische Ausläufer kann sie sich sehr rasch ausbreiten. Die herrlich aromatischen Früchte werden an den vorjährigen Ruten gebildet, danach sterben die Ruten ab.

▷ **Brombeere** *(Rubus fruticosus),* Rosengewächse (Rosaceae), 50–150 cm, V–VI. Nach neuesten Untersuchungen kommen allein in Mitteleuropa weit über 200 Brombeerarten (einschließlich der Kleinarten) vor. Für den Nichtspezialisten ist es daher fast unmöglich zu entscheiden, welche Art er vor sich hat. Das ist aber auch kaum nötig, da alle Brombeerarten wohlschmeckende und gesunde Früchte haben. Da Brombeeren mehr Schatten vertragen als die nah verwandten Himbeeren, kommen sie auch noch in geschlossenen Nadelwäldern vor.

◁ **Heidelbeere** *(Vaccinium myrtillus),* Heidekrautgewächse (Ericaceae), 15–50 cm, IV–VII. Diese ebenso wohlschmeckende, wie gesunde Waldbeere kommt in Nadelwäldern, bodensauren Laubwäldern und Heiden auf kalkarmen Böden meist in großen Beständen vor. Die verholzenden Zwergsträucher können bis kniehoch werden, bleiben aber in der Regel erheblich niedriger. Im Winter werden die Blätter abgeworfen, die grünen Sprosse ermöglichen aber weiterhin eine gewisse Assimilationstätigkeit.

◁ **Preiselbeere** *(Vaccinium vitis-idaea),* Heidekrautgewächse (Ericaceae), 10–20 cm, V–VIII. Die Blättchen dieses Zwergstrauches sind ledrig und auch im Winter grün. Die weißen oder rosa, glöckchenartigen Blüten stehen in zierlichen Trauben beisammen, entsprechend auch die roten Beeren, die wohlschmeckend und appetitanregend sind.

▷ **Seidelbast** *(Daphne mezereum),* Seidelbastgewächse (Thymelaeaceae), 40–150 cm, III–IV. Die roten Beeren des Seidelbastes wachsen dicht am vorjährigen Holz. Der Volksname »Giftbäumlein« weist auf die Giftigkeit vor allem der Früchte hin, man verwendete sie früher als kräftiges Abführmittel; vor Nachahmung muß jedoch gewarnt werden: schon 10–15 Beeren können für Kinder tödlich sein. Auf der Haut rufen alle Teile der Pflanze starke Reizungen und Blasenbildung hervor. Wenn Kinder Seidelbastbeeren gegessen haben, sollte man sie sofort zum Erbrechen bringen und dann den Arzt aufsuchen.

Mehlbeere *(Sorbus aria)* und die Elsbeere *(Sorbus tormentalis).* Beides sind kleine Bäume des Berglandes, die sonnige bis heiße, basenreiche Trockenstandorte lieben. Die Mehlbeere ist absolut winterhart und kommt in den Alpen bis 1500 m vor; die Elsbeere braucht dagegen milderes Klima. Die Früchte der Mehlbeere sehen den roten Vogelbeeren ähnlich; im rohen Zustand sind sie erst nach Frosteinwirkung genießbar und dienen im übrigen zur Herstellung von Marmelade, Branntwein und Essig. Die Elsbeeren sind genießbar, wenn sie überreif und teigig sind; auch sie eignen sich zur Bereitung von Marmelade, Essig und Branntwein.
Viel bekannter ist der Sanddorn *(Hippophae rhamnoides),* ein sparriger Strauch oder kleiner Baum kiesig-sandiger, aber nicht zu trockener Standorte mit schmalen, silbriggrünen Blättern und leuchtend-orangefarbenen Beeren, die gedrängt dicht an den Zweigen der weiblichen Pflanzen sitzen. Die Beeren sind äußerst reich an Vitamin C und einer ganzen Reihe weiterer Vitamine. Man verwendet daher den mit Zucker bereiteten Sirup oder das Mus gegen Erkältung, Fieber und Frühjahrsmüdigkeit. Leider ist das Pflücken der Beeren recht schwierig, mühsam und oft schmerzvoll wegen der langen Dornen. Sie mit den Fingern zu pflücken ist fast unmöglich, da man die festsitzenden, weichen Früchte leicht zerdrückt und dabei den wertvollen Saft verspritzt. Am besten geht es, wenn man mit einer Schnur die Äste herabbiegt, ein Tuch unterlegt und dann die Beeren mit einem Messer vom Ast trennt.

◁ **Bittersüßer Nachtschatten** *(Solanum dulcamara),* Nachtschattengewächse (Solanaceae), 30–200 cm, VI–VIII. Dieser kleine, unten verholzende Strauch kommt in feuchten Auwäldern, an Ufern und auf Kahlschlägen vor, oft klettert er in benachbarte Bäume und Sträucher. Die Beeren sind allenfalls schwach giftig.

▽ **Tollkirsche** *(Atropa belladonna),* Nachtschattengewächse (Solanaceae), 50–150 cm, VI–VIII. Die Volksnamen Irrbeere, Schlafkirsche, Taumelstrauch und Teufelsbeere weisen schon auf die gefährlichen Eigenschaften der Tollkirsche hin. In geringen Dosen bewirkt das Gift der Tollkirsche (Atropin) eine Erweiterung der Pupillen. Offenbar hielt man das früher für besonders schön – jedenfalls war die Droge unter den Damen große Mode, der wissenschaftliche Artname weist darauf hin. Für Kinder sind bereits wenige der nicht schlecht schmeckenden Früchte tödlich. Tollkirschen kommen auf Waldlichtungen und Schlägen vor, auf Kalk ebenso wie auf Urgestein.

Beeren gehören zum besten und beliebtesten Gartenobst. Sie erfreuen sich aus dreifachem Grund der Gunst: Sie sind ebenso schmackhaft wie gesund, manche Arten sind für Transport und Handel problematisch und daher kaum zu kaufen, und schließlich haben Beerensträucher auch noch im kleinsten Garten Platz. Die meisten Gartenbeeren stammen von heimischen Wildbeeren ab und sind vielfach noch entsprechend hart, anspruchslos und wenig anfällig.

Besonders vielseitig hat sich die Gattung *Ribes* erwiesen. Die Stachelbeere stammt von der Wilden Stachelbeere *(R. uva-crispa)* ab, die man zerstreut im Gebüsch, an Waldrändern, in Schlucht- und Auwäldern und besonders im Umkreis alter Burgen auf frischen, meist steinigen Böden findet. Die Rote Johannisbeere ist die Kulturform der Wald-Johannisbeere *(R. rubrum),* die relativ selten in Auwäldern vorkommt. Gelegentlich wurde wohl auch die Ährige Rote Johannisbeere *(R. spicatum)* mit eingekreuzt. Zwei weitere, nah verwandte Arten, die Felsen- und Alpen-Johannisbeere *(R. petraeum* und *R. alpinum)* scheinen dagegen nicht zu den Stammeltern zu gehören. Die unübertrefflich gesunde Schwarze Johannisbeere stammt direkt von der gleichnamigen Wildpflanze *(R. nigrum)* ab, die man selten in Erlenbrüchen auf staunassen Böden findet. Die *Rubus*-Arten, Him- und Brombeere seien als Abkömmlinge der bekannten Waldpflanzen nur erwähnt.

Viele Wildbeeren geben getrocknet ein gutes Winterfutter für solche Vogelarten ab, die als Weichfutterfresser mit Sämereien wenig anfangen können (s. S. 16 f.).

⊲⊲ **Einbeere** *(Paris quadrifolia),* Einbeerengewächse (Trilliaceae), 10–40 cm, V–VI. Auch diese wie auf dem Präsentierteller dargebotene Beere ist recht giftig, allerdings gehen die Meinungen über den Grad der Giftigkeit auseinander; tödliche Fälle scheinen nicht bekannt zu sein. In jedem Fall sollte man Kinder in der Nähe der heidelbeerähnlichen Früchte nicht unbeaufsichtigt lassen. Einbeeren wachsen in schattigen Laubwäldern und Gebüschen (s. S. 74).

◁ **Aronstab** *(Arum maculatum),* Aronstabgewächse (Araceae), 15–40 cm, IV–VI. Die merkwürdige Blüte und ihre Bestäubungstricks wurden bereits dargestellt (S. 42). Die Früchte sind ebenfalls voller Tücken, zumindest für den Menschen. Das in der ganzen Pflanze enthaltene Gift (Aronin) erzeugt äußerst heftige örtliche Reizungen, nach dem Genuß der Beeren zuerst im Mund und Rachen. Im Körper bewirkt es erst Erregung, dann Lähmungen, Erbrechen, Krämpfe, Herzstörungen.

△ **Gewöhnliche Kratzdistel** *(Cirsium vulgare)*, Korbblütler (Asteraceae), 60–120 cm, VI–IX. Die verschiedenen Distelarten sind nicht leicht voneinander zu unterscheiden. Am häufigsten, vor allem auf Schuttplätzen und Ödland, aber auch an Waldwegen und auf Kahlschlägen trifft man die abgebildete Art an.

Die Gäste der Disteln

Was man gewöhnlich als Distel bezeichnet, sind vor allem verschiedene Arten der beiden Korbblütlergattungen *Carduus* (Distel) und *Cirsium* (Kratzdistel). Aber es werden auch andere Stauden mit stacheligen Blättern oft als Distel bezeichnet, so die ebenfalls zu den Korbblütlern zählende Mariendistel *(Silybum)*, die dicht dem Boden anliegende Wetter- oder Silberdistel *(Carlina acaulis)*, die bis 60 cm hohe Golddistel oder Gewöhnliche Eberwurz *(Carlina vulgaris)*, die blaublühende Kugeldistel *(Echinops)* und die der Familie der Doldengewächse angehörende Stranddistel *(Eryngium)*. Auch Kletten *(Arctium)* werden manchmal als Disteln bezeichnet und die stattliche Karde *(Dipsacus)*, die mit Skabiosen und Witwenblumen zur Familie der Kardengewächse (Dipsacaceae) gehört.

Typisch für die echten Disteln sind zu dichten Körbchen zusammenstehende rosaviolette Blütenstände, deren Einzelblüten eng und röhrenförmig sind, so daß nur Insekten mit langen Rüsseln an den am Blütengrund abgesonderten Nektar gelangen. Darum sieht man so oft Schmetterlinge an Distelblüten, denn ihre in der Ruhe aufgerollten Rüssel sind länger als die der meisten anderen blütenbesuchenden Insekten.

Vor allem findet man Vertreter der artenreichsten Tagfalterfamilie, der Nymphaliden, an den Distelblüten. Zu ihnen gehören die Schillerfalter, die Eckenfalter, die am

▷ **Kleiner Fuchs** *(Aglais urticae)*. Eine der häufigsten und bekanntesten Tagfalter ist der Kleine Fuchs. Er überwintert bevorzugt in Gebäuden und gehört mit dem Zitronenfalter zu den ersten Frühlingsboten. Die Paarung findet freilich erst im späteren Frühjahr statt. Die Eier werden in Gruppen an der Großen Brennessel abgelegt. Die Raupen bilden ein gemeinsames Gespinst. Es werden im Jahr 2–3 Generationen gebildet. Die normalerweise recht standorttreuen Tiere unternehmen gelegentlich Wanderungen bis zu 100 km.

▷ **Tagpfauenauge** *(Inachis io)*. Das Pfauenauge ist dem Kleinen Fuchs in vieler Hinsicht sehr ähnlich, es ist auch fast ebenso häufig, und seine Raupen fressen ebenfalls fast ausschließlich an Brennesseln. Im Gegensatz zum Kleinen Fuchs bildet das Tagpfauenauge in Mitteleuropa aber gewöhnlich nur 1 Generation aus. In normaler Ruhestellung hat der Falter die Flügel über dem Rücken zusammengeklappt, so daß nur die dunkle, unscheinbare Flügelunterseite sichtbar ist. Bei Beunruhigung werden die Flügel schnell auseinandergeklappt und die Vorderflügel mit einem schleifenden Geräusch vorgezogen, so daß beide Augenpaare sichtbar werden. Unerfahrene Vögel lassen sich dadurch erschrecken, was den Faltern die Flucht erleichtert. Mit ihren langen Rüsseln suchen sie vor allem Nektar in tiefen, engen Blütenröhren, wie denen der Disteln.

◁ **Distelfalter** *(Vanessa cardui).* Nah verwandt mit dem Admiral weist der Distelfalter viele Ähnlichkeiten mit diesem auf. Charakteristisch ist die dunkle Vorderflügelspitze mit den weißen Flecken. Die Eier werden einzeln an Disteln und gelegentlich auch an Brennesseln abgelegt; die olivgrünen Dornenraupen leben zwischen zusammengesponnenen Blättern. Distelfalter und Admiral sind beides Wanderfalter, die ab Ende April und im Mai aus dem Mittelmeergebiet zu uns kommen, der Distelfalter oft in großen Scharen, die in breiter Front ziehen. Eine zweite Distelfalterwelle erreicht uns im Juni. Der Falter der letzten (2. oder 3.) Generation zeigen im Herbst eine Tendenz, nach Süden zurückzuwandern; dabei kommen wohl die meisten Falter um, ebenso wie die Zurückbleibenden, die nur unter besonders günstigen Bedingungen vereinzelt den Winter überstehen.

◁ **Kaisermantel** *(Argynnis paphia).* Diese stattliche Art mit einer Flügelspannweite von 60–65 mm ist recht häufig. Die Grundfarbe der Flügel ist leuchtend goldbraun mit dunklen Tigerflecken. Auf der Unterseite der Hinterflügel findet sich eine strichförmige Perlmutterzeichnung, die ihm auch den Namen Silberstrich eingetragen hat. Der Falter fliegt nur in 1 Generation im Jahr in der Zeit von Juli bis September. Man findet ihn vor allem auf Waldwiesen und Schneisen, wo er gerne an Disteln saugt. Die Eier werden unter Rindenschuppen von Eichen und Kiefern abgelegt; die jungen Raupen überwintern hier und suchen im Frühjahr Veilchen am Waldboden auf, von deren Blättern sie sich ernähren. Nach 6–7 Wochen sind sie erwachsen, verpuppen sich, und die Falter schlüpfen etwa im Juli. Die Paare finden erst nach einer ausgiebigen Balz zusammen, wobei das Auf- und Zuklappen der goldbraunen Flügel des Weibchens der optische Auslöser für das Männchen ist.

◁ **Zitronenfalter** *(Gonepteryx rhamni).* Der zur Familie der Weißlinge (Pieridae) zählende Zitronenfalter fliegt in 1 Generation. Sein Falterleben ist ungewöhnlich lang. Die Falter schlüpfen im Juli aus der Gürtelpuppe, fliegen einige Tage oder Wochen, verfallen dann in Sommerruhe, fliegen dann wieder eine Zeit und gehen bereits ab August ohne besonderes Versteck, frei am Boden oder an einem Zweig hängend in Winterruhe (s. S. 20). Im Frühling gehören sie dann zu den ersten Faltern. Nach Balzflug und Paarung werden die Eier einzeln an Knospen und Blätter vor allem vom Faulbaum oder Kreuzdorn (Gattung *Rhamnus*) abgelegt. Die Raupen sind gelegentlich aber auch an anderen Futterpflanzen zu finden, z. B. an Brombeeren.

▷ **Großer Kohlweißling** *(Pieris brassicae).* Jedem Gärtner unliebsam bekannt sind die sehr ähnlichen Großen und Kleinen Kohlweißlinge. Vor allem der Große Kohlweißling kann sehr unangenehm werden, da die Weibchen ihre Eier nicht einzeln, sondern in Gelegen von bis zu 150 Stück an senfölhaltigen Pflanzen ablegen. Vor allem die Raupen der 2. (Sommer-) Generation können durch Kahlfraß an Kohl sehr schädlich werden. Die erwachsene Raupe ist etwa 40 mm lang, graugrün mit drei gelben Längsstreifen sowie schwarzen Warzen und Flecken. Verpuppung meist an senkrechten Flächen (Mauern). Die Puppenruhe dauert im Sommer einige Wochen, bei der überwinternden Generation bis zu 8 Monate. Viele Raupen werden von Schlupfwespen und anderen Parasiten befallen, so daß nur wenige überleben.

▷ **Schwalbenschwanz** *(Papilio machaon).* Zur Familie der Ritterfalter (Papilionidae) gehört der schöne Schwalbenschwanz, der seinen Namen von den Zipfeln an den Hinterflügeln hat. Die lebhaft grün, schwarz und rot gezeichneten Raupen können bei Störung eine nach Buttersäure duftende Nackengabel ausstülpen, die Ameisen und andere Feinde in die Flucht schlägt. Die Faltern fliegen in 1. Generation von April bis Juni und in 2. Generation von Juli bis August. Die kugeligen Eier werden einzeln auf die Blätter verschiedener Doldengewächse abgelegt, vor allem auch an Möhren. Die jungen Raupen sind schwarz mit hellem Rückenfleck. Die Puppe der 2. Generation überwintert an Stengeln, Steinen oder Rinde.

▽ **Stieglitz** *(Carduelis carduelis).* Dieser hübsche, bunte Vogel treibt sich außerhalb der Brutzeit gerne in kleinen Trupps herum und ist häufig an den Samenständen von Hochstauden zu sehen, vor allem an Disteln, weswegen man ihn auch als Distelfink bezeichnet. Der Name Stieglitz entspricht seinem Ruf.

Außenrand der Flügel eine oder mehrere vorstehende Ecken haben (wie der Kleine Fuchs, das Tagpfauenauge und der Trauermantel), die Scheckenfalter und die Perlmutterfalter.

Auch der Kaisermantel gehört hierher. Neben der abgebildeten Farbvariante gibt es selten, aber lokal gelegentlich häufiger sehr dunkle Weibchen. Merkwürdigerweise setzt sich diese Mutante kaum durch, obwohl sie dominant vererbt wird. Das liegt daran, daß dunkle Weibchen von den Männchen stark vernachlässigt werden. Bemerkenswert ist noch, daß der Kaisermantel, wie viele andere Tagschmetterlinge, seine Körpertemperatur während der Flugaktivität ziemlich konstant bei 34 °C zu halten vermag, was einerseits durch Ausbreiten, beziehungsweise Zusammenklappen der Flügel in der Sonne geschieht, andererseits durch die Aktivität der Flugmuskulatur. Viele Insekten heizen ihre Körpertemperatur zu Beginn der Aktivitätsphase durch starkes Vibrieren der Flugmuskulatur im Sitzen auf.

Zu den charakteristischen Besuchern der Disteln – wenn auch nicht der Blüten, so doch der Samenstände – gehört auch der Stieglitz oder Distelfink, der an Waldrändern, in Obstgärten und Heckenlandschaften und Parks hoch in Bäumen oder großen Sträuchern brütet. Er lebt ganz überwiegend von den Sämereien verschiedener Stauden, vor allem diverser Distelarten und ist deswegen häufig an Straßenrändern, Schuttplätzen und ähnlichen Örtlichkeiten anzutreffen.

September – Oktober

Unverkennbar neigt sich nun das Naturjahr der großen Ruhe zu. Die Vorbereitungen auf den Winter sind unübersehbar. Zugvögel brechen nach Süden auf, Igel, Siebenschläfer und Dachs fressen sich eine Fettschicht für den Winter an, Hamster, Mäuse und Eichhörnchen legen Vorräte an. Fast alle Pflanzen haben genügend Samen und Früchte produziert für die eigene Vermehrung und für die Ernährung vieler Tiere. Die grünen Blätter, in denen all die süßen, stärke- und fettreichen Stoffe entstanden sind, haben nun ausgedient, verfärben sich und fallen zu Boden. Eine raschelnde, später im Regen weiche Laubdecke deckt den Waldboden bevor der Schnee kommt. In ihrem Schutz gedeihen Pilze und tausend verschiedene Kleinlebewesen, die aus Abfällen und Mineralien fruchtbare Erde werden lassen.

Verkannt und verfolgt – die Pilze

Pilze sind merkwürdige und für viele Menschen ein wenig unheimliche Pflanzen. Vom Großteil der normalen, grünen und blühenden Pflanzen unterscheiden sich Pilze in doppelter Hinsicht: Sie vermehren sich nicht durch Samen, sondern durch einzellige, winzige Sporen, gehören also mit Bakterien, Algen, Flechten, Moosen und Farnen zu den Kryptogamen oder Sporenpflanzen. Außerdem fehlt ihnen das Chlorophyll, das Blattgrün, mit dem die Pflanzen mit Hilfe des Sonnenlichts aus anorganischen Stoffen organische Substanzen synthetisieren können. Pflanzen ohne Blattgrün, wie die Pilze, ähneln in ihrer Ernährung den Tieren, die auch darauf angewiesen sind, organische Stoffe pflanzlicher oder tierischer Herkunft aufzunehmen. Pilze leben (wie viele Bakterien) von modernden Stoffen, hauptsächlich von pflanzlichen Abfällen, manchmal aber auch von lebenden Pflanzen oder von Tieren und deren Exkrementen.
Man gliedert die Pilze in 4 Klassen, in Schleimpilze, Algenpilze, Schlauchpilze und Ständerpilze. Die sogenannten Strahlenpilze gehören zu den Bakterien. Die meisten unserer durch größere Fruchtkörper auffallenden Pilze gehören zu den Ständerpilzen, von denen insgesamt etwa 15000 Arten bekannt sind.
Das eigentliche Pilzleben findet in der Regel unsichtbar statt, im Boden, im Holz oder in anderem Substrat. Aus den winzigen, durch Wind oder Wasser verbreiteten

△ **Schopftintling** *(Coprinus comatus)*. Der Hut des jungen Pilzes ist eiförmig, dann zylindrisch-walzenförmig und schließlich glockig. Anfangs ist er seidig glatt, reißt aber bald auf und ist dann mit großen weißen, rötlichen bis schwärzlichen Schuppen bedeckt. Der Stiel ist markig oder hohl, am Grunde knollig mit einem weißen, häutigen und beweglichen Ring. Das dünne Fleisch ist weiß, mild und angenehm. Die frei vom Stiel abstehenden Lamellen sind zuerst weiß, bald vom Hutrand aus rötlich und werden rasch dunkler, bis sie schließlich schwarz-tintig zerfließen. Man findet diesen Tintling gruppenweise auf gedüngtem Boden, an Wegrändern, auf Schuttplätzen und in Gärten. Er liebt kalkhaltigen Boden. Junge Exemplare mit noch rosa gefärbten Lamellen sind vorzügliche Speisepilze.

◁ **Parasol, Großer Schirmling** *(Lepiota procera)*. Der größte und wertvollste Schirmling ist der Parasol, dessen Hut zuerst kugelig ist, sich dann eiförmig streckt und später schirmförmig ausbreitet, wobei sich der Stiel stark verlängert. Der Hut kann einen Durchmesser von 30 cm haben. Typisch sind die dicken, braunen Schuppen. Der bis 30 cm hohe Stiel besitzt am Grund eine knollige Verdickung. Die Lamellen sind weißlich bis rahmfarben, sehr breit und gedrängt stehend, am Stiel sind sie durch einen häutigen Ring verbunden. Das Fleisch ist weiß, weich und von angenehmem Mehlgeruch und haselnußartigem Geschmack. Man findet diesen hervorragenden Speisepilz im Sommer, vor allem aber im Herbst im Nadelwald, besonders am Waldrand und an Waldwegen, oft in langen Reihen.

▷ **Steinpilz** *(Boletus edulis).* Dieser wohl beliebteste Röhrling ist leicht zu erkennen. Der braune bis rötlichbraune Hut ist polsterförmig gewölbt, in der Mitte dunkler als am Rand. Der Stiel ist erst fast kugelig, dann bauchig, später zylindrisch gestreckt mit schwach verdickter Basis, blaßweißlich bis hellbräunlich mit weißem, grobem Netz im obersten Teil. Die Röhren sind erst weiß, dann gelb bis gelbgrün, im Alter schmutziggrün. Das Fleisch ist im frischen Zustande weiß mit einer rötlichen Zone unter der Huthaut; der Geschmack ist mild und nußartig. Man findet Steinpilze vom August bis in den Spätherbst an Waldrändern, in Gebüschen und im lichten Laub- und Nadelwald. Es gibt vom Steinpilz verschiedene standörtliche und jahreszeitliche Modifikationen, vor allem hellere und dunklere Formen.

△ **Gallenröhrling** *(Boletus felleus).* Dieser bittere, ungenießbare Röhrling wird oft mit dem Steinpilz verwechselt. Der polsterförmige Hut ist gelbbraun bis braun, der Stiel anfänglich knollig, dann gestreckt zylindrisch, meist schlanker als beim Steinpilz, mit dunklem, grobadrigem, erhabenen Netz. Die Röhren sind anfangs ebenfalls weiß, später durch die Sporen rosarötlich. Man findet die Art von Juli bis Oktober in feuchten Nadelwäldern.

▷ **Maronenröhrling** *(Boletus badius).* Ein beliebter Speisepilz mit anfangs halbkugeligem, festem und dickem Hut, der sich im Alter kissenförmig ausbreitet und weicher wird. Seine Farbe ist kastanien- bis dunkelbraun. Der ziemlich schlanke Stiel ist anfangs etwas bauchig, dann zylindrisch, hellbraun und längsfasrig gestreift. Die Röhren sind gelblich bis grünlich, bei Druck rasch blau werdend. Das Fleisch ist weiß bis gelblich. Maronen wachsen vom Juli bis Oktober in Wäldern, besonders unter Weißtannen und in Moos.

Sporen, die von den Fruchtkörpern in großen Mengen als »Staub« gebildet werden, keimt auf geeigneter Nährsubstanz ein Fadengeflecht, das so dicht sein kann, daß das Substrat davon völlig durchwoben ist, wie man im Waldboden und in morschem Holz manchmal sehen kann. Man nennt diese Pilzfäden Hyphen und das gesamte Geflecht Mycel. Diese unscheinbaren Fäden sind die eigentliche Pilzpflanze, während die oberirdischen Pilze nur Fruchtkörper sind, an denen die der Vermehrung dienenden Sporen gebildet werden.

Das Geflecht der Pilzfäden wächst normalerweise vom Ort der Sporenkeimung nach allen Richtungen und stirbt hinter dieser Wachstumszone nach mehreren Monaten oder Jahren wieder ab. Dadurch entstehen oft ringförmige Wachstumszonen, die man in doppelter Weise erkennen kann: Einmal an den ringförmig auftretenden Fruchtkörpern (s. Foto S. 159) und zum andern an dunkelgrünen Kreisen im Gras. Letzteres Phänomen rührt daher, daß im Bereich des Mycels der Humus stärker abgebaut und pflanzenverfügbarer Stickstoff freigesetzt wird. Die Wiese wird durch die Pilze also gewissermaßen gedüngt.

Diese Fähigkeit der Pilze, tote organische Substanz in Pflanzennährstoffe umzuwandeln, machen sich viele höhere Pflanzen, vor allem auch Waldbäume zunutze. Ihre Wurzeln leben in Symbiose mit den Pilzen, wobei der Baum dem Pilz organische Stoffe bietet, die er in seinen Blättern gebildet hat, während der Pilz den Baum mit Wasser und anorganischen Nährstoffen versorgt. Oft sind die Baumwur-

◁ **Pfifferling** *(Cantharellus cibarius)*. Dieser würzige Pilz gehört zu den beliebtesten Speisepilzen. Er ist kaum zu verwechseln. Das gelbliche Fleisch ist von angenehmem Geruch und besitzt einen scharfen aprikosen-pfefferartigen Geschmack. Die Art stellt an Boden und Klima geringe Ansprüche. Man findet sie vom Juni bis in den Spätherbst in Laub- und Nadelwäldern bis hoch ins Gebirge, besonders an schattigen, feuchten Stellen.

▽ **Rotkappe** *(Boletus rufus)*. Der Hut ist erst kugelig, später gewölbt, lebhaft ziegel- oder orangerot. Der Stiel verjüngt sich nach oben etwas, ist mit dunklen Schüppchen besetzt, wird bei Druck blauschwarz fleckig. Die freien Röhren sind zuerst weiß, dann grau. Das weiße Fleisch läuft beim Bruch grauviolett bis schwarz an. Auch beim Kochen oder Braten wird das Fleisch dunkel, ohne dadurch an Speisewert zu verlieren. Juli bis November in lichten Wäldern, meist unter Birken, Espen und Erlen.

zeln regelrecht zurückgebildet, und die Pilzfäden ersetzen die Wurzelhärchen, die normalerweise Wasser und Nährstoffe aus dem Boden aufnehmen. Darum findet man oft bestimmte Pilze in Gesellschaft bestimmter Bäume, so den Goldröhrling unter Lärchen und den Birkenröhrling unter Birken. Auch andere Pflanzen leben in so enger Gemeinschaft mit einem Pilz, daß sie selbst gar kein Chlorophyll mehr ausbilden, so etwa die Nestwurz (s. S. 87).
Man unterscheidet bei den Hutpilzen Blätterpilze, die auf der Unterseite des Hutes Lamellen tragen, von Röhrenpilzen, die ihre Sporen in engen Röhren bilden. Stachel- oder Stoppelpilze haben auf der Unterseite ihres Hutes charakteristische Stacheln.
Die den Hut überziehende derbere Haut kann trocken-samtig oder feucht-schmierig sein; das hängt teils von der Art, teils vom Wetter ab. Bei manchen Pilzen reißt die Huthaut, wenn der Hut in die Breite wächst, und bildet dann Schuppen auf dem Hut (s. Parasol). Sehr charakteristisch ist der sogenannte Bruch, die Struktur des Fleisches, wenn man den Pilz bricht. Bei vielen Speisepilzen ist das Fleisch fest, bei anderen mürbe und brüchig (z. B. bei den Täublingen). Bei den sogenannten Milchlingen tritt an der Bruchstelle farbiger oder farbloser Saft aus, so beim Reizker orangeroter Saft. Bei vielen Pilzen verfärben sich Bruch- und Druckstellen mehr oder weniger rasch rot, schwarz, blau oder grün; dies kann vor allem bei den Röhrlingen beobachtet werden.

◁ **Wiesenchampignon** *(Agaricus campester)*. Die verschiedenen Champignon-Arten sind schwer auseinanderzuhalten. Am häufigsten trifft man die abgebildete Art mit anfangs rosafarbenen, im Alter dunkel schokoladenbraunen Lamellen. Das Fleisch ist weiß und hat einen angenehm mandelartigen Geruch und Geschmack. Der Stiel ist nach unten knollig verdickt, hat aber nie wie die folgende Art einen Ring oder Schleier. Der vorzügliche Speisepilz wächst von Juli bis Oktober in Wiesen.

▷ **Weißer Knollenblätterpilz** *(Amanita verna)*. Dieser äußerst giftige Pilz ist um so gefährlicher, als er mit dem Champignon verwechselt werden kann. Unterscheidungsmerkmale: weiße Lamellen (Champignon farbig), am Stiel hängender Ring, unangenehmer Geruch. Der Pilz kommt von Frühling bis Herbst in humusreichen Wäldern vor. Er ist viel seltener als der ebenfalls höchst giftige Grüne Knollenblätterpilz.

▷ **Fliegenpilz** *(Amanita muscaria).* Dieser bekannte Pilz erscheint Ende des Sommers und im Herbst in Wäldern und an Waldrändern und ist eine ausgesprochene Zierde. Der Genuß von Fliegenpilzen hat berauschende Wirkung, ähnlich dem Alkohol, und kann in größeren Mengen tödlich wirken; dies trifft auch nach Schälen der Oberhaut zu.

△ **Kartoffelbovist** *(Scleroderma vulgare).* Alle Boviste sind jung genießbar, alt aber giftig. Dem entspricht eine Veränderung des Geruchs. Der Fruchtkörper ist innen anfangs rötlichweiß, wird aber bald bläulich-schwarz. Man findet ihn im Sommer und Herbst in lichten Wäldern.

▷ **Hexenring.** Viele Pilze wachsen von einem Zentrum aus mit ihren unterirdischen Fäden (Mycel) nach außen, so daß die Fruchtkörper jedes Jahr einen größeren Kreis bilden, den man als Hexenring bezeichnet.

Neben den typischen Hutpilzen finden wir andere Fromen des Fruchtkörpers, so bei den Keulenpilzen, den Ziegenbärten, den Morcheln und den Becherlingen, die alle ihre Sporen auf der Außenseite des Pilzkörpers bilden, oder bei Stäublingen (Boviste und *Lycoperdon*-Arten) und Trüffeln, die die Sporen im Innern des Pilzkörpers hervorbringen.

Wirklich lebensgefährlich giftig sind verhältnismäßig wenige Pilzarten; viele sind nur ungenießbar, da bitter oder scharf. Bei den Giftpilzen unterscheidet man verschiedene Wirkungen: Eine Gruppe reizt die Verdauungsorgane und verursacht Übelkeit, Erbrechen und Durchfall. Andere Giftpilze wirken erregend oder lähmend auf das Nervensystem, ihr Gift (Muscarin) ist dem Atropin der Tollkirsche (s. S. 150) ähnlich. Die dritte Gruppe schließlich zeichnet sich durch späte Symptome aus, die auf eine Zerstörung lebenswichtiger Zellen zurückzuführen sind. Solche Wirkung zeigen Knollenblätterpilze. Die Krankheitssymptome treten erst 8–24 Stunden nach dem Genuß der Pilze auf.

Pilzsammeln ist zum Volkssport geworden. Dabei wird nicht selten alles gesammelt, was nur irgendwie pilzähnlich aussieht, einschließlich unbekannter, alter, madiger und sonstwie völlig ungenießbarer Pilze. In den Beratungsstellen oder beim Putzen muß dann oft der größte Teil weggeworfen werden. Kein Wunder, daß fast überall Pilze – die für die Lebensgemeinschaft des Waldes von so großer Bedeutung sind – immer seltener werden.

◁ **Weißdorn** *(Crataegus monogyna),* Rosengewächse (Rosaceae), bis 4 m. Die roten Früchte
▽ des Hagedorns (s. S. 80) sind mehlig und haben keinen besonderen Wohlgeschmack. Sie enthalten aber wie die Blüten (und in geringem Maße auch die Blätter) für Herz- und Kreislaufbeschwerden außerordentlich heilsame Wirkstoffe. Da die Beeren leichter zu sammeln sind als die Blüten, ziehen viele den herbstlichen Sammeltermin vor. Man trocknet die Beeren und bereitet aus ihnen einen Tee – ähnlich wie Hagebuttentee.

Hecken im Fruchtschmuck

Es ist wirklich auffallend, wie viele Sträucher und Kleinbäume beerenartige Früchte tragen. Tatsächlich sind von 30 heimischen Sträuchern die einzigen Ausnahmen von der Beeren-Regel die Hasel und der Ginster. Weiterhin fällt auf, daß fast alle diese Früchte rotorange oder schwarzblau sind. Ausnahmen von dieser Regel stellen nur die Stachelbeere (grün), die Schneebeere (weiß) und die Elsbeere (bräunlich) dar; auch der Gewöhnliche Schneeball bildet manchmal glasig-gelbe, statt rote Beeren aus.

Hinter all dem steckt eine enge Beziehung zu den Vögeln, die für die Verbreitung der in den nahr- und schmackhaften Beeren versteckten Samen nahezu die gleiche Bedeutung haben, wie die Insekten für die Bestäubung. Noch ist wohl nicht in allen Fällen geklärt, welchen Einfluß die Vogelverdauung auf die Keimfähigkeit der Samen hat. Bekannt ist aber, daß im Fruchtfleisch vieler Beeren keimhemmende Substanzen enthalten sind, weshalb man zur Samengewinnung in vielen Fällen die Samen vom Fruchtfleisch trennen muß. Interessant ist schließlich auch, daß wir bei der Samenverbreitung - wie bei der Bestäubung auch (s. S. 30 f. und 52 f.) - neben der Verbreitung durch Tiere auch die Verbreitung durch den Wind antreffen (s. S. 166). Die »bodenständigen« Pflanzen sind also so unbeweglich gar nicht, wenn man nicht nur die Einzelpflanze betrachtet.

◁ **Schlehe** *(Prunus spinosa),* Rosengewächse (Rosaceae), bis 3 m. Die kalkliebende Schlehe ist mit der Gartenzwetschge nah verwandt. Ihre dunkelblauen, bereiften Beeren sind also in Wirklichkeit Steinfrüchte. Sie besitzen eine so herbe Säure, daß sie roh erst nach Frost genießbar sind. Wer die appetitanregende Schlehenmarmelade herstellen möchte, sollte die Früchte zuerst eine Nacht in kaltem Wasser stehen lassen, dann das Wasser abgießen und erst danach mit ¼ l Weißwein und ⅛ l Wasser je kg die Früchte weichkochen, passieren und das Mus mit ¼ l Wein und 375 g Zucker zu Marmelade dickkochen.

◁ **Berberitze** *(Berberis vulgaris),* Sauerdorngewächse (Berberidaceae), bis 3 m. Obwohl die Wurzelrinde des Sauerdorns schwach giftig ist, sind es die roten Früchte nicht. Sie schmecken kräftig sauer und werden wegen ihres hohen Gehalts an Vitamin C, Mineralstoffen und Spurenelementen zu einem verdauungsfördernden Saft verarbeitet.

▷ **Pfaffenhütchen** *(Euonymus europaea),* Baumwürgergewächse (Celastraceae), bis 6 m. Schön, aber giftig sind die meerkwürdigen Früchte des Spindelstrauchs: der weiße Samen ist von einem glänzend-orangefarbenen Samenmantel umhüllt, der prächtig kontrastiert zu dem Altrosa der aufspringenden Fruchtkapsel. Bei Vögeln sind diese Früchte sehr beliebt.

▷ **Heckenrose** *(Rosa canina),* Rosengewächse (Rosaceae), bis 3 m. Hagebutten sind Schein- oder Sammelfrüchte, die aus dem becherförmig vertieften Blütenboden bestehen, in dem die zahlreichen Samen liegen. Sie besitzen viel Vitamin C und haben einen Ölgehalt von 2–3%. Man macht aus den entkernten Früchten Marmelade und aus den ganzen Hagebutten Likör oder Tee, der gegen vielerlei Beschwerden hilft. Die Früchte der Heckenrose dienen auch den Vögeln und dem Wild als Nahrung.

▷ **Hartriegel** *(Cornus sanguinea),* Hartriegelgewächse (Cornaceae), bis 5 m. Die schwarzen Beeren des Hartriegels enthalten bis zu 30% Öl, so daß man sie auch zur Herstellung von Speiseöl verwendet hat. Wegen ihres hohen Fettgehalts sind sie auch für Vögel eine wichtige Zusatznahrung im Winter.

▷ **Wolliger Schneeball** *(Viburnum lantana),* Geißblattgewächse (Caprifoliaceae), bis 4 m. Für den menschlichen Genuß sind die zuerst grünen, dann roten und zuletzt schwarzen Beeren des Wolligen Schneeballs uninteressant. Für die Vögel aber sind sie eine gute Nahrungsquelle, ebenso wie für Haselmäuse und andere Bilche, Eichhörnchen und andere Kleinsäuger.

▽ **Wacholderdrossel** *(Turdus pilaris)* **an Vogelbeeren (Eberesche).** Allen Drosseln, aber auch vielen anderen Vögeln helfen beerenreiche Hecken über die schlimmsten Notzeiten.

Für die Vogelwelt sind diese beerenartigen Früchte deshalb so bedeutsam, weil sie auch den Weichfutterfressern im Winter Nahrung bieten, also Drosseln, Rotkehlchen, Seidenschwanz, Zaunkönig und manchen anderen, die mit harten Samen allein nicht zurechtkommen.

Betrachten wir noch einige der hier nicht abgebildeten Beeren: Da sind etwa die blauschwarzen Beeren des Kreuzdorns *(Rhamnus cathartica),* die für den Menschen leicht giftig sind, seit altersher aber als starkes Abführmittel verwendet werden. Nah verwandt mit dem Kreuzdorn ist der Faulbaum *(Rhamnus frangula),* der ebenfalls schwarze Beeren trägt; auch er besitzt in Beeren und Rinde abführende Wirkstoffe. Von den schwarzen Beeren des Ligusters *(Ligustrum vulgare)* sind keine Beziehungen zum Menschen bekannt, sie werden aber von Vögeln sehr geschätzt. Mit Vogelkirsche und Schlehe nah verwandt ist die Traubenkirsche *(Prunus padus),* die im April/Mai wunderbar süß duftende, weiße Blütentrauben und im Herbst glänzendschwarze, beerenartige Steinfrüchte trägt, die bittersüß schmekken und zur Herstellung von Marmelade, Saft und Essig genutzt werden können. Glänzend rot sind die Beeren der Heckenkirsche *(Lonicera xylosteum);* sie sind nicht giftig, aber ungenießbar und brechenerregend. Schließlich sei noch der Traubenholunder *(Sambucus racemosa)* erwähnt, der auf Kahlschlägen vorkommt, und dessen Beeren sich für Marmeladen und Saft eignen (Samen schwach giftig!).

Das letzte Blühen

Es sind nicht mehr viele Pflanzen, die jetzt noch blühen, wo sich alles schon auf die Ruhe des Winters vorbereitet. Die meisten Blüten um diese Zeit finden wir auf Wiesen, die vorher gemäht oder abgeweidet wurden. Und das hat seinen guten Grund, denn viele Pflanzen, die am Fruchten gehindert werden, blühen immer wieder neu, wie jeder Blumengärtner weiß, der das Blühen in vielen Fällen verlängern kann, indem er die verblühten Triebe wegschneidet. Deswegen finden wir im Herbst oft noch Hahnenfuß und Glockenblumen und manche andere Art, die normalerweise viel früher blüht.

Dann gibt es aber auch Arten, die von sich aus immer wieder Blüten hervorbringen. Manche von ihnen blühen unter günstigen Bedingungen das ganze Jahr über, so die Rote Taubnessel, das Hirtentäschelkraut und das Gänseblümchen. Schließlich finden wir unter den Herbstblühern manchmal solche, die die Tageslänge des Herbstes offenbar mit der des Frühjahrs verwechseln: bei Pfaffenhütchen und Hartriegel findet man solch unzeitgemäßes Blühen ziemlich häufig.

Die Zahl der wirklichen Herbstblüher ist aus verständlichen Gründen gering, reicht doch die Zeit zur Fruchtbildung oft nicht mehr aus, bevor es kalt wird. Die Herbstzeitlose fruchtet daher erst im folgenden Frühjahr, wenn auch ihre großen Blätter erscheinen, die die kapselförmige Frucht einhüllen.

△ **Tau auf Spinnennetzen.** Im Herbst sind die Spinnen auf den Wiesen besonders zahlreich, und der Tau macht ihre Netze sichtbar. Ein Wiesenschmuck besonderer Art.

⊲ **Silberdistel** *(Carlina acaulis),* Korbblütler (Asteraceae), 3–20 cm, VI–IX. Auch Große Eberwurz oder Wetterdistel genannt, da sich die Hüllblätter bei feuchtem Wetter schließen. Warme, trockene, steinige Lagen.

◁ **Fransen-Enzian** *(Gentiana ciliata),* Enziangewächse (Gentianaceae), 10–25 cm, VIII–X. Blütenblätter gefranst. Zweijährig bis ausdauernd; auf steinigen, lockeren Böden. Selten und geschützt.

◁ **Herbstzeitlose** *(Colchicum autumnale)*, Liliengewächse (Liliaceae), 5–30 cm, VIII–X. Die im Herbst aus Zwiebeln sprießenden Blüten (Foto ganz links) sind ohne Blätter, ihr Fruchtknoten befindet sich im Boden. Die tulpenartigen Blätter im Frühjahr umhüllen die große Kapselfrucht (Foto links). Sehr giftig.

▷ **Abendlicher Starenschwarm.** Viele Vögel bilden vor allem im Herbst größere Wandergemeinschaften, so etwa Strandläufer (s. nächste Seite), Ringeltauben und Schwalben. An Zahl übertrifft sie aber wohl alle der Star. Sehr beweglichen, dunklen Wolken gleich, fallen sie abends an bevorzugten Schlafplätzen ein. Das können Schilffelder sein, wie bei den Schwalben (s. u.), das sind häufig aber auch bestimmte Plätze mitten in Großstädten, wobei Bäume, Leitungsdrähte und Gebäude gleichermaßen als Massenschlafplätze dienen. 10.000 bis 100.000 Stare wurden schon an solch städtischen Schlafplätzen festgestellt. Ob die Vögel allerdings wirklich viel zum Schlafen kommen, muß man bezweifeln, da das Gezwitscher oft die ganze Nacht zu hören ist. Als Teil- und Kurzstreckenzieher wandert der Star meist nur bis Frankreich oder Spanien und ist früh im Jahr schon wieder zurück.

▽ **Herbstliche Schwalben.** Wenn sich die Schwalben in größeren Gesellschaften auf den Leitungsdrähten versammeln, dann dauert es nicht mehr lang, bis sie sich auf die Reise nach Süden machen. Es sind hauptsächlich die Jungschwalben, die sich zu immer größeren Trupps und Schwärmen zusammenfinden. Sie jagen oft zusammen, rasten zusammen und fangen oft alle auf einmal an, sich zu putzen. Irgendwann im späten September oder frühen Oktober machen sich dann die lokalen Schwärme auf die Reise und treffen dabei auf andere Trupps, so daß ihre Zahl immer größer wird. Vor allem an größeren Gewässern, wo es noch viele Insekten gibt, bilden sich manchmal riesige Schwärme, die sich abends im Schilf zum Schlafen niederlassen. Häufig stellt sich an solchen Schlafplätzen ein Baumfalke ein, der ein rasanter Schwalbenfänger ist.

Reisende gen Süden – Vogelzug

Viele Menschen nehmen die Millionen von Zugvögeln, die zweimal jährlich durch unser Land ziehen, kaum oder überhaupt nicht wahr. Tatsächlich spielt sich auch der größte Teil des Vogelzuges ziemlich unauffällig ab, denn viele Arten ziehen einzeln oder in nur kleinen Trupps und dann häufig noch nachts oder sehr hoch. Man kann fast sagen, die großen Schwärme, die keilförmigen Flugverbände, die nächtlichen Rufe – das alles sind die Ausnahmen. Die Regel sind Vögel, die sich auf dem Zug nicht viel anders verhalten, als beim üblichen Herumstreifen etwa bei der Nahrungssuche. Viele Kleinvögel ziehen gewissermaßen von Busch zu Busch, von Baum zu Baum, nur ausnahmsweise werden größere Strecken im freien Flug zurückgelegt. Dem aufmerksamen Beobachter verraten sie ihre »Absicht« nur durch die bevorzugte Richtung: Im Herbst wird man viel mehr Vögel in südwestlicher Richtung fliegen sehen und im Frühling in umgekehrter Richtung.
Viele Vogelarten ziehen nachts (wahrscheinlich, weil sie das Tageslicht zur Nahrungsaufnahme brauchen). Dann kann man den Vogelzug nur an den Rufen erkennen (zum Beispiel am »zip« der ziehenden Singdrosseln), oder man beobachtet längere Zeit die helle Scheibe des Mondes, vor der sich ziehende Vögel deutlich abheben.

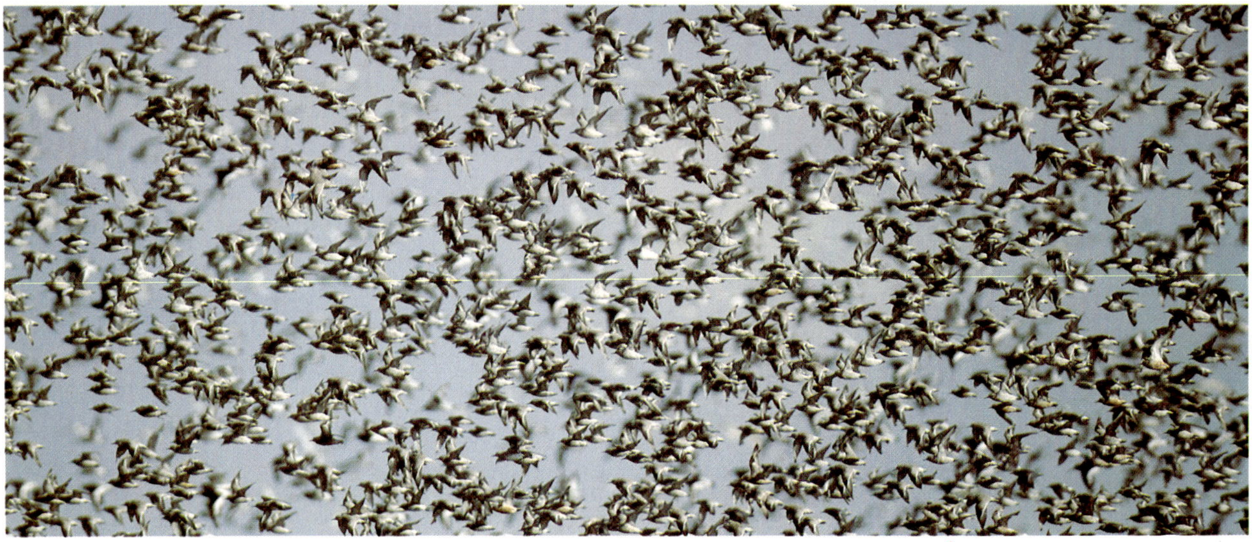

Der nächtliche Vogelzug legt im besonderen die Frage nach der Orientierung der Vögel nahe. In ausführlichen Versuchen konnte man nachweisen, daß Vögel ein angeborenes Bild des Sternenhimmels in sich tragen. In Planetarien richteten sich gekäfigte Zugvögel in sinnvoller Weise nach dem jeweils gebotenen Sternenhimmel. Dabei stellte sich heraus, daß sie sogar die mit der geographischen Breite sich ändernde Sternenkonstellation in ihre Orientierung mit einbeziehen können. So schwenken Grasmücken von einer mehr westlichen auf eine mehr südliche Zugrichtung, wenn man ihnen den herbstlichen Sternenhimmel des südlichen Spaniens bietet.

Neuerdings hat man aber nachgewiesen, daß auch eine Orientierung nach den erdmagnetischen Feldlinien mitspielt. Die Ausschaltung des erdmagnetischen Feldes kann zu völliger Desorientierung führen. In der Natur spielen ohnehin fast immer mehrere Faktoren zusammen. Vögel ziehen nie wie programmierte Roboter. Sie weichen Schlechtwetterzonen aus und lassen sich sehr deutlich von Landmarken leiten. So kommt es bei vielen Arten zu einem Stau an den Alpen, und Meeresküsten und Flußläufe haben eine deutliche Leitlinienfunktion. Witterung und Landmarken können auch zusammenwirken. So ziehen viele Arten bei niedriger Wolkendecke tiefer als bei klarem Himmel oder hohen Wolken und lassen sich entsprechend auch von niedrigeren Bergen ablenken.

Eine wichtige Rolle spielt im europäischen Vogelzug die Doppelbarriere von Alpen

△ **Alpenstrandläufer** *(Calidris alpina).* Vor allem an der Küste, aber auch an geeigneten Plätzen im Binnenland fallen im Herbst oft riesige Schwärme sogenannter Limikolen ein. Dazu rechnet man Schnepfen, Brachvögel, Uferschnepfen, Wasser- und Strandläufer, man spricht auch von Regenpfeiferartigen oder Watvögeln. Allen gemeinsam ist, daß sie ihre Nahrung bevorzugt mit langem Schnabel im weichen Schlick und Sand der Ufersäume suchen. Der Alpenstrandläufer gehört zu den häufigsten Limikolen. Er ist größer als ein Haussperling, aber kleiner als ein Star. Er brütet nicht etwa in den Alpen, sondern in Mooren, Sümpfen und Marschen der Ostseeküsten, Norwegens und des nördlichen Großbritanniens.

▽ **Bläßgänse** *(Anser albifrons).* Diese den Graugänsen sehr ähnlichen Vögel brüten in Nordrußland und Grönland, verbringen aber regelmäßig den Winter an unseren Küsten. Wie viele größere Vögel ziehen sie oft in Staffel- und Keilformation.

△ **Alpenstrandläufer** *(Calidris alpina).* Im Brutkleid fällt der Alpenstrandläufer durch einen großen schwarzen Bauchfleck auf. Wenn er im Herbst und Frühjahr durchzieht, ist er viel schwerer von anderen Watvögeln zu unterscheiden.

▷ **Großer Brachvogel** *(Numenius arquata).* Dieser größte europäische Watvogel mit dem langen, gebogenen Schnabel ist vielerorts leider nur noch auf dem Durchzug anzutreffen. Als Brutvogel feuchter Wiesen muß er immer mehr der intensivierten Landwirtschaft weichen.

▽ **Sanderling** *(Calidris alba).* Ziemlich regelmäßig, aber nie in großen Zahlen trifft man im Herbst an Küsten und Ufern diesen Gast aus arktischen Gefilden. Er fällt durch sein helles Winterkleid und sein eiliges Herumrennen auf.

und Mittelmeer. Nur wenige Vogelarten überfliegen ohne weiteres hohe Berge und offenes Meer. In den Alpen gibt es einige Pässe, die als Vogelzugpässe bekannt sind. Besondere Konzentrationen während des Herbstzuges wurden an den Pässen beobachtet, die in südwestlicher Verlängerung etwa des Inn- oder des Rhonetals liegen. Am westschweizerischen Doppelpass Cou-Bretolet wurden jahrelang systematische Untersuchungen gemacht, die ein faszinierendes Bild vom Zuggeschehen in den Alpen geben.

Das Mittelmeer wird in der Regel entweder östlich oder westlich umflogen. Ein Teil der Zugvögel benützt auch Sizilien als Brücke nach Afrika. Besonders interessant sind die Wandergewohnheiten beim Weißstorch. Da verläuft mitten durch Deutschland eine unsichtbare Grenze. Alle Störche, die östlich dieser Grenze das Licht der Welt erblicken, ziehen über den Balkan und Kleinasien nach Afrika, während alle westlich dieser Linie brütenden Störche über Spanien nach Afrika ziehen.

Bei Segelfliegern, wie es Störche und viele Greifvögel sind, spielen für die Wahl der Zugroute auch gute Aufwindmöglichkeiten eine Rolle. Hier lassen sie sich von der Thermik hochtragen, um dann im kräftesparenden Gleitflug weiterzuziehen. In den amerikanischen Appalachen gibt es einen Berg, der berühmt ist für die unzähligen Bussarde und anderen Greifvögel, die hier regelmäßig während des Zuges sich in die Höhe schrauben. Auch über dem Sinai werden zur Zugzeit große Ansammlungen von Störchen, Geiern und Greifvögeln beobachtet.

Neben den typischen Zugvögeln, wie Schwalben, Laubsänger, Grasmücken, Kuckuck und Mauersegler, gibt es viele Vogelarten, die nur kurze Strecken und oft nicht regelmäßig auf bestimmten Routen ziehen; man nennt sie Strichvögel. Zu ihnen gehören Meisen, manche Ammern und Finken. Ihr Wanderverhalten wird stark von den jeweils herrschenden klimatischen Gegebenheiten bestimmt, das heißt, sie weichen zum Beispiel in schneefreie Gegenden aus, wenn starke Schneefälle ihnen die Nahrungssuche erschweren. Als dritte Gruppe schließlich sind die Standvögel zu nennen, die praktisch das ganze Jahr über am selben Ort bleiben.

Die ausgesprochenen Langstreckenzieher, die bis ins tropische Afrika und weiter ziehen, sind oft nur die kürzere Zeit des Jahres in ihren Brutgebieten. So sind Mauersegler, Pirol oder Kuckuck oft nur von Mai bis August bei uns, also 3–4 Monate. Zu den Langstreckenziehern gehören auch Seeschwalben und manche Limikolenarten, Weißstorch, Turteltaube, Wendehals, Schwalben, Rohrsänger, Gartenrotschwanz, Waldlaubsänger, Neuntöter und Grauschnäpper. Manche von ihnen legen viele tausend Kilometer jedes Jahr zurück.

Einige Vogelarten nutzen die große Wanderung im Herbst auf ihre Art und Weise: Der in Griechenland und Süditalien lebende Lanner oder Feldeggsfalke hat seine Brutzeit so in den Spätsommer verlegt, daß er seine Jungen mit den dann reichlich durchziehenden Kleinvögeln atzen kann.

Die kleinen Flugmaschinen

Die Verbreitung der Samen ist für das Überleben einer Pflanzenart von großer Bedeutung. Die Besiedlung neuer Standorte ist oft die einzige Möglichkeit, die Art zu erhalten, wenn sich die Bedingungen am alten Standort rasch verschlechtern. Im wesentlichen machen die Pflanzen dabei von den gleichen Transportmitteln Gebrauch, wie bei der Bestäubung (s. S. 30 f.), also von Wind, Tieren und in geringerem Umfang auch vom Wasser.
Wir finden ganz ähnliche Flugvorrichtungen bei Pflanzen der verschiedensten Verwandtschaftsgruppen. Schirmartige Gebilde finden sich etwa beim Löwenzahn und anderen Korbblütlern, bei Baldrian, Skabiosen und Küchenschellen sowie bei Weiden und Pappeln. Der als Pappus bezeichnete Flugapparat kann aus dem Kelch hervorgehen oder aber auch aus dem Griffel, wie bei der Küchenschelle.
Viele Bäume bilden Flugsamen anderer Art aus: Da entsteht nicht ein fedriger Schirm, sondern ein flächiges Gebilde, das als Propeller und Segel dient. Solche Flugapparate finden wir bei den in Zapfen sitzenden Samen vieler Nadelbäume und in verschiedenen Formen bei zahlreichen Laubbäumen. In der Regel sind diese Gebilde ausgewachsene Samenschalen. Es ist erstaunlich, wie aerodynamisch präzise vieler dieser »Konstruktionen« sind, vor allem bei den Propellern, die den Samen in eine Drehbewegung versetzen.

Flugfrüchte von

◁ Spitzahorn *(Acer platanoides)*

△ Feldahorn *(Acer campestre)*

⊲ Hainbuche *(Carpinus betulus)*

◁ Bergulme *(Ulmus glabra)*

▽ Sommerlinde *(Tilia platyphyllos)*

▷ **Dachs** *(Meles meles)*. Wegen seiner scheuen, nächtlichen Lebensweise sieht man den Dachs nur selten. Mit seinem plumpen, dicken Körper (er kann bis 20 kg schwer werden), seiner auffälligen Kopfzeichnung und seinem Stummelschwanz unterscheidet er sich erheblich von den Mardern, mit denen er nah verwandt ist. Dachse sind Allesfresser, die Kleinsäuger, Vögel, Schlangen, Frösche, Insekten, Schnecken und Würmer ebenso gerne fressen, wie Waldbeeren, Bucheckern, Nüsse, Pilze, Wurzeln. Den Winter verbringt der Dachs im bis zu 5 m tiefen, selbstgegrabenen Wohnkessel bei normalem, mehrtägigem Schlaf.

▽ **Bucheckern.** Je 2 der 3kantigen, schön rotbraunen und glänzenden Nüsse der Rotbuche *(Fagus silvatica)* stehen in einer stacheligen Hülle (Cupula), die sich zur Reife mit 4 Klappen öffnet. Die sehr ölhaltigen Nüsse dienten früher der Speiseölgewinnung und sind für viele Tiere eine energiereiche Herbstnahrung – für Vögel, Mäuse und Bilche ebenso wie für Dachs und Wildschwein.

Erntezeit im Herbstwald

Die Fichtenforste unserer Tage sind so ausschließlich Holznutzwälder, daß wir uns kaum noch vorstellen können, welch vielfältige Bedeutung die anders gearteten Wälder früherer Zeiten für die Menschen und auch für die Wildtiere hatten. Das Holz des Waldes war als Rohstoff früher gewiß eher bedeutsamer als heute, da Erdöl, Kohle, Kunststoff und andere Materialien an seine Stelle getreten sind. Trotzdem war es oft weniger wichtig als die Früchte der Waldbäume, als das Gras und Kraut des der Weide dienenden Waldbodens, als Honig und Wachs der Waldbienen, als Pech und Harz der Kiefer, als der für Seile verwendete Bast der Linde, als Waldbeeren und Pilze. Und bevor sie zum Privileg der Herrschenden wurde, war natürlich auch die Jagd auf Wildtiere eine Art der Waldnutzung, die den Wald zum Nährwald, zum unentbehrlichen Bestandteil der täglichen Existenz machte.
Es gibt heute nur noch wenige Wälder, die einen Eindruck vermitteln von den nahrhaften Mengen von Eicheln oder Bucheckern, die in einem guten Jahr aus den Baumkronen auf den Waldboden fallen können. Das liegt nicht nur am allgemeinen Rückgang der Eichen- und Buchenwälder, sondern mehr noch daran, daß den Bäumen heute nicht mehr der Raum und die Zeit gegönnt wird, sich zu breitkronigen starken Individuen zu entfalten, die volles Sonnenlicht erhalten und dadurch reichen Fruchtansatz garantieren. Damals jedenfalls warf so ein Wald ohne Säen

▷ **Haselmaus** *(Muscardinus avellanarius)*. In buschreichen Landschaften mit beerenreichem Unterholz lebt dieser kleinste Vertreter der Bilchfamilie. Die großen Augen weisen auf die nächtliche Lebensweise hin. Die sehr beweglichen Tiere klettern gewandt und springen gut. Im Gegensatz zum Siebenschläfer kommen Haselmäuse nicht in Gebäude. Im Sommer bewohnen sie ein Kugelnest im Gesträuch, den Winterschlaf machen sie meist in gutgepolsterten Bodenhöhlen.

▷ **Eichhörnchen** *(Sciurus vulgaris)*. Als nahezu reines Tagtier ist das Eichhörnchen den meisten Menschen viel vertrauter als etwa die Haselmaus. Neben den rotbraunen Tieren treten oft auch dunklere bis fast schwarze Farbvarianten auf. Eichhörnchen bauen sich Kugelnester meist hoch in Bäumen. Sie sind auch im Winter aktiv und leben dann zum Teil von den im Herbst versteckten Nüssen, von Fichtenzapfen und anderem.

und Mühen viel mehr ab, als der sauer bewirtschaftete Acker – vor allem durch die Waldmast, die lange die wesentliche Art der Schweinehaltung war.
So mancher Wald wurde damals nicht nach seinem Holzvorrat bewertet, sondern nach der Zahl der Schweine, die man in ihn eintreiben und von ihm mästen konnte. Das sogenannte Dechelgeld, als Pachtpreis für den Schweineeintrieb, war für den Grundherren ein willkommener Erlös. Der schweinehaltende Bauer freilich trug das Risiko, das im Wechsel von fetten und mageren Jahren lag.
Daß es sich bei dieser Art der Waldnutzung nicht nur um ein paar einzelne Schweine gehandelt hat, die man so nebenbei auch einmal in den Wald trieb, zeigt das Beispiel des etwa 60 Quadratkilometer großen Lushardwaldes bei Bruchsal, in den in guten Mastjahren bis zu 20000 Schweine eingetrieben worden sein sollen. Der Bischof von Speyer nahm als Grundeigentümer die stattliche Summe von 10000 Gulden Dechelgeld dafür ein. Erst nach der Einführung der amerikanischen Kartoffel gab man die Waldmast auf, wohl auch deswegen, weil inzwischen die steigende Holznutzung des Waldes zum Verlust seiner ehemaligen Fülle geführt hatte.
Die menschliche Nutzung der Waldfrüchte ist heute aber auch aus erfreulicheren Gründen zurückgegangen: Der gestiegene Wohlstand hat Hunger und schiere Not als Ursachen so mancher Art der Waldnutzung vertrieben, und wenn heute noch Waldbeeren und Pilze gesammelt werden, so mehr als Hobby und kulinarischer Luxus. Auch das Auflesen von Bucheckern zur Ölgewinnung ist viel zu arbeitsauf-

△ **Eicheln.** Die Früchte der Eichen (hier der Stieleiche, *Quercus robur*) sind Samen mit besonders reichlichem und ölhaltigem Nährgewebe. Sie sind deshalb besonders wertvoll als Wildfutter und waren es früher auch als Schweinefutter; man trieb die Schweineherden regelrecht zur Herbstmast in die ursprünglich viel weiter verbreiteten Eichenwälder.

△ **Eichelhäher** *(Garrulus glandarius)*. Dieser schöne und gescheite Vogel hat die Angewohnheit, Samen, die ihm zur winterlichen Nahrung dienen, zu verstecken. Dadurch verhilft er so mancher Eiche und Buche zu einem guten Keimplatz.

◁ **Wildschweine** *(Sus scrofa)*. Allesfresser. Diese wühlen mit ihrer rüsselartigen Schnauze und den nach oben gebogenen Eckzähnen (den »Hauern«) vor allem im Boden nach Nahrung. Eicheln und Bucheckern sind neben Pilzen eine besonders wichtige Herbstnahrung für sie.

▷ **Zapfen der Fichte** *(Picea abies)*. Im Gegensatz zu den stehenden Zapfen der Tanne *(Abies alba)* hängen die der Fichte. Fichten fruchten wie viele Nadelbäume nur alle paar Jahre, dann aber meist alle Bäume zugleich. Die Zahl der Zapfen je Baum kann groß sein. Bei trockenem Wetter öffnen sich die Zapfenschuppen und entlassen die geflügelten Samen, die vielen Tieren als Nahrung dienen, vor allem Eichhörnchen, Spechten und Fichtenkreuzschnäbeln.

▷ **Zapfen der Kiefer** *(Pinus silvestris)*. Sie sind kleiner, rundlicher als Fichten- und Tannenzapfen und ihre Zapfenschuppen sind wesentlich dicker. Zwischen Bestäubung und Befruchtung vergeht 1 Jahr, bis zur Samenreife dauert es 2 Jahre.

▽ **Buntspecht** *(Dendrocopus major)*. Zum Aufmeißeln von Zapfen und Nüssen benützen die Spechte passende Spalten in Bäumen oder auch Astgabeln. Unter solchen »Spechtschmieden« findet man oft große Mengen bearbeiteter Zapfen am Boden.

wendig geworden im Vergleich zu rationelleren Möglichkeiten der Ölgewinnung. Diese Entwicklung hat auch für die Lebensgemeinschaft Wald ihre Vorteile – oder könnte sie doch haben, wenn nicht andere Nutzungsformen überhand nähmen. Die Früchte des Waldes könnten Lebensgrundlage für eine reiche Tierwelt sein. Voraussetzung dafür aber ist, daß der Mensch einer solchen Vielfalt eine Chance gibt. Weder der Förster, der für die im Augenblick gewinnbringendste Art der Holznutzung den Wald zur Stangenplantage macht, noch der Jäger, der alle tierische und pflanzliche Vielfalt der trophäentragenden Einfalt überhöhter Reh- und Rotwildbestände opfert, haben verstanden, daß Waldbewirtschaftung aus ökologischen und moralischen Gründen zum Vorbild schonendster Naturnutzung werden muß. Hier läßt sich am leichtesten demonstrieren, daß eine einseitige Maximalnutzung vielleicht betriebswirtschaftlich noch vertretbar sein mag, gesamtwirtschaftlich aber selten das Optimum darstellt. Vielfach sind aber standortfremde Fichtenmonokulturen auch betriebswirtschaftlich riskant, da sie viel anfälliger sind für Insektenkalamitäten, für Wind- und Schneebruch.
Aber es sprechen auch genügend nicht-ökonomische Gründe für eine auf Mannigfaltigkeit gerichtete Art der Naturnutzung. Der Wald und seine Tierwelt, sie spielen nicht umsonst eine so wichtige Rolle in Märchen und Sagen. Hier liegt ein emotionaler und kultureller Quell, den wir uns wie so viele andere Quellen zugeschüttet und verdorben haben – zu unserem eigenen Schaden.

▷ **Fruchtender Wacholder** *(Juniperus communis)*. Was wie Beeren aussieht und auch so bezeichnet wird, sind eigentlich fleischige Zapfen. Wie bei der Kiefer, vergeht auch beim Wacholder 1 Jahr zwischen Bestäubung und Befruchtung. Die würzigen Früchte werden bei der Herstellung von Branntwein und als Küchengewürz verwendet.

▷ **Früchte der Eibe** *(Taxus baccata)*. Ein Ringwulst am Grund der Samenanlage wächst zu einem roten, fleischigen Becher aus, der als Arillus bezeichnet wird. Dieses süß schmekkende Gebilde ist das einzige Gewebe der Eibe, das frei von dem giftigen Alkaloid Taxin ist. Die Früchte werden von Vögeln gern gefressen, und die Samen auf diese Weise verbreitet. Die sehr langsam wachsende und etwas frostempfindliche Eibe ist als Waldbaum bei uns fast verschwunden. Früher war sie wegen ihres harten, zähen und schönen Holzes sehr beliebt und ist es heute noch im Kunstgewerbe und Instrumentenbau.

⋞ **Adlerfarn** *(Pteridium aquilinum),* Adlerfarngewächse (Hypolepidaceae), 50–200 cm, VII–IX. Stattliche 2–3 m hoch wird der weit verbreitete Adlerfarn, der seinen Namen von dem adlerförmigen Muster seiner Leitbahnen hat, das zum Vorschein kommt, wenn man den Blattstiel quer schneidet. Die 2–4fach gefiederten Blätter stehen auf hohen Blattstielen und bilden oft dichte Bestände, besonders in lichten Wäldern mit feuchtem Untergrund. Die Sporangien (s. u.) stehen an den Blatträndern.

◁ **Gewöhnlicher Wurmfarn** *(Dryopteris filix-mas),* Schildfarngewächste (Aspidiaceae), 30–120 cm, VII–IX. Diese häufige, recht stattliche Art bildet ihre Blätter in Rosetten aus, wodurch prächtige Sträuße entstehen. Sämtliche Zellen des Blattes sind schon in der unterirdischen Knospe angelegt; das Blatt kann dadurch sehr rasch wachsen, wobei es das Stadium des eingerollten »Bischofsstabes« durchläuft. In den Rhizomen ist ein Wirkstoff enthalten, der Bandwürmer beseitigt – dies gab der Art den Namen.

Farne blühen anders

Als müßten sie den Mangel an Gestaltungsmöglichkeiten im Blütenbereich wettmachen, bilden die Farne die schönsten und reichgliedrigsten Blattformen aus. Man kann sich geradezu verlieben in diesen Reichtum grüner und filigraner Symmetrie. Die Zahl der heimischen Arten ist begrenzt, es gibt rund 70 echte Farne und dazu noch etwa 30 Arten von Schachtelhalmen, Bärlappen, Moosfarnen und Brachsenkräutern, die man zu den Farnpflanzen im weiteren Sinn zählt.

Es ist mehr als nur das Fehlen von Blüten und Samen, das die Farne von den Blütenpflanzen unterscheidet. Charakteristisch ist für sie – ebenso wie für die Moose – ein sogenannter Generationswechsel. Das, was bei den Blütenpflanzen die Blüte ist, nämlich der die Geschlechtsorgane tragende Teil der Pflanze (aus dem später der Samen hervorgeht), das ist bei den Farnen ein eigenes Pflänzchen. Das geht folgendermaßen vor sich:

An der Blattunterseite des bekannten Wurmfarns sind dunkle Häufchen zu erkennen (s. Foto), die im Herbst einen braunen Staub entlassen. Die winzigen Körnchen, aus denen dieser Staub besteht, nennt man Sporen. Sie sind, wie auch bei Pilzen und Moosen, die eigentlichen Verbreitungsorgane, entsprechen also in dieser Hinsicht den Früchten und Samen der Blütenpflanzen. Da sie so leicht sind, werden sie durch den Wind weit verbreitet.

△ **Sporangien des Wurmfarns.** Die Verbreitungsorgane der Farne sind winzige Sporen, die in Sporangien gebildet werden, die wiederum häufchenweise zu sogenannten Sori zusammenstehen. Diese sind bei vielen Arten von einem Häutchen bedeckt, dem sogenannten Schleier oder Indusium. In der Reife vertrocknet der Schleier beim Wurmfarn und gibt damit den Sporenstaub frei, aus dem dann zunächst nur ein kleines Geschlechtspflänzchen entsteht (s. Text).

◁ **Rippenfarn** *(Blechnum spicant),* Rippenfarngewächse (Blechnaceae), 15–50 cm, VII–IX. Hier werden zwei verschieden Arten von Blättern gebildet, sterile, die auch im Winter grün sind, und steiler stehende, Sporen produzierende (fertile) Blätter mir rippenartigen Blattfiedern. Die Art kommt auf sauren Waldböden, in wintermilden, maritimen Gebieten und in Gebirgen mit regelmäßiger Schneebedeckung vor; sie erweist sich damit als empfindlich gegen Austrocknung.

Im Unterschied zum Samen der Blütenpflanzen, der die neue Pflanze als Embryo oder Keimling enthält, ähneln die Sporen der Farne insofern den Pollenkörnern der Blütenpflanzen, als sie auch nur den einfachen Chromosomensatz aufweisen und sich damit als Geschlechtszellen zu erkennen geben. Auf geeignetem Untergrund keimen nun diese Sporen und wachsen zu einem kleinen, tellerförmigen Blättchen heran, das man als Prothallium bezeichnet. Auf der Unterseite dieses am Boden anliegenden Pflänzchens werden nun männliche und weibliche Geschlechtszellen gebildet, die in Anwesenheit von Wasser miteinander verschmelzen.
Aus dem nun wieder mit dem normalen, doppelten Chromosomensatz ausgestatteten Embryo (Zygote) wächst dann wieder eine neue Farnpflanze mit Wurzeln, Stamm und Blättern. Allerdings unterscheidet sich die Farnpflanze, trotz ihrer äußeren Ähnlichkeit, in mancher Hinsicht von Blütenpflanzen. So wächst die eigentliche Sproßachse, der Stengel, Stiel oder Stamm, nie senkrecht in die Luft, sondern immer waagrecht, entweder im oder dicht über dem Boden. In die Höhe wachsen nur die Blätter, wenn es auch manchmal langgestielte sind, wie beim Adlerfarn. Auch da, wo sogenannte fertile Wedel gebildet werden, die wie Blütenstände aussehen, handelt es sich doch auch nur um speziell geformte Blätter, an denen die Sporen gebildet werden. Da viele Farne ziemlich spezielle Ansprüche stellen, verschwinden immer mehr Arten aus unserer Flora.

△ **Braunstieliger Streifenfarn** *(Asplenium trichomanes)* Streifenfarngewächse (Aspleniaceae), 5–30 cm, VII–VIII. Eine der wenigen Farnarten, die trockene Standorte bevorzugen; kommt auf Mauern und trockenen Felsen vor und ist nicht selten. Die wintergrünen Blätter tragen auf der Blattunterseite strichförmige Sori.

▽ **Landkartenflechte** *(Rhizocarpon geographicum)*. Eine Krustenflechte, die Silikatblöcke in höheren Gebirgen überzieht. Zu dieser Sammelart gehören verschiedene, hauptsächlich aber grünlichgelb gefärbte Flechten.

▷ **Bartflechte** *(Evernia prunastri)*. Bartflechten wachsen vor allem an Baumrinden und Holz, selten an Gestein. Durch Luftverschmutzung sind sie in weiten Gebieten Europas verschwunden.

⊳ **Becherflechte** *(Cladonia chlorophaea)*. Diese artenreiche Gattung bildet neben flächigen auch kelchförmig aufrechte Thalli, in deren Becher oft kräftig gefärbte Fruchtkörper (Apothecien) gebildet werden.

Unbekannte Pioniere – Flechten und Moose

Flechten lieben das Ungewöhnliche. Jeder hat sicher schon einmal gestaunt über die extremen Bedingungen, unter denen die graugrünen oder anders gefärbten Placken der Krustenflechten zu finden sind. Dazu muß man nicht einmal Bergsteiger sein; auch auf Dachziegeln und Betonmauern, auf Baumrinde und an anderen unwirtlichen Orten findet man sie.
Tatsächlich sind Flechten ungewöhnlich widerstandsfähig und langlebig. Auf schneefreien Felsvorsprüngen findet man sie in der Arktis ebenso wie in den Eiszonen der Hochgebirge, an Felsen in der Meeresbrandung trifft man sie ebenso wie in der Wüste. Die Kunst des Überlebens verdanken sie nicht wie andere Pflanzen einem besonders gut funktionierenden Verdunstungsschutz, sondern dem Gegenteil: In kürzester Zeit trocknen Flechten fast ganz aus und sind dann gegenüber Hitze und Kälte gleichermaßen unempfindlich. Manche Arten halten die Temperatur von flüssigem Stickstoff aus (– 196 °C) und eine Hitze von 196 °C. Fast alle Arten vertragen Temperaturen von – 20° bis + 70 °C. Und auch die Trockenheit selbst überstehen manche Arten viele Monate. Gleichwohl findet man Flechten vor allem dort, wo wenigstens periodisch die Luftfeuchtigkeit hoch ist; das genügt ihnen oft schon als Wasserquelle.
Diese unwahrscheinliche Anpassungsfähigkeit an extremste Lebensbedingungen verdankt die Flechte einer ungewöhnlichen Kooperation. Was wie eine Pflanze

◁ **Weißmoos** *(Leucobryum glaucum).* Wie bei den Farnen (S. 170) findet auch bei den Moosen ein Generationswechsel statt: Die normalen grünen Moospflanzen besitzen nur den einfachen Chromosomensatz und bilden männliche und weibliche Geschlechtszellen aus. Aus der befruchteten Eizelle (Zygote) wächst – meist an der Spitze der grünen Moospflanze – eine gestielte Sporenkapsel (s. Frauenhaar). Nur diese »Pflanze auf der Pflanze« besitzt den doppelten Chromosomensatz. Schon die in ihr gebildeten Sporen sind wieder nur mit dem einfachen Satz ausgestattet. Der Wind verbreitet den Sporenstaub, und aus den Sporen keimen neue Moospflanzen.
Das Weißmoos bildet auf dem Boden saurer, feuchter Laub- und Nadelwälder und in Heiden oft dicke, halbkugelige Polster, die viel Wasser speichern können. Eigentliche Wurzelhaare (Rhizoide) besitzen die Pflanzen nicht. Auch fruchten sie nur selten und bilden dann nur 1–2 mm lange Sporenkapseln auf 3–7 mm langen Stielen aus.

aussieht, ist in Wirklichkeit nämlich eine unzertrennliche Lebensgemeinschaft (Symbiose) von zwei ganz verschiedenen Pflanzen. Flechten sind Pilze, in deren Inneren Algen leben. Mit ihrem Chlorophyll können die Algen organische Stoffe produzieren, auf die der chlorophyllose Pilz angewiesen ist. Umgekehrt versorgt der Pilz die Algen mit Mineralstoffen, die er dem Felsen entzieht, und schützt sie vor krassen Klimaeinflüssen. Auf diese Weise sind Flechten zu den wichtigsten Pionierpflanzen im Fels geworden. Oft bleiben sie viele Jahrzehnte das einzige pflanzliche Leben. Aber in kleinen Mulden sammeln sich dann um sie herum Schneckenkot und Staub und abgestorbene Flechten zu einem erdigen Gemisch, in dem dann die Sporen von Moosen oder vom Streifenfarn keimen können.
Die Vermehrung einer solchen Lebensgemeinschaft von Pilz und Alge ist natürlich ein gewisses Problem. Bei den meisten Flechten haben die Partner ganz auf die geschlechtliche Vermehrung verzichtet, da sie ja unweigerlich zu einer Trennung von Pilz und Alge führen muß. Stattdessen haben viele Flechten die Fähigkeit entwickelt, aus Bruchstücken ganze neue Pflanzen zu bilden. Andere Flechten schnüren selbst Stücke ihres Körpers ab. Man nennt solche abfallenden Ausstülpungen Isidien. Oder es bilden sich aus einigen Algenzellen und einigen Pilzfäden sporenartige Körner, die aus dem Pflanzeninnern ausgeschieden werden; man bezeichnet solche Sporen als Soredien. Auf jeden Fall muß immer gewährleistet sein, daß Pilz und Alge zusammen auf einen neuen Standort gelangen.

△ **Frauenhaarmoos** *(Polytrichum commune).*
◁ Auch Goldenes Frauenhaar genannt nach den goldroten, bis 12 cm langen Stielen seiner lampenförmigen Sporenkapseln (Foto links), die nur anfangs stehen, später geneigt sind. Dieses Moos bildet in feuchten Wäldern lockere, dunkelgrüne Rasen, oft in sehr großen Polstern (Foto oben). Die Moospflänzchen können bis 40 cm hoch werden. Nur wenn es feucht ist, stehen die Blätter vom Stengel ab, bei Trockenheit liegen sie ihm an (s. Fotos).

Herbstfarben und raschelndes Laub

Alle langlebigen Holzgewächse werfen Laub ab und bilden neues. Auch unsere Nadelbäume behalten ihre Blätter (Nadeln) nicht beliebig lang; die Kiefer wirft sie nach 2–3 Jahren, die Fichte nach 7–10 Jahren ab. (Sogar in den tropischen Regenwäldern werfen die Bäume nach bestimmter Zeit ihr Laub ab.) Nur ist dies, zusammen mit der Bildung neuer Blätter, ein ständiger Prozeß, so daß es im Erscheinungsbild des Waldes kaum zum Ausdruck kommt.

Verglichen damit ist der Blattfall der Laubbäume in den gemäßigten Zonen ein dramatisches Ereignis. Besonders in Jahren mit trockenem Herbst kündigt sich der Laubfall längst vorher durch leuchtende Farbveränderungen an. Gelb-, Braun- und Rottöne herrschen vor. In ein besonderes leuchtendes Gelb verwandelt sich das Grün der Rotbuchen, Lärchen und Aspen (Zitterpappeln). Kräftig weinrote Farben findet man beim Wilden Wein (an Hausmauern), bei Ahorn-Arten, bei Pfaffenhütchen und Hartriegel.

Die herbstliche Gelbfärbung kommt dadurch zustande, daß zunächst nur die grünen Blattfarbstoffe, das Chlorophyll, abgebaut werden; die Abbauprodukte werden durch die Leitungsbahnen abtransportiert und in Form von Reservestoffen teils im Holz, teils in den Wurzeln gespeichert. Die im Blatt ebenfalls vorhandenen überwiegend gelben Karotinoide bleiben zurück und geben dem Blatt die gelbe

△ **Eiche in Herbstfärbung.** Unsere beiden Eichenarten sind nur bei genauerer Betrachtung zu unterscheiden: Bei der Traubeneiche *(Quercus petraea)* sitzen die Eicheln an ganz kurzen Stielen und meist zu mehreren beisammen, der Blattstiel ist hingegen ziemlich lang. Die Stieleiche *(Qu. robur)* dagegen trägt ihre Früchte an langen Stielen, die Blätter aber an kurzen. Neben diesen äußeren Unterschieden gibt es eine ganze Reihe weiterer Eigenschaften, in denen sich die beiden Arten unterscheiden:

Die Traubeneiche wird bis über 40 m hoch und besitzt ein starkes Stockausschlagvermögen; sie bevorzugt leichtere und warme Böden, ist aber auf Kalkböden der Buche unterlegen. Sie treibt früher aus als die Stieleiche und ist dadurch spätfrostgefährdet; sie ist ein Baum des atlantischen Klimas.

Die Stieleiche wird selten höher als 30 m. Auch sie hat ein starkes Durchwurzelungsvermögen. Ihre Ansprüche an die Luftfeuchtigkeit sind geringer, weswegen sie auch im kontinentalen Klima gut gedeiht. Ihr Holz ist eines unserer besten und teuersten Nutzhölzer.

▷ **Buchenwald im Herbst.** Rotbuchen sind typische Waldbäume. In der Jugend kommen sie mit sehr wenig Licht aus und wachsen langsam. Mit dieser Fähigkeit können sie die meisten anderen Baumarten verdrängen: Ursprünglich herrschte die Buche in weiten Teilen Mitteleuropas vor. Sie ist ein Baum des Übergangsklimas zwischen atlantischem und kontinentalem Klima und stellt entsprechende Ansprüche vor allem an die Niederschläge. Im trockenen, kontinentalen Klima fehlt sie wegen ihrer Empfindlichkeit gegen Trockenheit und Hitze. Auch ihre Frostempfindlichkeit schränkt ihr Vorkommen ein. Sie gedeiht gut auf Urgesteinsböden, findet aber ihre optimalen Bedingungen auf warmen Kalkböden. Nur vollbesonnte, nicht zu dicht stehende Buchen tragen im Herbst reichlich Früchte (s. S. 167). Das Holz der Buche ist hart und fest und zählt zu unseren schwersten Hölzern.

◁ **Feldahorn** *(Acer campestre)*. Nur auf guten Böden wird der Feldahorn (dessen Blätter auf dem unteren Foto der nächsten Seite erkennbar sind) ein bis 15 m hoher Baum; sonst wächst er eher strauchartig. Er kommt hauptsächlich in Süddeutschland, weniger in Norddeutschland vor. Da er auch Schnitt verträgt, wird er gerne in Hecken angepflanzt. Sein Holz ist leicht und weich, aber sehr zäh, und dient daher für beste Axtstiele.

▽ **Lärche** *(Larix decidua)*. Unser einziger Nadelbaum, der jährlich sein Laub wechselt, braucht viel Licht und zur Vegetationszeit nicht zu hohe Luftfeuchtigkeit. Lärchen gedeihen in den norddeutschen Ebenen, im Bereich der Mittelgebirge, vor allem aber im Hochgebirge der Alpen bis 2400 m; hier wird auch ihr Anspruch nach reger Luftbewegung und freiem Stand am besten erfüllt. Im Herbst sind die gelben Alpenlärchen wie ein Nachleuchten des Sommers.

◁ **Bergahorn** *(Acer pseudoplatanus)*. Seine Blätter entfalten in trockenen Herbsten ein leuchtendes Goldgelb (Foto unten links). Die Art kommt in mittleren und höheren Lagen des Berg- und Hügellandes in Mittel- und Süddeutschland vor und zieht hier kühle Standorte ausgeprägten Südlagen vor. Der Baum wird nur 25 m hoch, kann aber 500 Jahre alt oder noch älter werden. Sein Holz ist weiß, hart und schwer und wird besonders gerne für die Herstellung von Tischplatten verwendet.

◁ **Schwarzpappel** *(Populus nigra)*. Unter den vielen, oft schwer zu unterscheidenden Pappel-Arten fällt die Schwarzpappel durch eine bis 30 m hohe, breite Krone mit starken, ausgebreiteten Ästen auf. Die Borke ist nur in der Jugend glatt, später tief gefurcht. Die Art ist von Mitteleuropa bis weit nach Rußland hinein verbreitet. Ähnlich dem Laub der Zitterpappel oder Aspe, verfärben sich die Blätter im Herbst hellgelb.

△ **Hängebirke** *(Betula pendula).* Diese Art kann man von der Moorbirke *(B. pubescens)* leicht an den hängenden Zweigen unterscheiden. Im übrigen aber nehmen beide Arten mit allen möglichen Standorten vorlieb, sofern sie nur genügend Licht bekommen. Birken sind typische Pionierbaumarten, die rasch kahle Flächen besiedeln, später allerdings ausdauernden Waldbäumen weichen. Ihr erstes zartes Grün im Frühling ist ebenso erfreulich, wie ihre herbstliches Leuchten in milden Gelbtönen.

▷ ▽ **Herbstlaub.** Der herbstliche Laubfall spielt im Ökosystem des Waldes eine wichtige Rolle. Die Laubdecke stellt zunächst einmal einen idealen physikalischen Schutz des Bodens und seiner Tier- und Pflanzenwelt dar: Schutz vor Verschlämmung, Erosion, Temperaturschwankungen, Austrocknung. Dann ist sie vor allem aber auch Nahrung für die Bodenfauna und -flora, die oft weit artenreicher ist, als die über dem Boden. Zuletzt dienen die Mineralstoffe der abgebauten Laubdecke den Bäumen selbst wieder als Nährstoffe.

Farbe. Die Rotfärbung der Laubblätter kommt hingegen dadurch zustande, daß sich der Zellsaft durch Anthocyane färbt, die in blauen, violetten oder purpurroten Tönen auftreten. Welcher Farbton überwiegt, hängt entweder von der Art des Anthocyans ab, oder davon, ob diese wasserlöslichen Stoffe mit einer Säure zusammentreffen (rot) oder mit einer Base (blau). Wir kennen diese Farbspiele von den Blüten des Lungenkrauts und vom Blaukraut, das mit Essig zum Rotkraut wird. Die Braunfärbung schließlich ist eine Folge des Auftretens wasserlöslicher brauner Farbstoffe nach dem Absterben der Blätter.

Die Umstellungen im Stoffwechsel der Pflanze sind nur bedingt eine Folge der sinkenden Temperaturen. Bereits im Hochsommer finden Veränderungen statt, die man als Vorbereitungen für die nächste Vegetationsperiode bezeichnen kann. Um Johanni (24.6.) tritt bei den meisten Gehölzen ein vorübergehender vegetativer Stillstand ein. Danach folgt ein zweiter, wesentlich schwächerer vegetativer Trieb, der sogenannte Johannistrieb, in dessen Verlauf nicht nur die Blütenknospenanlagen für das nächste Jahr gebildet werden, sondern oft auch ruhende Winterknospen austreiben – was übrigens nach Laubverlust etwa durch Raupenfraß die Regel ist. Bei Eichen fallen diese spät getriebenen Blätter durch ihre rote Farbe auf.

Vor allem aber verholzt in der zweiten Sommerhälfte das vorher gebildete neue Gewebe. Man spricht in diesem Zusammenhang auch von einer Reifung der Triebe. Wird dies verhindert, etwa indem man den Trieb, also die Neubildung von Gewebe, durch starke Stickstoffdüngung fördert, riskiert man schwere Frostschäden, denn die Verholzung ist ja unter anderem ein Frostschutz für das Gewebe, was schon daraus ersichtlich ist, daß alle krautigen Pflanzenteile im Herbst oder spätestens im Winter absterben.

Fast alle Pflanzen und Tiere der gemäßigten Zonen haben die jahreszeitlichen Veränderungen, etwa der Tageslänge oder der Temperaturen, verinnerlicht. Sie besitzen eine innere Uhr, die ihnen den Wechsel von Tag und Nacht (Tagesperiodik) und den Wechsel der Jahreszeiten (Jahresperiodik) vorankündigt. Das hat große Vorteile, weil dadurch unangenehme Überraschungen weitgehend vermieden werden können. Diese innere Rhythmik ist so stark und selbständig, daß sie auch unter konstanten Bedingungen (etwa im Labor) über viele Perioden weiterläuft. Das Fehlen solcher Anpassungen erlebt der Gärtner sehr drastisch, wenn sich ein Gehölz aus wärmeren Erdgegenden in seinem Garten als nicht frostfest erweist.

Der Laubfall, um darauf zurückzukommen, wird also von unseren Gehölzen längst vor dem ersten Frost vorbereitet. Zwischen Sproß und Basis des Blattstiels wird eine Trennschicht gebildet, und die Blattnarbe wird vorsorglich mit einem Hautgewebe verschlossen, unter dem zur Isolierung meist noch eine Korkschicht eingebaut wird. Da bedarf es kaum eines Windhauchs, und das Blatt gleitet zu Boden – wo es in den Stoff-Kreislauf zurückkehrt.

November – Dezember

Das Naturjahr geht zu Ende. Die Ernte ist eingebracht. Jeder Frosch, jedes Gras, jede unscheinbare Mücke hat Teil daran gehabt, hat beigetragen zum Ganzen. Die Gartengrasmücke weiß nicht, ob ihre in der Hecke erbrüteten Jungen den Herbst überleben, ob sie das Winterquartier in Afrika erreichen werden auf ihrem nächtlichen Zug. Sie weiß auch nicht, ob sie selbst wieder zurückkehren wird im nächsten Jahr und ob die Hecke dann noch da sein wird. Vieles im Geschehen der Natur erscheint uns blind und zugleich das Ganze doch so weise und erleuchtet. Wir haben diese Natur als einen Kampf des Stärkeren gegen den Schwächeren beschrieben, aber wir haben sie auch als Vorbild für Harmonie, Kooperation und Ausgewogenheit verstehen gelernt. Trotz unzähliger Erkenntnisse ist sie wohl immer noch ein großes Wunder.

Waldbau und Forstwirtschaft

Wälder sind in unserem Klimabereich auf den meisten Standorten die ursprüngliche und natürliche Vegetationsform. Die Forstwirtschaft unterscheidet sich insofern grundsätzlich von der Landwirtschaft, als sie ohne großen Einsatz von Energie vorhandene Ökosysteme nutzt. Allerdings werden die Abläufe nach wirtschaftlichen Gesichtspunkten gelenkt. Vorrang hat freilich dabei immer die Nachhaltigkeit, was besagt, daß nie mehr entnommen wird, als nachwächst. Grundlage dafür ist die regelmäßige Inventur, bei der der Zuwachs gemessen und danach der Hiebsatz festgelegt wird. Dabei spielt zunehmend die Frage eine Rolle, ob und in welcher Weise durch die Nutzung die Umwelt beeinträchtigt wird. Denn Wald hat nicht nur Nutz-, sondern auch Schutzfunktionen, von der Regelung des Wasserhaushalts bis zur Verhinderung von Erdrutschen und Lawinen im Gebirge.
Von großer Bedeutung für den Waldbau sind Kenntnisse über den Standort, über Klima, Boden, Höhe über dem Meer usw. Sie entscheiden darüber, welche Baumarten angebaut werden können. Denn die einzelnen Baumarten stellen sehr verschiedene Ansprüche an den Standort: Birken, Aspen und Erlen brauchen außergewöhnlich viel Licht und besitzen die Fähigkeit, offene Flächen schnell zu bestocken. In den ersten 10–15 Lebensjahren wachsen sie allen anderen Baumar-

△ **Fichten-Langholz.** Ziel kultivierter Forstwirtschaft ist es, den Wald nachhaltig zu nutzen, das heißt, nicht mehr Holz zu entnehmen, als nachwächst. Waldbau hat allerdings auch zum Ziel, mehr und marktfähiges Holz schneller und billiger zu produzieren, als ein sich selbst überlassener Wald. Diesem Zweck dienen: die Wahl der Baumart(en) bei der Aufforstung, der Schutz vor Wildverbiß durch Zäune oder chemische Mittel in den ersten 10 Jahren, das Zurückdrängen von Unkraut und unerwünschten Gehölzen bis zum 5. Jahr, ein erstes Auslichten nach 10 Jahren, ein zweites nach 25 Jahren (Stangenholz) eine dritte Durchforstung nach 50 Jahren (Stammholz), der Kahlhieb oder »Abtrieb« nach 80–100 Jahren (Starkholz, Foto). Im naturgemäßen Waldbau versucht man den Kahlschlag durch Einzelbaumentnahme (Plenterwirtschaft) oder Gruppenschlag (Femelwirtschaft) zu ersetzen, wodurch eine natürlichere, ökologisch vorteilhaftere Alters- (und Baumarten-)mischung erreicht wird.

ten davon. Sie sind ausgesprochene Pioniere, frosthart und sehr robust. Allerdings läßt ihr Höhenwachstum bald nach und sie werden maximal 100 Jahre alt. Ihnen ähnlich in Lichtbedürftigkeit und Schnelligkeit des Jugendwachstums sind Kiefer, Eiche und Lärche. Auch sie können Pioniere auf Kahlflächen sein. Ihr Vorteil ist, daß ihr Zuwachs lange vorhält; sie können einige hundert Jahre alt werden. Von ihnen unterscheiden sich die typischen Waldbäume, die im Halbschatten und (Frost-) Schutz älterer Bäume am besten heranwachsen. Sie verausgaben sich nicht in der Jugend, ihre Wuchsleistung hält lange vor. Hierher gehören vor allem Fichte und Douglasie, aber auch so wichtige Mischbaumarten wie Ahorn, Esche und Ulme. Freilich stellen diese Laubholzarten höhere Ansprüche an Boden und Klima als die genügsameren Nadelbaumarten. Völlig auf den Schutz eines Kronendaches angewiesen sind die Schattenbaumarten Buche und Tanne; auf Kahlschlägen lassen sie sich nur schwer verjüngen. Im Waldschatten aber sind sie allen anderen Baumarten überlegen, wachsen erst sehr langsam und legen dann richtig los, wenn durch den Ausfall eines Altbaumes mehr Licht zu ihnen gelangt. Auch diese wertvollen Waldbäume können ein hohes Alter erreichen.

Es gibt sehr verschiedene Arten, den Wald zu nutzen. In vielen der kleineren Bauernwälder, die hauptsächlich der Eigenversorgung dienen, wird schwächeres Brennholz und kräftiges Bauholz je nach Bedarf entnommen; die Verjüngung geschieht häufig auf natürliche Weise durch Aussamung der älteren Bäume. Diese Art der Nutzung erhält den natürlichen Stockwerkbau des Waldes, der bedingt ist durch die verschiedenen Altersstufen der Bäume sowie eine Strauch- und Krautschicht. Das Herausnehmen einzelner, älterer Bäume ist besonders schonend und entspricht im Grunde der Regeneration von Naturwäldern – mit dem Unterschied, daß die Bäume nicht im Wald verrotten. Diese naturgemäße Art der Einzelbaumnutzung, oft zusammen mit Naturverjüngung, nennt man Plenterwirtschaft.

Die moderne Forstwirtschaft zieht aus Gründen der Rationalisierung gleichaltrige und häufig auch gleichartige Bestände vor. Das hat den Vorteil, daß die dicht stehenden Stämme nur im Kronenbereich Äste tragen, unten aber weitgehend astlos sind. Außerdem läßt sich die Ernte in Form des Kahlschlags arbeitskräftesparend mechanisieren und rationalisieren. Das Ökosystem Wald, insbesondere auch der Waldboden, nehmen aber durch solche Bewirtschaftungsmethoden erheblichen Schaden. In den reinen Nadelforsten versauert und verdichtet der Boden.

Eine besondere Art der Waldnutzung, die früher weite Verbreitung hatte, ist der Niederwald. Da werden vor allem solche Baumarten meist für Brennholz genutzt, die nach dem Abschlagen aus dem Stumpf wieder austreiben. Vor allem viele Auwaldbäume, z.B. Erlen, verfügen über die Fähigkeit zum Stockausschlag. Aber auch trockenliebende Arten, wie die Hainbuche, können auf diese Weise immer wieder nachwachsen. Heute gibt es in der Bundesrepublik nur noch etwa 300 000 Hektar Niederwald. Alle übrigen Forstflächen, wie sie auch genutzt werden, bezeichnet man als Hochwald.

△△ **Stammholz-Durchforstung.** 50–60 Jahre nach Bestandsgründung (Aufforstung) wird der Wald zum drittenmal durchforstet. Es fällt wertvolles Stammholz an. Stehen bleiben nur die besten Bäume, die nach weiteren 30–40 Jahren hochwertiges Starkholz bringen.

△ **Jahresringe.** Das Kernholz dieser Fichtenstämme läßt rund 40 Wuchsjahre erkennen, das äußere Splintholz weitere 20 Jahre; im Splintholz verlaufen die Leitungsbahnen.

▷ **Borkenkäfer** gehören zu den wichtigsten Forstschädlingen. Die meisten Arten befallen allerdings nur kränkelnde Bäume. Das Weibchen frißt einen »Muttergang« in das Splintholz unter der Rinde und legt hier seine Eier ab. Die Larven fressen dann seitliche Gänge, die entsprechend ihrem Wachstum immer breiter werden. Am Ende des Ganges verpuppen sich die Larven (Foto ganz rechts) und werden zum wenige Millimeter großen Käfer.

Zwei sagenhafte Emporkömmlinge

Pflanzen, die auf Bäumen wachsen, sogenannte Epiphyten, sind in feuchten, tropischen Wäldern keine Seltenheit. Bei uns sind solche nicht im Boden wurzelnde Pflanzen eher die Ausnahme. Algen, Flechten und Moose gehören dazu, also Arten, die mit vorübergehender Austrocknung fertig werden. Höhere Pflanzen, die in unserem Klima auf die Bäume wollen, müssen entweder mit den Wurzeln im Boden bleiben, wie die verschiedenen Ranker, Klimmer und Kletterer, zu denen der Efeu gehört, oder sie müssen zum Schmarotzer werden, indem sie die Saftbahnen des Baumes anzapfen.
Die merkwürdige Mistel ist so ein Schmarotzer, allerdings nur ein Halbschmarotzer, da sie nur Wasser und Nährsalze dem Baum entnimmt, organische Stoffe aber durch eigene Assimilation aufbaut. Durch ihr ungewöhnliches Vorkommen und Aussehen hängt ihr seit altersher ein besonderer Ruf an, weben sich Sagen und Aberglauben um sie. Ihre gegabelten, im Winter goldgrün berindeten Zweige waren Vorbild für die Goldene Zauberrute oder Wünschelrute, mit deren Hilfe man verborgene Schätze, Metalladern und Quellen aufzuspüren hoffte. Aeneas muß, um in die Unterwelt einzudringen, sich das »goldene Reis« verschaffen, das »wie die Mistel im winterlichen Wald« als schimmerndes Reis mit klirrenden Blättern von Virgil beschrieben wird.

△ **Efeu** *(Hedera helix).* Mit Haftwurzeln klammert sich der Efeu sehr fest an Baumrinden und Mauern an. Wasser und Nährstoffe nimmt er aber nur mit seinen Bodenwurzeln auf, so daß er einen Baum allenfalls dann geringfügig beeinträchtigen kann, wenn er sich mit seinem Laub so im Geäst ausbreitet, daß er den Blättern des Baumes das Licht wegnimmt.
Sehr merkwürdig sind die verschieden geformten Blätter: Nichtblühende Triebe (junger Pflanzen) bilden 3–5lappige Blätter (Foto links), während das Laub blühender Triebe ungelappt ist (Foto Mitte). Ungewöhnlich ist auch die Blütezeit des Efeus, sie liegt im Herbst und lockt dann viele Bienen an.
Efeu blüht und fruchtet erst ab dem 8.–10. Lebensjahr. Er kann mehrere hundert Jahre alt werden, möglicherweise sogar 1000 Jahre. Die Pflanze enthält vor allem in den Beeren (Foto oben) giftige Saponine; sie ist eine alte Heilpflanze. Efeu ist frostempfindlich und gedeiht am besten bei hoher Luftfeuchtigkeit.

◁ **Mistel** *(Viscum album).* Mistelbüsche (Foto ganz links) wachsen auf verschiedenen Laub- und Nadelbäumen (Weißtanne). Ihre Samen gelangen durch Vögel dorthin, die die weißen Beeren (Foto links) gefressen haben. Die Pflanze ist ein Halbschmarotzer. Sie bildet flach in der Rinde des Wirts grüne Rindenwurzeln aus, von denen zapfenartige »Senker« bis zum Wirtsholz mit den Leitungsbahnen vordringen, aus denen sie Wasser und Nährsalze entnehmen. Die organischen Stoffe bildet die Mistel, wie andere Pflanzen auch, mit Hilfe ihrer grünen Blätter – sie sind ledrig und auch im Winter grün. – Die unscheinbaren gelblichen Blüten sind nach Geschlechtern getrennt auf verschiedene Mistelpflanzen verteilt (zweihäusig). Die Mistel enthält das giftige Viscotoxin. Die Beeren werden aber gerne von Vögeln gefressen (Misteldrossel). – In alten Sagen und Märchen spielt die Mistel häufig eine Rolle, man verehrte ihre dämonenabwehrenden Kräfte, worauf der Brauch zurückgeht, an Weihnachten einen Mistelzweig über die Tür zu hängen.

△ **Hermelin** *(Mustela erminea).* Das größte unserer 3 Wieselarten (es wird mit Schwanz bis 40 cm lang) färbt auch am regelmäßigsten im Herbst ganz oder teilweise in ein weißes Winterkleid (Foto oben links) um. Wie sehr dies eine Anpassung an die jeweiligen winterlichen Umweltbedingungen ist, zeigt die Tatsache, daß Wiesel in schneearmen Gebieten (z. B. in England) gar nicht oder nur teilweise umfärben. Das Hermelin unterscheidet sich in allen Kleidern von den beiden anderen Wieselarten durch das stets schwarze Schwanzende (Sommerkleid: Foto oben Mitte). Die Art lebt in deckungsreichen Wald- und Parklandschaften, seltener in der Nähe von Menschen.

⊳ **Schneehase** *(Lepus timidus).* Vom Feldhasen unterscheidet sich der Schneehase im Sommer nur durch seine kürzeren Ohren und das fehlende Schwarz auf der Schwanzoberseite. Im Winter ist er durch sein weißes Fell unverkennbar. Die Art kommt in Nordosteuropa, Skandinavien, Schottland, Irland, Island und in den Alpen vor. In Irland bleibt der Schneehase auch im Winter braun.

Ins Schneehemd geschlüpft

Der Wechsel von Sommer- und Winterfell ist uns vertraut – sogar viele Hunderrassen führen ihn uns noch vor. Auch der Wechsel von Pracht- und Schlichtkleid bei vielen Vogelarten ist uns noch einigermaßen geläufig, wenn wir an die Stockenten-Erpel auf den Parkseen denken, die im Sommer recht bescheiden und im Winter (zur Balzzeit) so nobel gekleidet sind (s. S. 185). Daß sich Tiere in der Farbe ihres Haar- oder Federkleides auch dem winterlichen Weiß anpassen, ist allerdings recht ungewöhnlich.

Vor allem geht es beim jahreszeitlichen Wechsel der Federn oder Haare in unserem Klima natürlich um eine Anpassung an die unterschiedlichen Temperaturen. Das ist ja erstaunlich genug, daß die warmblütigen Tiere allenfalls mit zwei Gewändern Temperaturen von über 30° im Sommer und unter −20° im Winter bestehen können. Man denke nur an die vielen Variationsmöglichkeiten unserer Garderobe! Der Haar- und Federwechsel ist denn auch oft sehr artgemäß den jeweiligen Lebensbedingungen angepaßt.

Wenn mit dem Kleiderwechsel ein so krasser Farbwechsel verbunden ist, wie bei den Wieseln, beim Schneehasen und beim Schneehuhn, dann kann man zweierlei daraus schließen: Diese Arten sind auch im Winter aktiv (kein Winterschlaf) und sie haben Greifvögel und Eulen als Freßfeinde, vor denen sie sich tarnen müssen.

▷ **Alpenschneehuhn** *(Lagopus mutus).* Dieser Bewohner hoher Gebirge (Pyrenäen, Alpen, Schottland, Norwegen, Island) ist zu allen Jahreszeiten durch weiße Flügel gekennzeichnet. Im Brutkleid ist das Männchen oberseits schwarzbraun gefleckt und marmoriert, das Weibchen (Foto ganz rechts) ist in gleicher Weise, aber mehr gelbbraun gemustert. Im Winter sind beide Geschlechter weiß, mit Ausnahme der schwarzen Schwanzfedern. Das Gefieder wird 3mal im Jahr gewechselt, wobei gefleckte Übergangskleider auftreten. Wie unsere anderen Rauhfußhühner (Auerhuhn, Birkhuhn, Haselhuhn) tragen Schneehühner über den Augen rote Hautlappen (Foto rechts, Männchen), die man als »Rosen« bezeichnet.

Gäste aus Nord und Ost

Wenn wir von Zugvögeln sprechen, dann denken wir meist an unsere insektenfressenden Singvögel, die uns im Herbst verlassen, den Winter im Süden verbringen und im Frühjahr wieder zurückkehren. Daß etliche Vogelarten aus noch kälteren Gegenden auch zu uns kommen im Winter, ist nicht allgemein bekannt.
Regelmäßig überwintern in Mitteleuropa etwa Saatkrähen und Lachmöwen, deren Brutgebiete in Osteuropa und Skandinavien liegen. Zum Teil vermischen sie sich hier mit den mitteleuropäischen Brutpopulationen, teilweise findet aber auch eine Verschiebung statt, indem unsere Brutvögel nach Westen und Süden abwandern und gewissermaßen den nördlicheren und östlichen Nachrückern Platz machen. (Bei anderen Arten ist es gerade umgekehrt, da ziehen die nördlicheren Populationen weiter nach Süden als die mitteleuropäischen.) Zu den regelmäßig überwinternden Arten gehören aber auch und vor allem sehr viele Wasservögel, von denen im nächsten Abschnitt die Rede ist.
Neben diesen regelmäßigen Zuwanderern aus Nord und Ost kommt es oft im Abstand mehrerer Jahre zu unregelmäßigen, manchmal aber sehr zahlenstarken Zuwanderungen. Solche Invasionen sind oft die Folge strenger, schneereicher Winter in Nord- und Osteuropa, häufiger aber noch ein Zeichen dafür, daß das Nahrungsangebot in den Brutgebieten unzureichend ist. Das kann entweder an der schwankenden Samenproduktion der Vegetation liegen, oder an einer besonders hohen Nachwuchsrate der Vögel. Zu den oft in Scharen, aber eben sehr unregelmäßig auftretenden Invasionsvögel gehören der Sibirische Tannenhäher (eine östliche Rasse unseres in Gebirgswäldern lebenden Tannenhähers), Birkenzeisige, Kreuzschnäbel, Seidenschwänze und Bergfinken. Jede dieser Arten hat ihre besonderen Gewohnheiten. So sind Kreuzschnäbel, die fast ausschließlich von den Samen der Koniferenzapfen leben, allgemein herumzigeunernde Vögel, die überall dort auftauchen, wo Nadelbäume reichlich fruchten. Sogar ihre Brutzeit ist unregelmäßig und liegt oft im Winter. Bergfinken hingegen gehören schon fast zu den regelmäßig bei uns überwinternden Arten.
Auch der Berghänfling aus Irland, Schottland und dem nördlichen Skandinavien zählt wegen seines unregelmäßigen und scharenweisen Auftretens zu den Invasionsgästen, ebenso die mehr einzeln mit anderen Finken und Ammern vergesellschaftete Schneeammer, die gelegentlich bis aus Island zu uns kommt. Aber auch Greifvögel aus nördlicheren und östlicheren Gebieten verbringen mehr oder weniger regelmäßig den Winter bei uns, unter ihnen der in Norwegen und Lappland brütende Rauhfußbussard, der vom Mäusebussard im Feld schwer zu unterscheiden ist, und der Merlin, ein kleiner Falke, der mit dem Turmfalken und (im Flug) mit dem Sperber verwechselt werden kann.
Vielfach unbemerkt bleiben solche Vogelarten, die auch bei uns heimisch sind, im

△ ▽ **Saatkrähe** *(Corvus frugilegus)*. Im Gegensatz zu unserer gewöhnlichen Raben- oder Aaskrähe *(Corvus corone)*, deren Verbreitungsgebiet von Mitteleuropa nach Westen und Süden reicht, ist die Saatkrähe eine mehr osteuropäische Art, die im Winter in großen Scharen zu uns kommt. Man kann die Altvögel leicht von den Rabenkrähen an der nackten, hellgrauen Schnabelwurzel unterscheiden. Außerdem ist der Schnabel der Saatkrähe schlanker und spitzer, und beim Laufen sträubt sie in charakteristischer Weise ihre Bauchfedern (»Hosen«). Saatkrähen bilden nicht nur im Winter große Schwärme und Schlafgemeinschaften (Foto oben), sie brüten auch am liebsten in Kolonien.

▷ **Bergfink** *(Fringilla montifringilla).* Dieser hübsch gezeichnete, buchfinkenähnliche Vogel brütet im nördlichen Skandinavien und kommt im Winter oft in großen Schwärmen zu uns. Besonders gerne fallen die Vögel in Buchenwäldern ein, deren ölhaltige Früchte (s. S. 167) eine bevorzugte Nahrung sind. Das abgebildete Männchen trägt noch das Winterkleid; Kopf und Mantel sind zur Brutzeit prächtig schwarz. Bergfinken sind gelegentlich auch Gast am Futterhaus.

▽ **Seidenschwanz** *(Bombycilla garrulus).* Ein ungewöhnlich prächtiger Vogel mit rotbrauner Haube, gelbspitzigem Schwanz und auffallend weiß und gelb gezeichneten Flügeln mit merkwürdigen roten »Siegellackplättchen« am Ende einiger Federn. Dieser Brutvogel des nördlichsten Skandinaviens kommt in unregelmäßigen Abständen, dann aber meist scharenweise, im Winter zu uns und macht sich vor allem über jede Art von Beeren her. Ein typischer Invasionsvogel also.

Winter aber von russischen und skandinavischen Populationen Zuzug bekommen. So sind viele der oft in großen Schwärmen auftretenden Wacholderdrosseln (die sich besonders gerne um altes Fallobst versammeln) Zuzügler. Auch die im Winter und vor allem zur Zugzeit im Frühling und Herbst besonders häufigen Mäusebussarde entsprechen durchaus nicht den Zahlen der eigenen Population; es handelt sich dabei zu einem großen Teil um Überwinterer und Durchzügler aus unseren nordöstlichen Nachbarländern.

Mitteleuropa ist als Überwinterungsgebiet und als Rastplatz für zahlreiche Vogelarten von großer Bedeutung. Dies betrifft nicht nur die auffälligeren Greif- und Wasservögel, sondern auch eine Vielzahl von Kleinvögeln. Die immer noch fortschreitende Zerstörung und Vernichtung von Rast- und Nahrungsplätzen – das reicht von Hecken und Staudenfluren bis zu den verschiedenen Arten von Feuchtgebieten – ist nicht nur ein Verlust für unsere Landschaft und unsere heimische Tier- und Pflanzenwelt, sie wird auch zum unersetzlichen Verlust für jene großen Wanderscharen, die heute noch wie seit Jahrtausenden, unbekümmert um Grenzen, Mauern und Eiserne Vorhänge den Kontinent überqueren. Es gibt eine subtilere Art des Vogelmordes, als den Fang mit Netzen und Leimruten: die Vernichtung der Lebensräume. Wir machen uns damit weit gründlicher an unseren nord- und osteuropäischen Nachbarn schuldig, als die Vogelfänger am Mittelmeer, über die wir so empört zu Felde ziehen.

▷ **Fichtenkreuzschnabel** *(Loxia curvirostra).* Der seitlich übereinandergreifende Hakenschnabel dieses nur reichlich sperlinggroßen Vogels ist eine sehr spezielle Anpassung an das Öffnen von Fichtenzapfen, deren Samen die Hauptnahrung des Fichtenkreuzschnabels sind. Merkwürdig an dieser Art ist auch der Farbunterschied zwischen den Geschlechtern: während die Weibchen ein grünlich-gelbes Gefieder tragen (Foto ganz rechts), sind die Männchen schön rostrot (Foto rechts). Kreuzschnäbel sind echte Vagabunden, die meist in kleinen Trupps irgendwo auftauchen und meist bald wieder verschwinden. Ebenso unvermittelt lassen sie sich irgendwann zur Brut nieder, häufig mitten im Winter. Manchmal kommt es zu ausgesprochenen Invasionen, auch in Gebiete, z. B. Südeuropas, in denen die Art nicht Brutvogel ist.

Überwinternde Wasservögel

Viele unserer größeren Binnenseen frieren im Winter nicht zu und bieten damit Wasservögeln aus nördlicheren und kontinentaleren Teilen Europas Überwinterungsmöglichkeiten. Sie kommen oft von jenseits des Polarkreises oder tief aus Rußland zu uns und wir können sie meist den ganzen Winter über sehen.
Nur wenige Arten kommen so zutraulich dicht ans Ufer, daß man sie ohne Fernglas gut beobachten und aufgrund ihrer meist sehr charakteristischen Kleider in der Regel auch leicht bestimmen kann. Zu den häufigsten und zutraulichsten Schwimmvögeln unserer winterlichen Binnengewässer gehören die Bläßhühner mit ihrem einheitlich schwarzen Gefieder und der weißen Stirnplatte, der sie ihren Namen verdanken. An ihrem schmalen, eher spitzen Schnabel erkennt man sofort, daß sie nicht zu den Enten gehören. Man sieht es auch an ihren Füßen, im klaren Wasser oder wenn sie an Land gehen: sie haben keine Schwimmhäute zwischen den Zehen, sondern nur Hautlappen und sind übrigens recht gut zu Fuß.
An nächster Häufigkeitsstelle steht meistens die Stockente, unsere häufigste heimische Wildente, die allerdings im Winter auch noch Zuzug bekommt. Die Männchen (Erpel) sind mit ihrem grünglänzenden Kopf und den aufgedrehten Schwanzfedern ausgesprochene Schönheiten, zumal jetzt im Winter, da sie ein frisches

△ **Winterliche Wasserlandschaft.** Mit dem Zufrieren kleinerer Gewässer werden vielen Wasservögeln die Existenzgrundlagen entzogen. Immerhin bleiben in Mitteleuropa die meisten größeren Seen doch eisfrei, wenn der Winter nicht außergewöhnlich kalt ist. Da versammeln sich dann Wasservögel aus ganz Europa, vor allem Zuzügler aus Rußland und Skandinavien. Mit regelmäßigen Wasservogelzählungen eines Netzes freiwilliger Vogelbeobachter versucht man eine Übersicht über die europäischen Bestände zu bekommen. Besonders wichtige Rast- und Überwinterungsgebiete erhalten den Status eines »Feuchtgebietes von internationaler Bedeutung« – was leider auf ihren Schutz nur geringe Auswirkungen hat.

△ **Zwergtaucher** *(Podiceps ruficollis).* Diese kleinsten unserer häufigeren Wasservögel sind fast nur halb so groß wie ein Haubentaucher und noch erheblich kleiner als ein Bläßhuhn. Wie kleine Federbälle schwimmen sie auf dem Wasser und tauchen zwischendurch immer wieder und oft recht ausdauernd. Ihre Nahrung sind kleine Fische und andere Wassertiere. Wie viele tauchende Vögel kommen auch Zwergtaucher immer wieder in Fischnetzen zu Tode.

▽ **Stockenten** *(Anas platyrhynchos).* Unsere häufigste Wildente ist eine Schwimm- oder Gründelente, die also nicht nach Nahrung taucht, sondern im seichten Wasser danach gründelt, sie von der Wasseroberfläche aufnimmt und gerne auch auf Wiesen und Äckern äst und Schnecken sammelt. Die Männchen unterscheiden sich mit ihrem prächtigen Gefieder erheblich von den tarnfarbenen Weibchen, die allein brüten und die Jungen führen. Schwimmenten liegen im Gegensatz zu Tauchenten hoch im Wasser.

Prachtkleid tragen, denn wie alle Enten balzen und verpaaren sie sich schon im Lauf des Winters. Die Stockenten-Weibchen sind – wie bei fast allen Enten – ganz anders, bräunlich-schlicht gefärbt. Ein so deutlicher »Geschlechtsdimorphismus« weist darauf hin, daß sich die Männer nicht am Brutgeschäft beteiligen, denn dazu sind Tarnfarben geeigneter als Prachtkleider.

Fast immer gemeinsam kommen zwei weitere Entenarten vor, die nur vereinzelt bei uns brüten und daher überwiegend echte Wintergäste sind – auch sie werden an manchen Futterplätzen recht zutraulich. Es sind die schwarz-weißen Reiherenten und die schwarz-weiß-roten Tafelenten. Auch hier sind die Männchen leicht und selbst auf größere Entfernung anzusprechen, während die bescheideneren Weibchen schon genaueres Hinsehen erfordern.

Natürlich gehören zu den häufigsten Vögeln an winterlichen Gewässern auch die Lachmöwen und in Küstennähe auch die erheblich größeren Sturm- und Silbermöwen – allerdings meist nur dort, wo regelmäßig gefüttert wird oder reichlich Abfälle zur Verfügung stehen, also vor allem an städtischen und viel besuchten Fluß- und Seeufern. Damit ist das Artenspektrum für den normalen Spaziergänger in der Regel schon erschöpft, wenn man von den halbwilden Höckerschwänen absieht, die an Futterstellen natürlich auch nie fehlen. Da und dort mag noch der kleine und unscheinbare Zwergtaucher in Erscheinung treten; er sucht aber lieber unter Wasser nach tierischer Nahrung, von Brosamen hält er nicht viel.

Für den mit Fernglas oder gar einem guten »Spektiv« ausgerüsteten Vogelbeobachter fangen die eigentlichen Freuden des winterlichen Wasservogellebens erst da an, wo sie für den Spaziergänger enden. Weiter draußen findet man auf den größeren Gewässern nicht selten das ganze Spektrum europäischer Schwimmvogelarten – und das ist nicht wenig. Da ist einmal die Gruppe der Taucher im weiteren Sinn, zu denen drei fast gänsegroße ziemlich seltene »Meerestaucher« aus dem hohen Norden gehören, der relativ häufige Haubentaucher, zwei seltenere Arten (Rothals- und Ohrentaucher) und der bereits erwähnte Zwergtaucher. Aus der Gruppe der Schwäne und Gänse kann man Singschwäne, Saat- und Graugänse und die eingebürgerte Kanadagans antreffen.

Die artenreiche Gruppe der Enten geht weit über das hinaus, was sich gewöhnlich am Futterplatz zeigt. Zu den regelmäßigen Überwinterern etwa an süddeutschen Seen gehören die schöne Pfeifente, die schlichter gefärbte Schnatterente, dann die beiden Kleinenten: Krick- und Knäkente, die erstere überwinterternd, letztere nur auf dem Durchzug. Spießenten, Löffelenten, Kolbenenten trifft man nicht immer und selten zahlreich, aber doch nahezu jeden Winter an. Am Bodensee versammeln sich zur Spätherbstmauser bis zu 2000 Kolbenenten. Zu den häufigeren Winterenten etwa am oberbayerischen Chiemsee gehört die schwarz-weiße Schellente, deren klingender Flug ihr den Namen eingebracht hat. Viel seltener sind »Meeresenten«, wie Eiderente, Eisente, Trauerente und Samtente. Schließlich sei noch die Gruppe der Säger erwähnt.

Bei den Enten unterscheidet man zwischen Tauch- und Gründelenten. Man kann sie schon äußerlich daran unterscheiden, daß bei den Tauchenten der Schwanz auf der Wasseroberfläche aufliegt, während die Gründelenten den Schwanz über der Wasserfläche tragen. Gründelenten sind Stock-, Spieß-, Schnatter-, Pfeif-, Löffel-, Krick- und Knäkenten. Zu den Tauchenten gehören Schell-, Reiher-, Tafel- und Kolbenenten. Gründelenten suchen ihre Nahrung mehr im flachen Wasser, wo sie nur mit Kopf und Vorderkörper untertauchen, um im Schlamm zu wühlen oder Wasserpflanzen zu äsen. Die sich ebenso ernährenden Schwäne und Gänse nutzen mit ihren längeren Hälsen den Übergangsbereich zwischen den Revieren der Gründelenten und der Tauchenten.
Recht merkwürdig ist die Beobachtung, daß manchmal die eine Art von den Fähigkeiten einer anderen Gebrauch macht. So kann man gelegentlich Gründelenten (z. B. Schnatterenten) dabei beobachten, wie sie systematisch und sehr ausdauernd hinter Bläßhühnern herschwimmen und ihnen die vom tieferen Grund heraufgetauchten Wasserpflanzen abzujagen versuchen.
Der Winter ist für viele Wasservogelarten die Zeit der Balz. In größeren oder kleineren Trupps schwimmen die Männchen eifrig um die Weibchen herum, lassen verschiedene Pfeif- und Quaklaute hören und machen oft recht absonderliche Verrenkungen. Viele dieser Bewegungen laufen so schnell und wie nebenbei ab, daß es schon des geschulten Auges des Verhaltensforschers bedarf, um die einzelnen

△ **Reiherente** *(Aythya fuligula).* Die kleine, schwarz-weiße Tauchente mit dem »Reiher«-Schopf und den goldgelben Augen hat ihr Hauptverbreitungsgebiet im nördlichen Europa; sie brütet seit Jahren regelmäßig aber auch bis Süddeutschland. Im Winter bevölkern große Scharen von Reiherenten unsere Seen, vielfach vergesellschaftet mit Tafelenten, aber auch in bunt gemischten Trupps mit verschiedenen Schwimmenten. Foto links Männchen, rechts Weibchen.

▽ **Tafelente** *(Aythya ferina).* Eine überwiegend osteuropäische, bis in Mitteleuropa und Großbritannien brütende Art, die gerne den Winter auf unseren Seen verbringt. Die Männchen (Foto rechts) sind auch auf die Entfernung an ihrem fast weißen Rücken leicht zu erkennen, die schlichten Weibchen (Foto links) sind mit den Weibchen anderer Arten zu verwechseln. Wie alle Tauchenten, liegt auch die Tafelente tief im Wasser, so daß der Schwanz der Wasserfläche aufliegt.

▷ **Paar der Kolbenente** *(Netta rufina)*. Eine unserer schönsten Entenarten kommt über ganz Mittel- und Südeuropa inselartig verstreut als Brutvogel vor; im Nordosten fehlt sie. Auch in der Bundesrepublik gibt es nur etwa ein Dutzend Brutplätze. Sie ist auf unseren Seen kein wirklicher Wintergast, sondern eher Zuggast im Herbst und Frühjahr. Am Bodensee finden sich im Sommer und Herbst bis zu 2.000 Kolbenenten zur Mauser ein; von den dort etwa 600 übersommernden Vögeln brüten jährlich nur etwa 100 Paare.

▽ **Männchen der Krickente** *(Anas crecca)*. Mit der Knäkente die kleinste unserer Schwimmenten, die in ganz Mittel- und Nordeuropa brütet, bei uns vor allem in Norddeutschland. Im Winter regelmäßig und recht häufig auf unseren Seen. Unverkennbar ist der helle, kurze Ruf, dem sie ihren Namen verdankt. Das Weibchen ist unscheinbar braun.

Elemente dieser Balz zu erkennen. Konrad Lorenz hat sie z.B. bei der Stockente als »Grunzpfiff«, »Kurzhochwerden«, »Kopfhindrehen« und »Nickschwimmen« bezeichnet. Bei vielen dieser Bewegungen und Verhaltensweisen (zu denen auch das Hintereinanderherfliegen gehört) spielt die Gefiederzeichnung der Erpel eine wichtige Rolle. Die Flügelzeichnungen haben geradezu die Funktion von Flaggen; an ihnen erkennen sich die Enten im Flug.

Die Entenbalz mitten im Winter ist für den Naturbeobachter eines der vielen Zeichen dafür, daß es kein Jahresende gibt, sondern jede Zeit den Keim des Neuen in sich trägt. Gerade in unserem Klimabereich bietet das alljährliche Erwachen des Lebens aus der winterlichen Ruhe ein eindrucksvolles Exempel für die unglaubliche Erneuerungskraft der Natur. Wir haben diese Regenerationsfähigkeit seit Jahrtausenden immer wieder und immer rücksichtsloser in Anspruch genommen und auf die Probe gestellt. Wüsten und für immer ausgerottete Tier- und Pflanzenarten sind besorgniserregende Mahnmale dafür, daß die Erneuerungskraft der Natur auch ihre Grenzen hat. Verödete Landschaften lehren uns, daß es mit der bloßen ökologischen oder ökonomischen Funktionsfähigkeit der Natur auch nicht getan ist, denn Natur ist mehr für den Menschen, als nur Nutzfläche und Gegenstand der Ausbeutung.

Diesen Gedanken zu fördern und zu festigen, dazu hoffen wir mit diesem Führer durch die Jahreszeiten ein wenig beigetragen zu haben.

▷ **Lachmöwe** *(Larus ridibundus)*. Unsere häufigste Binnenlandmöwe trägt im Sommer eine schwarze Kopfmaske (Foto S.78 unten), von der im Winter nur noch Andeutungen zu erkennen sind (Foto rechts). Anpassungsfähig wie viele Möwenarten, hat sich die Lachmöwe mit dem Menschen weitgehend arrangiert, läßt sich füttern und nützt Müllkippen und Kläranlagen zur Nahrungssuche. Im Winter wandern viele unserer Brutvögel nach West- und Südeuropa. Stattdessen kommen osteuropäische und skandinavische Möwen zu uns, die vor allem Städte an Flüssen und Seen bevölkern, wo sie von Passanten gefüttert werden oder von Abfällen leben. Im Spätwinter wächst ihnen wieder das schwarze Kopfgefieder und sie kehren zu ihren Brutplätzen zurück, meist Schilfgebiete an Binnenseen, wo sie oft in sehr zahlenstarken Kolonien brüten.

Register

Fettgedruckte Seitenzahlen bedeuten Foto

Bildnachweis

Angermayer: 143ur
Bellmann: 72ol, 90ol, 91ur, 94or, 94MM, 95Mr, 95ur, 110Ml, 126ur, 135ul, 140ur, 141ul, 141ur, 144ul, 146Mr, 159ol
Danegger: 21ol, 23ol, 23Mr, 43Mr, 51ur, 69ur, 77ur, 181ur, 183or
Daudt: 30ur, 34Mr, 54ur, 55Mr, 74ol, 81ul, 83or, 83uM, 96ul, 115or, 115ur, 127Ml, 127ur, 128or, 128ul, 128ur, 133ol, 134ol, 134or, 142or, 160ol, 160Mr
Diedrich: 81or, 83Ml, 85Ml, 98ur, 115uM, 117Mr, 140ol, 148ol, 156or, 160ul, 166ul
Eisenbeiß: 35ol, 40or, 42Mr, 86or, 106ul, 124oM
Eisenreich: 1, 10/11, 18ol, 28or, 32Ml, 42ol, 42oM, 46or, 51or, 55ur, 57ur, 58ol, 58oM, 58or, 64/65, 67(alle), 68ul, 75oM, 76Ml, 76ur, 83ur, 86ul, 87ul, 93ur, 96or, 96Mr, 97MM, 97Mr, 100ur, 104ul, 104or, 114ul, 116ul, 116Mr, 119or, 119ur, 124ol, 131ul, 134ul, 135or, 138ol, 138ul, 138uM, 142ul, 143Ml, 150ol, 150ul, 150uM, 151ol, 152ol, 153or, 153Mr, 154/155, 161Mr, 162or, 162Mr, 162uM, 163ul, 165Mr, 171(alle), 172ul, 173(alle), 174ol, 175Mr, 176/177, 182o, 184, 186ol, 186ul, 186ur, 187ur
Eisenreich/Handel: 39or, 47Ml, 51ul, 57Ml, 63ur, 77or, 80uM
Haarhaus: 15ul, 36ur, 183Ml
Handel: 12, 97or, 152ul, 162ul, 166ur
Heppner: 179Ml
König: 39Ml, 43ol, 92ul, 106or, 122Mr, 127or, 179uM
Kretschmer: 99uM
KWS Kleinwanzlebener Saatzucht AG: 103(alle)
A. Labhardt: 75ur
F. Labhardt: 14ul, 70ul, 76or, 87or, 137(alle)
Limbrunner: 20Mr, 22ol, 23ul, 25, 46ur, 47Mr, 48oM, 50or, 51uM, 71or, 144ol, 145, 146ol, 146ul, 147(alle), 157ur, 161oM, 167uM, 169Ml, 181oM, 181or, 181uM, 183uM, 183ur, 187or
Lohmann: 13or, 161or, 161MM, 174uM, 174Mr, 175ul
Miech: 20ol
Moosrainer: 4/5, 26/27, 57or, 157or
Pfletschinger/Angermayer: 88or, 89or, 89Ml, 89uM, 89ur, 91Ml, 97uM, 107Mr, 108, 109ol, 110Mr, 116ur, 118ol, 118Mr, 118uM, 119Ml, 120Mr, 120ul, 125ol, 126ol, 126oM, 126or, 126ul, 126uM, 128ol, 129(alle), 130or, 130Mr, 131or, 132ol, 132Mr, 139(alle), 140ul, 140or, 144Mr, 152Ml, 170Mr
Pforr: 8/9, 13ol, 16or, 22Mr, 24ur, 28ul, 29ol, 32or, 32ur, 36or, 36Ml, 45, 46oM, 46uM, 50ol, 50ul, 52ul, 54Mr, 66, 71Ml, 72Mr, 80ol, 84ol, 84ul, 90ul, 92ol, 94ol, 94oM, 94Ml, 95uM, 99or, 99ur, 101ur, 105ol, 110ol, 112/113, 116ol, 121or, 122ol, 123Ml, 125M, 130ul, 131ur, 132uM, 136ol, 136oM, 141or, 148ur, 149or, 163or, 166uM, 168or, 169oM, 170ul, 179ur
Plucinski: 17ur, 63or, 70ol, 124ul, 162ol, 165ol
Pott: 34ol, 35ur, 40ur, 41ol, 79, 82ol, 82oM, 92ur, 98MM, 102ur, 105ur, 120or, 121ul, 166ol, 169ur, 172Mr, 180ol, 180oM, 180or, 185u, 186or
Quedens: 48uM, 56Mr, 78ur, 158ol, 159or
Reinhard: 2/3, 15or, 16ul, 24or, 30ol, 31Mr, 34ul, 38u, 40ul, 41u, 49, 53or, 54or, 55or, 62, 68or, 69or, 70Mr, 73, 74or, 74ul, 75or, 77Ml, 85ur, 93ol, 100or, 102Ml, 114or, 117ol, 123ur, 143ol, 148Mr, 149oM, 149ur, 150Mr, 156ul, 158Mr, 167or, 168ul, 170oM, 172ol, 174ul, 178, 179ol, 180ul, 180uM, 182ur
Rohdich: 98or
Ronnefeld/Pott: 159ur
Sauer: 30or, 132ul
Schrempp: 14Mr, 19, 29ul, 33or, 33Ml, 42ul, 48ol, 53ul, 82or, 98Ml, 99Ml, 105oM, 107Ml, 107ul, 109Ml, 117ul, 135oM, 157Ml, 159ul, 160uM, 167Ml, 169or, 170ol, 181ol
Schwammberger: 48ul, 95MM
Seidl: 133ur, 169uM, 175ol
Siebrasse: 61ul, 153ul
Singer: 47MM, 82ul, 94Mr, 105or, 106Mr, 166or
Synatzschke: 46ul, 90Ml, 90MM, 90Mr, 102or, 158ul
Trötschel: 44ur, 59(alle), 60ol, 60oM, 60Ml, 60MM, 60ul, 100ul, 164(alle), 185ol
Walter: Vorsatz
Wendl: 168Ml, 168Mr
Wothe: 13ul, 17or, 21ur, 43ul, 44or, 46ol, 52or, 52Mr, 61or, 74oM, 75ol, 78or, 80ul, 81Mr, 84Mr, 85or, 101ol, 114Mr, 115ol, 124Mr, 134ur, 136ur, 138Mr, 165ul, 167ur, 187Ml
Zeininger: 18ur, 37, 38o, 39ur, 50oM, 56ol, 61Ml, 71ur, 72ul, 88ul, 133ur, 151Mr, 151ur, 161ul
Zepf: 24ol, 31ur, 80Mr, 97ur, 105uM, 109Mr, 110MM, 111(alle), 118ul
Ziesler/Angermayer: 78Ml

Einbandfotos: Wilhelm Eisenreich

Einbandgestaltung: F & H-Werbeagentur, München

Die Natur wird zum Erlebnis

BLV Naturbücher

H. Altmann
Giftpflanzen - Gifttiere
Merkmale, Giftwirkung, Therapie. Extras: Zimmerpflanzen, großer Fototeil Früchte, Ziersträucher für Garten und Schulhof

Manfred und Maria Baatz
Der richtige Umgang mit dem Hund
Halten, Erziehen, Ausbilden

P. Bang/P. Dahlström
Tierspuren
Tiere erkennen an Fährten, Fraßzeichen, Bauen und Nestern

E. Bezzel
Vögel beobachten
Praktische Tips, Vogelschutz, Nisthilfen, Fotografie

BLV Tier- und Pflanzenführer für unterwegs

W. und D. Eisenreich (Hrsg.)
Der große BLV Naturführer
Wälder, Wiesen und Felder, Feuchtgebiete, Strand und Küste, Alpen. 470 heimische Tier- und Pflanzenarten - über 520 Farbfotos

A. Gondrexon
Hunderassen der Welt
Über 300 Hunderassen, farbig abgebildet und beschrieben

M. Lohmann/W. Eisenreich
Die Natur im Jahreslauf
Pflanzen und Tiere entdecken, erkennen, erleben

J. H. Reichholf
Der unersetzbare Dschungel
Leben, Gefährdung und Rettung des tropischen Regenwaldes

G. D. Roth
Sterne und Planeten
Erkennen und beobachten. Mit den aktuellen Ergebnissen der Weltraumforschung

G. D. Roth
Wetterkunde für alle
Was man über unser Wetter wissen muß

T. Schauer/C. Caspari
Der farbige BLV Pflanzenführer
Über 700 Arten. Nach Blütenfarben erkennen und bestimmen

H. Schuhmacher
Korallenriffe
Verbreitung, Tierwelt, Ökologie

V. Straaß
Spielregeln der Natur
Taktik, Tricks und Raffinesse

D. Wallschläger
Vogelstimmen heimischer Arten
Tonkassette

Große BLV Bestimmungsbücher

H.-H. Bergmann/H.-W Helb
Stimmen der Vögel Europas
Gesänge und Rufe von über 400 Vogelarten in mehr als 2000 Sonagrammen

B. Cetto
Enzyklopädie der Pilze
Band 1: Leistlinge, Korallen, Porlinge, Röhrlinge, Kremplinge u.a.
Band 2: Schnecklinge, Trichterlinge, Ritterlinge, Rötlinge, Wulstlinge u.a.
Band 3: Champignons, Schirmlinge, Tintlinge, Schüpplinge, Schleierlinge u.a.
Band 4: Täublinge, Milchlinge, Boviste, Morcheln, Becherlinge u.a.
Registerband

P. Colston/Ph. Burton
Limicolen
Alle europäischen Watvogel-Arten, Bestimmungsmerkmale, Flugbilder, Biologie, Verbreitung

D. Eichler
Tropische Meerestiere
Rotes Meer, Seychellen, Komoren, Mauritius, Malediven, Thailand, Philippinen. Bestimmungsbuch für Taucher und Schnorchler

J. Ferguson-Lees/I. Willis
Vögel Mitteleuropas
540 Brutvogelarten, Durchzügler, Wintergäste.

B. Génsbøl/W. Thiede
Greifvögel
Alle europäischen Arten, Bestimmungsmerkmale, Flugbilder, Biologie, Verbreitung, Gefährdungsgrad, Bestandsentwicklung

G. Lindner
Muscheln + Schnecken der Weltmeere
Aussehen, Vorkommen, Systematik. Mit 1257 Abbildungen, davon 1072 farbig

Th. Schauer/C. Caspari
Der große BLV Pflanzenführer
Über 1500 Pflanzenarten Deutschlands und der Nachbarländer, davon 1140 farbig abgebildet. Mit Bestimmungsschlüssel nach Blütenfarben

W. Schumann
Der neue BLV Steine- und Mineralienführer
Über 600 Einzelst. in Farbe

BLV Bestimmungsbücher

M.S. Christiansen/ V. Hancke
Gräser
Süßgräser, Sauergräser, Binsen

W. Dierl/W. Ring
Insekten
Mitteleuropäische Arten. Merkmale, Vorkommen, Biologie

H. M. Jahns
Farne · Moose · Flechten
Mittel-, Nord- und Westeuropas. Mit 655 Farbfotos

W. .Lötschert/G. Beese
Pflanzen der Tropen
323 Zier- und Nutzpflanzen mit 277 Farbfotos

H. W. Ludwig
Tiere unserer Gewässer
Merkmale, Biologie, Lebensraum, Gefährdung. Tümpel, Teiche, Seen, Bäche, Flüsse

G. Matz/D. Weber
Amphibien und Reptilien
Die 169 Arten Europas farbig abgebildet

H. Mayr
Fossilien
Über 500 Versteinerungen in Farbe

B. J. Muus /P. Dahlström
Meeresfische
der Ostsee, der Nordsee, des Atlantiks – Biologie, Fang, wirtschaftliche Bedeutung

B. J. Muus/P. Dahlström
Süßwasserfische
Europas - Biologie, Fang, wirtschaftliche Bedeutung

W. Nachtigall
Tiere und Pflanzen an Mittelmeerküsten
in ihren Lebensräumen - vom Küstenstreifen bis zum offenen Meer

O. Polunin
Bäume und Sträucher Europas
1009 farbige Fotos und Zeichnungen

D. Schilling/D. Singer/H. Diller
Säugetiere
181 Arten Europas

A. Schiötz/P. Dahlström
Aquarienfische
Über 400 Aquarienfische, 50 Pflanzen. Bestimmen, Pflegen, Züchten

W. Schumann
Edelsteine und Schmucksteine
Alle Edel- und Schmucksteine der Welt. 1500 Einzelstücke

BLV Bestimmungsbücher mit Schnellbestimm-System

E. Bezzel
Vögel
Sonderteil: Seltene Arten, Jungvögel, Nester und Eier

E. Gerhardt
Pilze

U. Hecker
Bäume und Sträucher
Sonderteil: Früchte, Knospen, Rinden

W. Schumann
Mineralien aus aller Welt

D. Seidel/W. Eisenreich
Blütenpflanzen
440 heimische Pflanzen nach Blütenfarben

Dies ist nur eine Auswahl aus über 90 Titeln zum Thema.

In unserem Verlagsprogramm finden Sie Bücher zu folgenden Sachgebieten:

Garten und Zimmerpflanzen • Natur • Angeln, Jagd, Waffen • Pferde und Reiten • Sport und Fitness • Reise und Abenteuer • Wandern und Alpinismus • Auto und Motorrad • Essen und Trinken • Gesundheit

Wünschen Sie Informationen, so schreiben Sie bitte an:

BLV Verlagsgesellschaft mbH • Postfach 40 03 20 • 8000 München 40